国 家 级 职 业 教 育 规 划 教 材
人力资源和社会保障部职业能力建设司推荐
全国中等职业技术学校印刷专业教材

印前制版工艺

人力资源和社会保障部教材办公室组织编写

童浙波　主　编
陈世军　主　审

中国劳动社会保障出版社

图书在版编目(CIP)数据

印前制版工艺/童浙波主编. —北京: 中国劳动社会保障出版社，2013
全国中等职业技术学校印刷专业教材
ISBN 978-7-5167-0607-7

Ⅰ.①印… Ⅱ.①童… Ⅲ.①印前处理-中等专业学校-教材 Ⅳ.①TS803.1

中国版本图书馆 CIP 数据核字(2013)第 307900 号

中国劳动社会保障出版社出版发行

(北京市惠新东街 1 号　邮政编码：100029)

*

北京隆昌伟业印刷有限公司印刷装订　新华书店经销

787 毫米×1092 毫米　16 开本　11 印张　252 千字

2014 年 1 月第 1 版　2022 年 8 月第 2 次印刷

定价：19.00 元

读者服务部电话：(010) 64929211/84209101/64921644

营销中心电话：(010) 64962347

出版社网址：http://www.class.com.cn

简　介

JIANJIE

本教材为全国中等职业技术学校印刷专业国家级规划教材，由人力资源和社会保障部教材办公室组织编写。教材以企业对从业人员的职业能力要求及其主要工作内容为主线，介绍了印前输出、输出前准备、印前文件制作与输出、拼版等内容。另外，鉴于先进的 CTP 技术已被广泛认可，并呈现高速发展的趋势，本教材结合企业中几种主流的数字化工作流程，以印能捷、方正畅流、AGFA Apogee Prepress 为例，配以大量图片，讲解了 CTP 输出的操作步骤。

教材配有电子课件和电子版素材文件，可登录 www.class.com.cn 在相应的书目下载。

本教材由童浙波任主编，李延、刘林戎参加编写，陈世军审稿。

目　录

MULU

单元一　印前输出

印刷复制工艺可细分为印前（Pre-press）、印刷（Printing）和印后（Post-press）工艺。随着印刷技术的更新，印前工艺从传统的照相制版工艺发展到了现在的数字化印前工艺。

本单元将重点学习掌握数字化印前工艺流程的相关知识，了解流程中使用的设备和耗材。

课题一　数字化印前工艺流程

学习目标

1. 能详细描述数字化印前工艺流程的各个环节
2. 了解数字化印前系统的硬件组成和设备流程
3. 了解数字化印前系统的软件构成和作用

数字化印前工艺是基于计算机操作平台，建立在彩色桌面出版系统（Desktop Publishing System）基础上的制版工艺。它是将原稿经过数字化处理，输出成符合后续印刷生产要求的印版（Plate）的工艺过程。

一、数字化印前工艺流程

数字化印前工艺流程如图1—1—1所示，主要由图文信息输入、图文编辑处理和印前输

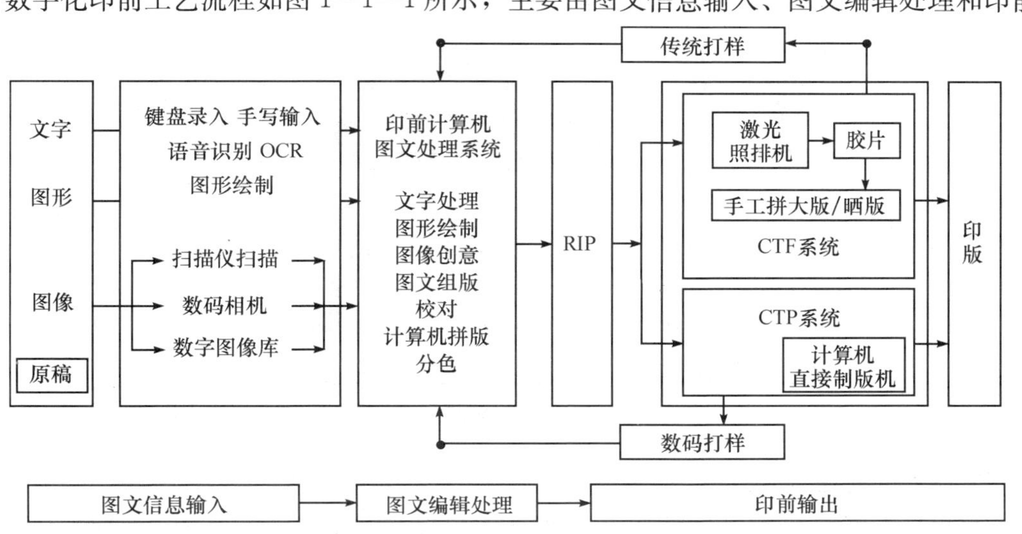

图1—1—1　数字化印前工艺流程

出三部分组成。

1. 图文信息输入

图文信息输入就是对原稿进行数字化的过程。作为版面三大要素的文字、图形和图像，必须经过数字化才能在数字化印前工艺流程中使用。在信息采集输入阶段，关键点是要保证输入的文字无误，图像原稿的精度、颜色、阶调和层次等信息的完美采集。

文字主要通过键盘、手写、语音识别和光学字符识别（OCR）等进行输入；图形可以借助于鼠标、数字化绘图板，结合图形软件进行创作的方式进行输入；图像可以采用扫描仪、数码相机或直接采用数码图像素材库的电子相片进行输入。

2. 图文编辑处理

图文编辑处理就是利用图文信息处理软件，对数字化的图文信息进行信息加工的过程。根据印刷品复制的要求，经过编辑文字、绘制图形、修饰图像、图文组版和拼版、校对等处理，并转换为适当的文件格式。

（1）文字的处理

在印前工作中，对文字信息的处理主要是文字格式的规范化（字体、字号、段落、样式等）、在版面中的排列方式和文图转换。灵活地处理文字在版面上的位置，可以使版面活泼生动。

在印前文字处理过程中，应该安装使用专业的字体和字库，如方正字库、文鼎字库、汉鼎字库等。如果需要在 Windows 计算机系统中安装字体，一般可以直接将字体文件复制到 C：\ WINDOWS \ Fonts 文件夹中，如图 1—1—2 所示。

图 1—1—2　字体的安装

（2）图形的处理

图形也称矢量图，是指以点、直线或曲线描述的形状。图形对象在输出方面具有独特的优势，即输出分辨率的设备无关性。如果图形对象在输出时边缘较光滑和清晰，对其进行缩放和旋转等编辑后，其输出结果也不会出现锯齿边缘。

在图形处理过程中，应该注意以下问题：

1）避免使用多色叠印。多色叠印会对印刷的套准精度提出更高的要求。

2）避免使用细小的文字进行标题创作。

3）线条的宽度不能太细。太细的线条在印刷时往往会由于网点的扩大而造成线条丢失。

4）慎用渐变。常见的问题是渐变的设置和透明渐变。如红色→黑色的渐变，如设置为M100→K100，就是错误的；正确的设置应该是 M100→M100 K100。

（3）图像的处理

图像的处理主要处理像素构成的数字图像，包括对图像的色阶、色调及明度进行处理。目前印前图像处理大多是使用 Photoshop 软件来完成的。在处理过程中，要注意：根据印刷需要设置图像的大小和分辨率；正确的设置图像的色彩模式；经过印刷复制过程处理完的图像必须转换为 CMYK 模式。

（4）排版和拼大版

排版的主要任务是使用专业的排版软件，按照设计的要求，经过排版元素的置入、文字的编辑、简单图形的绘制、排版元素之间的关系处理等工作，在规定的范围内编排组成页面，最后存储为符合印刷要求的文件格式。

拼大版的主要任务是为了适合不同幅面的印刷机印刷，将排版后生成的单个页面文件合理地排放在一起，组成大幅面的页面，经后续的印前输出环节输出得到印版，然后上机印刷。

3. 印前输出

印前输出就是将经过印前文字、图形、图像处理，排版和拼大版处理后所得到的文件转化为模拟信息载体（胶片和印版），提供给后续印刷的过程。文件转化为模拟信息其实就是进行页面解释和数字加网的过程，也就是将处理好的文件信息解释成打印机、激光照排机和计算机直接制版机等输出设备能够记录的点阵信息。

印前系统输出的途径有很多，如图 1—1—3 所示。

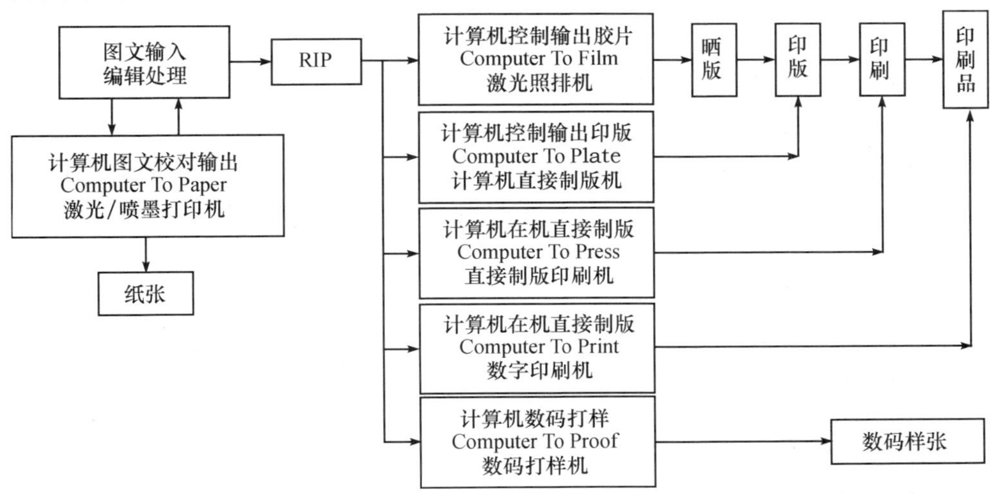

图 1—1—3　印前输出的途径

常见的有计算机图文校对输出（Computer To Paper）、计算机控制输出胶片 CTF（Computer To Film）、计算机控制直接制版 CTP（Computer To Plate）、数字印刷（Computer To Print）、计算机数码打样（Computer To Proof）和图文信息的存储。

二、数字化印前系统的组成

1. 数字化印前硬件系统的组成

数字化印前硬件系统的组成连接示意图，如图 1—1—4 所示。

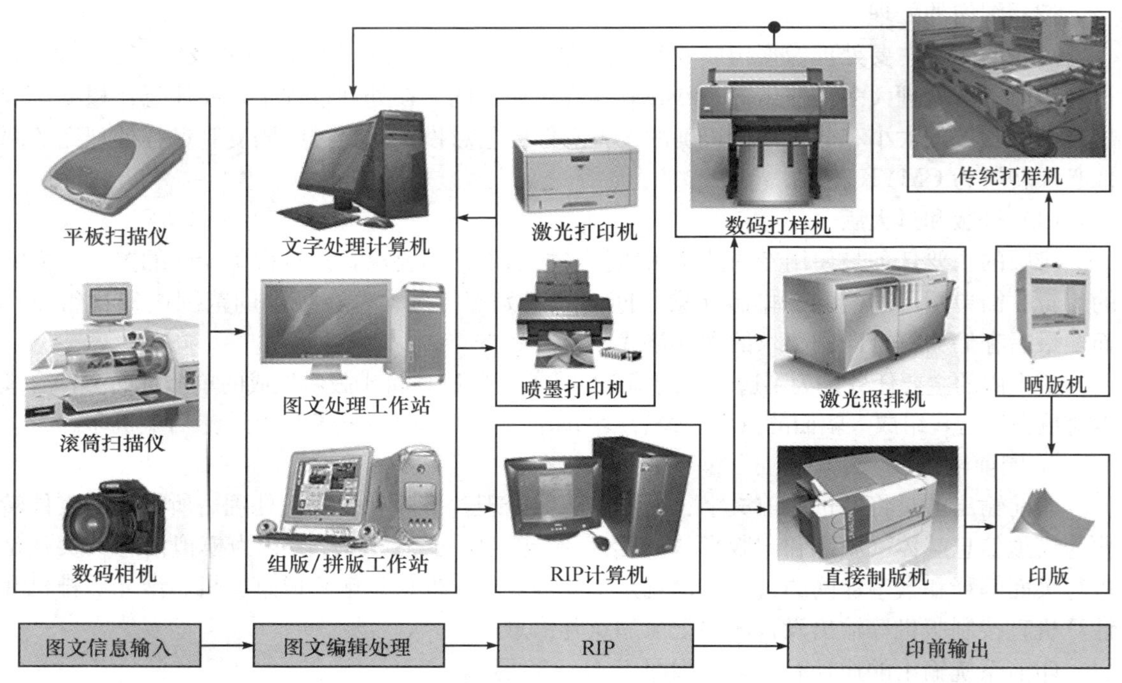

图 1—1—4　数字化印前硬件系统的组成

2. 数字化印前软件系统的组成

（1）文字处理软件

文字处理软件具有文字录入、编辑和修改功能，一般用于文字的格式化处理和排版。现在常用的中文文字处理软件主要有微软公司的 Word、金山公司的 WPS、Windows 系统的记事本等。

（2）图形处理软件

图形处理软件具有强大的矢量绘图工具，能够设计制作和编辑矢量图，具有完整的 PostScript 输出功能。由于矢量图可以任意缩放，因而此类软件被广泛应用于广告制作、平面设计、影视后期制作等领域。数字印前系统中常用的图形处理软件有 Adobe 公司的 Illustrator、Corel 公司的 CorelDraw 等。

（3）图像处理软件

图像处理软件主要处理由像素所构成的数字图像。

Adobe公司的Photoshop是最常用的印前图像编辑处理软件，用于解决连续调图像的编辑、合成、校色调色及特效制作。

由Corel公司所出品的专业绘图软件Painter，是一款极其优秀的仿自然绘画软件。它以更接近手工素描、绘画的方式来表现数码素描与绘画，被广泛应用于动漫设计、建筑效果图、艺术插画等。该软件一般要配加数字绘图板一起使用。

（4）排版软件

排版软件是能将文字、图形和图像有机地组合，方便快捷地安排在规定页面上的组版软件。常见的排版软件有Adobe公司的InDesign、北大方正公司的飞腾（Fit）和飞翔、QuarkXpress等。

（5）拼大版软件

拼大版软件是根据成品和印刷条件的需要，将单独的小页面拼合成大页面的软件。它需要考虑成品的页数、每一印张的页数、出血的大小、裁切的尺寸、裁切标记、十字线、色彩控制条、装订方式、爬移调整、印刷机尺寸等因素。目前，主要的拼大版软件有Kodak公司的Preps、Imposition、Presswise。

（6）RIP软件

RIP（Raster Image Processor，光栅图像处理器）是一种输出控制软件，它可以将图文排版文件转换成各种与大幅面打印机相应的打印语言，然后输出。RIP是控制大幅面打印质量的关键，可以利用它来控制打印机的精度、色彩、速度和幅面等。常用的RIP软件有北大方正的PSPNT RIP、Harlequin RIP。

（7）色彩管理和数码打样软件

色彩管理和数码打样软件是在印刷复制过程中，使颜色在输入、处理、输出的整个过程中始终保证一致的颜色控制软件。理论上，打印或印刷出来的色彩与扫描的色彩相同，即“所见即所得”。但事实上，非常精确的色彩匹配是不可能的，而是尽量做到使最终印刷品的色彩更接近原稿的色彩。主流的色彩管理和数码打样软件有GMG、EFI、CGS软件。

总结上述内容，数字化印前系统的硬件和软件系统组成见表1—1—1。

表1—1—1　**数字化印前硬件和软件系统**

	图文信息输入	图文编辑处理	印前输出
硬件系统	1. 文字录入计算机 2. 扫描仪 平板扫描仪/滚筒扫描仪 3. 数码相机 4. 手写输入板 5. 数字绘图板	1. 文字处理计算机 2. 图文处理工作站 3. 拼版工作站	1. 激光打印机 2. 喷墨打印机 3. 激光照排机 4. 直接制版机

续表

	图文信息输入	图文编辑处理	印前输出
软件系统	1. 计算机操作系统 Windows/Mac OS/Unix 2. 扫描软件 3. 语音识别软件 4. OCR 软件 5. 设备驱动软件 6. 字库	1. 文字处理软件 Word / 写字板 2. 图形处理软件 CorelDraw / Illustrator 3. 图像处理软件 Photoshop / Painter 4. 排版软件 InDesign / QuarkXPress 方正飞腾 / 方正飞翔 5. 拼大版软件 Preps / Imposition / Presswise 6. 设备驱动软件 7. 字库	1. RIP 软件 PSPNT / HQ 2. 数字化工作流程软件 方正畅流 AGFA Prepress 印能捷 3. 色彩管理与数码打样软件 EFI / GMG / CGS 4. 输出字库

思考练习题

1. 印刷复制工艺分为哪几个部分？
2. 描述数字化印前工艺的组成以及各组成部分所处理的工作。
3. 在图文信息输入环节需要使用哪些设备？简述这些设备的作用。
4. 在图文编辑处理环节需要使用哪些软件？列举最常用的软件并加以说明。
5. 在印前输出环节需要使用哪些设备？简述这些设备的作用。

课题二　CTF 和 CTP

学习目标

1. 能描述 CTF 和 CTP 系统流程
2. 能说明 CTF 和 CTP 输出工艺的区别
3. 能理解 CTP 的技术优势

数字化印前工艺流程中包含了计算机输出胶片的 CTF 流程（Computer To Film）和计算机输出印版的 CTP 流程（Computer To Plate）。而在当前印前制版技术条件下，CTF 和 CTP 系统流程都将一直并存。

一、CTF 和 CTP 系统比较

CTF 系统流程是把经过处理的计算机图文信息，利用光学摄影成像原理，利用激光照排机，经过曝光、显影、定影后记录在胶片上，然后再经过手工拼晒版制成印版的过程，如

图 1—2—1 所示。激光照排机是其常用的输出设备。

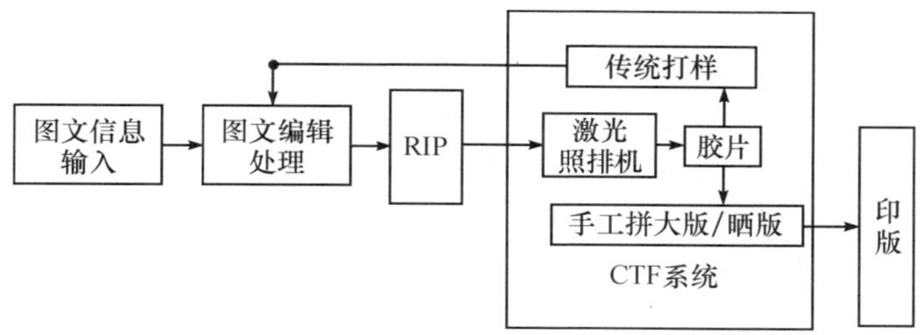

图 1—2—1　CTF 系统流程

CTP 系统流程是把经过处理的计算机图文信息直接在印版上进行扫描成像，然后通过显影和定影等工序处理后制成印版的过程，如图 1—2—2 所示。也就是简化了 CTF 系统流程图中虚线框内的部分，直接生成印版，省去了胶片、手工拼大版、晒版的过程。计算机直接制版机是其常用的输出设备。

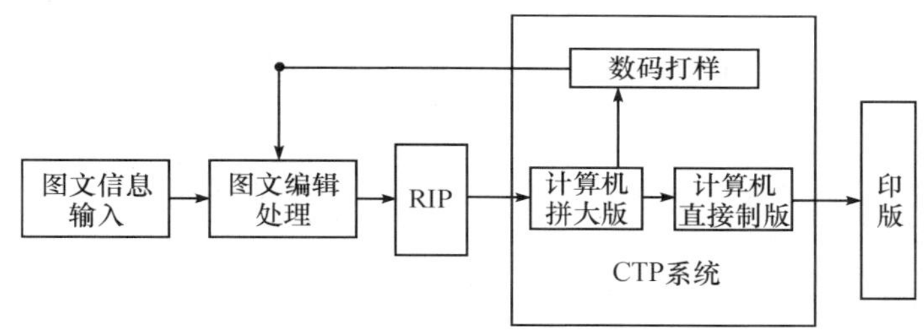

图 1—2—2　CTP 系统流程

CTF 与 CTP 系统既有相同的方面，又各具特点。

总体上说，CTP 系统省去了胶片这一材料、手工拼大版和晒版等处理过程，直接输出成印版，在质量、效率方面有着明显的优势，已经成为印前制版的发展趋势。

1. CTF 与 CTP 系统的相同点

从图 1—2—1 和图 1—2—2 所示的 CTF 和 CTP 系统流程图可以看出，CTF 和 CTP 系统都需要经过图文信息输入、图文编辑处理和 RIP 解释的阶段，从而完成图文信息输入、图形图像处理、图文排版、RIP 解释等工序。如图 1—2—3 所示。

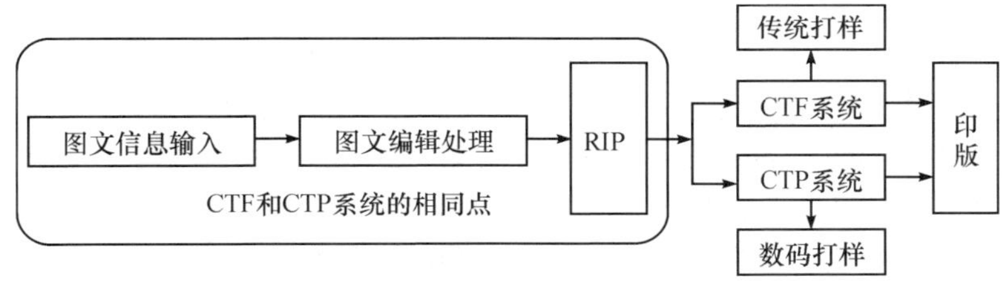

图 1—2—3　CTF 和 CTP 系统比较

2. CTF 与 CTP 系统的不同点

（1）输出工艺流程不同

CTF 印前系统是将印前制作的文件，经过 RIP 后生成数字化点阵页面信息，首先在激光照排机上输出分色胶片，然后再将胶片经过手工拼大版和晒版工艺，最后生成可供上机印刷的印版的过程。

在 CTF 系统中，需要采用传统的打样设备生成打样稿，供客户确认。

CTF 输出工艺流程如图 1—2—4 所示。

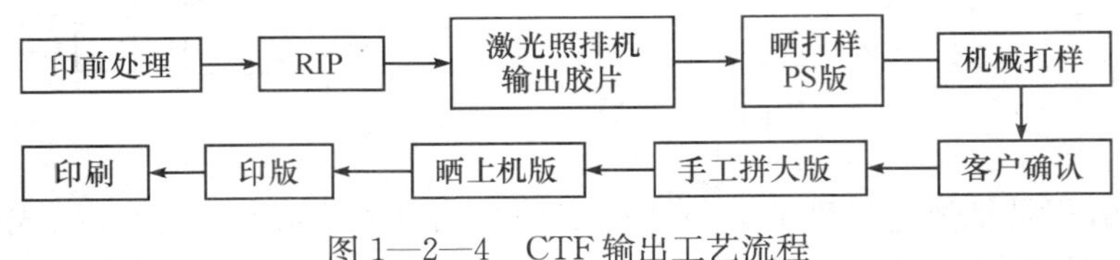

图 1—2—4　CTF 输出工艺流程

CTP 印前系统是将印前制作的文件，经过 RIP 后生成数字化点阵页面信息，通过计算机直接制版机直接输出为可供上机印刷的印版的过程。整个流程采用了专门的流程控制系统。

在 CTP 系统中，需要采用数码打样设备生成打样稿，供客户确认。

CTP 输出工艺流程如图 1—2—5 所示。

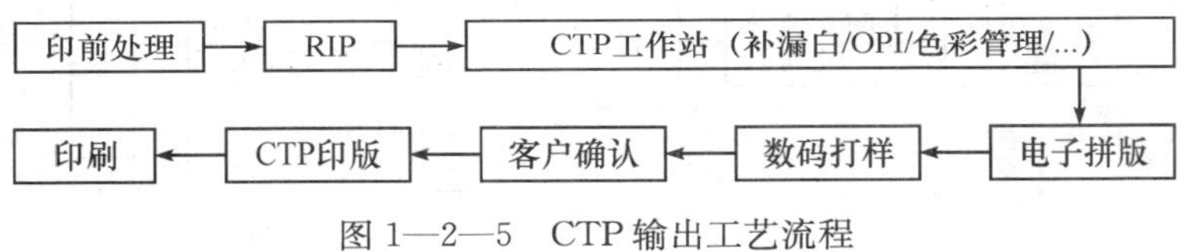

图 1—2—5　CTP 输出工艺流程

（2）系统配置不同

CTF 输出系统主要的硬件设备是激光照排机、冲片机、晒版机、传统打样机；主要的输出软件是 RIP。

CTP 输出系统主要的硬件设备是计算机直接制版机、数码打样机；主要的输出软件是 RIP、数字化工作流程软件（如方正畅流）和色彩管理与数码打样软件（GMG）。

（3）打样方式不同

CTF 系统通常在输出胶片的基础上，采用传统机械打样的方式制作打样稿供客户确认。传统机械打样的过程就是一次真正印刷的过程，需要通过胶片晒版成印版后再上色印刷。打样过程环节多、涉及大量手工操作、误差大；另外，打样机还需要占用较大的场地空间。

CTP 系统采用数码打样的方式制作打样稿，供客户确认。数码打样采用大幅面的彩色喷墨打印机模拟印刷的颜色和效果。由于彩色喷墨打印和印刷在复制工艺原理上与传统印刷打样不同，要想真正用数码打样稿代替模拟的印刷打样，必须有一套精确的色彩管理系统，以确保其质量。随着数码打样技术的成熟，现在很多客户都已经接受了数码打样的效果。

二、CTP 系统的优点

1. 时效性提高

CTP系统实现全程数字化流程，省去了出胶片、晒版等工序，减少了中间环节的可能性累计误差，缩短了工时，提高了工作效率。相比CTF系统，CTP系统基于数字化的流程控制，利用计算机网络技术可以方便地实现远距离传输数据与高速直接制版，大大缩短了时间和空间的距离。处理速度可以提高3～6倍，这对于具有时效性的报社印刷企业来说，特别是需要异地印刷的报纸来说，更体现了其技术的优势。

CTF和CTP制版效率比较见表1—2—1。

表1—2—1　　**CTF和CTP制版效率比较**

项目	CTF 4色对开	用时（min）	CTP 4色对开	用时（min）
输出	胶片4张	12	CTP版4张	20
晒打样版	PS版	60	无需晒版	0
打样	单色打样	90	数码打样	30
晒印刷版	4张	60	无需晒版	0
修版	4张	30	无需修版	0
总计		252		50

2. 确保印刷品的高质量

CTP制版采用了全自动一体化的解决方案，避免了CTF系统中手工拼版、晒版等容易出现质量问题的环节，质量易于控制，能够实现高精度的印刷。使用CTP版材，由于没有了胶片这一环节，避免了网点的损耗、变形等弊病，使网点更锐利，加网线数可达300线/英寸以上，使彩色印品更精细，网点质量更好，而且也避免了胶片划伤和落灰带来的制版缺陷，比普通PS版上的网点更加干净清晰，印刷时到达纸张上的图文也更加清晰，层次更加细腻、丰富，色彩更加鲜艳，印刷品质量也更高。

3. 降低成本

CTP技术节约了大量的劳动力和时间成本，节省了设备的投资和原材料的消耗，如激光照排机、晒版机、打样机的投资以及胶片、打样油墨、打样PS版的消耗等。CTP工艺减少了费版的量，减少了废水的排放量，减少了对环境的污染，有利于环保。

思考练习题

1. 简述CTF和CTP系统流程。
2. 试描述CTF和CTP系统在输出工艺上的区别。
3. CTP有哪些技术方面的优势？

课题三　激光照排机和胶片

学习目标

1. 掌握激光照排机的类型、工作原理和性能参数
2. 了解激光照排机使用的胶片

3. 掌握激光照排机操作流程

激光照排机是在胶片上输出高精度、高分辨率图像和文字的打印设备。它的特点是使用胶片做记录材料，输出精度要求高，输出幅面大，是印前系统中精密的输出设备。

一、激光照排机的类型和特点

激光照排机主要有三种结构类型：外滚筒式、绞盘式和内滚筒式。

1. 外滚筒式照排机

外滚筒式照排机的工作原理是，记录胶片附着在滚筒的外圆周并随滚筒一起转动，每转动一圈就记录一行，同时激光头横移一行，再记录下一行。如图 1—3—1 所示。

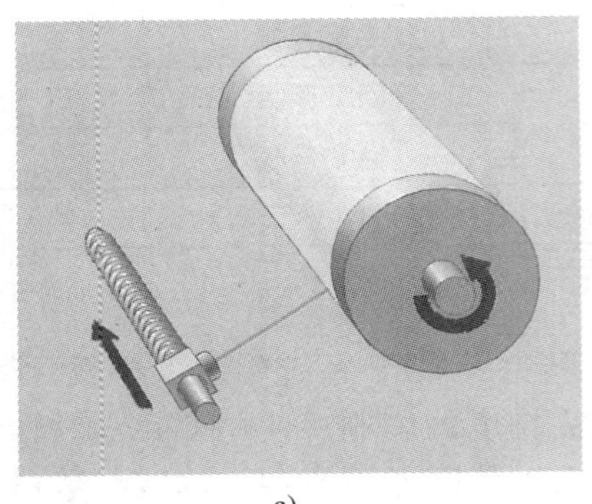

a)

b)

图 1—3—1　外滚筒式照排机

a）原理图　b）克里奥 CREO 800V2 照排机

（1）外滚筒式照排机的优点

记录精度和套准精度都较高，结构简单，工作稳定，可以将记录幅面做得很大。

（2）外滚筒式照排机的缺点

操作不方便，自动化程度低，通常需要手工上片和卸片，手工上下片时需要在暗室中进行操作。目前，这种类型的照排机已较少采用。

2. 绞盘式照排机

绞盘式照排机的工作原理是，记录胶片由几个摩擦传动辊带动，在胶片传动的同时，激光将图文信息记录在胶片上。胶片的走动速度和曝光速度必须严格一致。绞盘式照排机的激光光源固定不动，曝光光线的偏转靠振镜或棱镜转动来实现。如图 1—3—2 所示。

（1）绞盘式照排机的优点

结构和操作简单、价格较便宜、可以使用连续的胶片、记录长度无限制、工作效率高，是目前使用较多的中档照排机类型。

（2）绞盘式照排机的缺点

记录精度和套准精度稍低，幅面只限于 4 开或以下。

3. 内滚筒式照排机

内滚筒式照排机的工作原理是，将记录胶片放在滚筒的内圆周上面，滚筒和胶片不动，

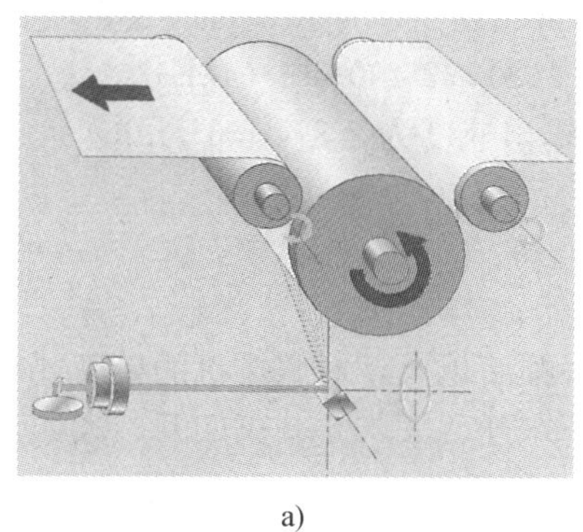
a)

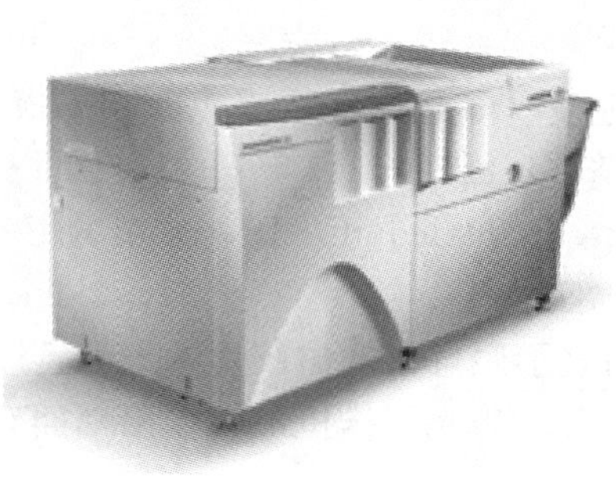
b)

图 1—3—2　绞盘式照排机
a）原理图　b）日本网屏 SCREEN 5055 照排机

激光光束位于滚筒的圆心轴上，激光器可以绕圆心轴转动，每转一周，记录一行，同时激光器沿轴向移动一行。如图 1—3—3 所示。

（1）内滚筒式照排机的优点

具有记录精度高、幅面大、自动化程度高、操作简便、速度快等特点，价格要比前两种照排机贵。是照排机中结构最好的一种类型。

（2）内滚筒式照排机的缺点

可以使用连续胶片，但它的记录长度被限制在滚筒圆周的范围内，不能像绞盘式照排机那样记录无限长的版面。

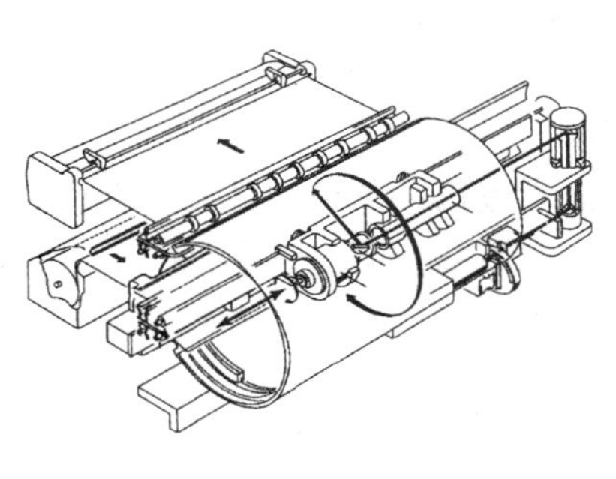
a)

b)

图 1—3—3　内滚筒式照排机
a）原理图　b）爱克发 AGFA Avantra 44 照排机

二、激光照排机的性能参数

照排机主要性能参数有：输出幅面、输出分辨率、曝光速度、输出速度、重复精度、激光光源等，其中输出分辨率和重复精度是衡量激光照排机性能的两个最重要的指标。本课题以爱克发 AGFA Avantra 44 照排机为例，学习和了解其主要参数。

爱克发 AGFA Avantra 44 照排机的参数描述如下：

- 输出幅面（曝光尺寸）：914 mm×1 130 mm
- 输出分辨率（曝光分辨率）：3 600 dpi（44S），2 400 dpi（44E）
- 输出速度（曝光速度）：2 400dpi（最高输出速度为 2 394 cm^2/min）
- 重复精度：±5 μm
- RIP 系统：Halequin RIP、方正 RIP

1. 输出幅面

输出幅面表示照排机输出胶片的最大宽度，幅面越大，对照排机的精度要求也越高，价格也会成倍上升。激光照排机最大输出幅面有正八开、大八开、正四开、大四开、对开、大对开和全开幅面。

爱克发 AGFA Avantra 44 照排机的输出幅面是 914 mm×1 130 mm，是可以输出全开（787×1 092 mm）幅面胶片的激光照排机。

2. 输出分辨率

输出分辨率是指照排机可以记录的最小光点尺寸和光点的密集程度，通常用每英寸上可以扫描多少个光点（dpi）来表示。因为印刷图像网点是由很多激光点组成的，激光点越小，组成网点的光点数就越多，形成的图像灰度级变化也就越多。中档照排机的输出分辨率为 1 200～2 500 dpi，高档照排机的输出分辨率在 3 000 dpi 以上。

爱克发 AGFA Avantra 44 系列照排机，44S 型的输出分辨率为 3 600 dpi，44E 型的输出分辨率为 2 400 dpi。

3. 输出速度

输出速度是指激光照排机每分钟输送胶片的长度，用 mm/min 表示。实际应用中，照排输出速度受系统处理速度的限制，特别是受栅格图像处理器 RIP 工作速度和数据传送速度的制约。

4. 重复精度

重复精度是指各色版上图像位置的准确程度，通常以第一色版和最后一个色版的重叠误差计算。单色印刷品不需要套印，因此对套准精度要求不高；但对于彩色印刷来说，要求输出的 CMYK 四张胶片精确一致，否则重复套印时会产生误差，这就对照排机的重复精度提出了很高的要求。

一般，绞盘式激光照排机的重复精度误差在 15 μm 左右；外鼓式激光照排机重复误差小于 10 μm；内鼓式激光照排机的重复误差小于 8 μm。

爱克发 AGFA Avantra 44 照排机的重复精度为±5 μm。

5. 激光光源

照排机所使用的激光光源，目前有氦－氖（He－Ne）气体激光器、氩离子激光器和半导体激光器。不同的激光器波长决定了所使用的胶片型号及价格。氦氖激光器发出的波长为 632.8 nm，波长稳定，光束的发散角小，使用寿命长，照排胶片上的光点质量好，是照排机主要使用的激光光源。爱克发 AGFA Avantra 44 照排机使用半导体激光器，其光谱范围为 650 nm。这种激光光源体积小，控制简单，不需要声光调制器装置，大大简化了光路结构和控制电路。

6. RIP 系统

爱克发 AGFA Avantra 44 照排机可以与 Halequin RIP 或方正 RIP 连接。

三、胶片

激光照排机使用胶片作为记录材料。胶片主要由片基和感光药膜层（乳剂）组成。片基是支持体，起到承托药膜的作用；感光药膜层由一些感光的晶体微粒组成，这些晶体微粒通过激光实现曝光。胶片的特性以感色性、感光度、颗粒度和反差来描述。

未曝光的连续胶片以黑色塑料包装成一卷。安装时，需选择合适尺寸的胶片放入黑色的胶片盒中，如图 1—3—4 所示。

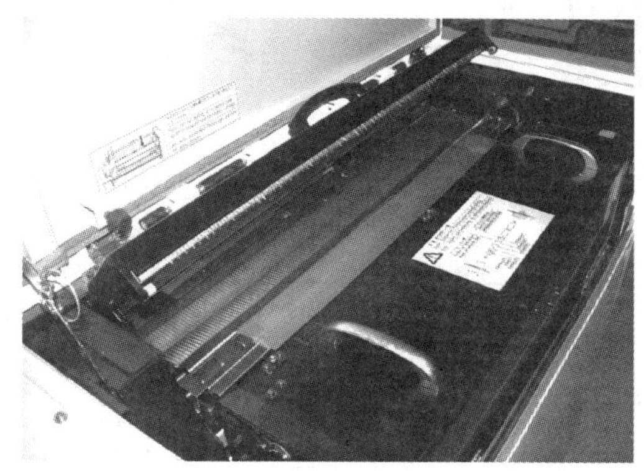

图 1—3—4　激光照排机的胶片盒

经过曝光、显影和定影后的胶片可以用于晒版。晒版时要注意区分阳图胶片、阴图胶片和药膜面。阳图胶片的图像与原稿相同，阴图胶片的图像与原稿相反。仔细观察胶片，一面光泽度比较好，一面相对暗淡些，暗淡的那一面就是药膜面。

四、激光照排机使用操作步骤

本课题以网屏 SCREEN 激光照排机为例，介绍激光照排机的输出工作流程。图 1—3—5 为网屏 SCREEN 照排机，它是一台绞盘式的照排机。

激光照排机输出工作流程如图 1—3—6 所示。

1. 开机预热

由于激光照排机使用激光作为光源，为使激光能稳定的输出，所以需要预热；另外连线冲片机在显影和定影的时候，也需要一个温度恒定的工作环境。

开机顺序：先开冲片机→再开图文输出机→最后打开 RIP 计算机。

2. 装载胶片

网屏 SCREEN 照排机采用胶片盒的形式装载胶片。

（1）选择合适尺寸的胶片，把胶片放入黑色的胶片盒；注意拆装胶片时一定不能使胶片暴露在日光下。

（2）把胶片盒放置到激光照排机中。由于胶片盒是密封的盒子，安装时注意小心轻放，不要野蛮操作。

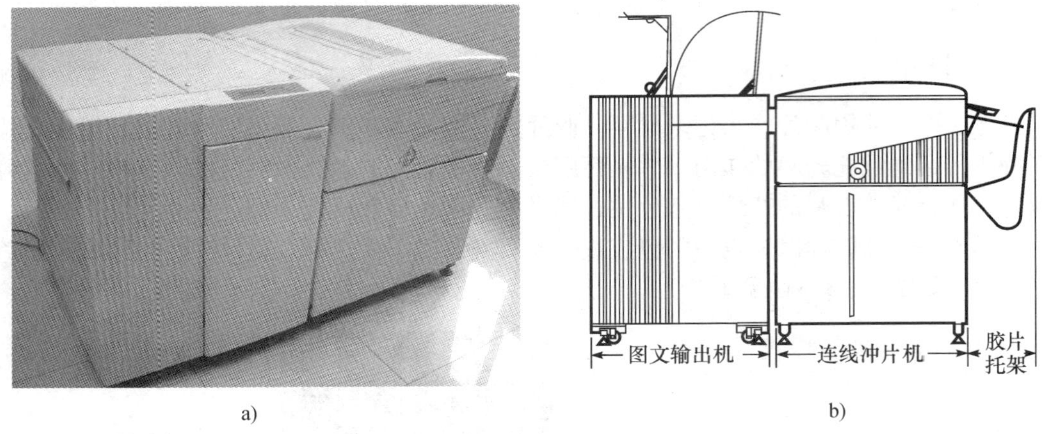

a) b)

图 1—3—5 网屏 SCREEN 照排机

a）外观图 b）结构示意图

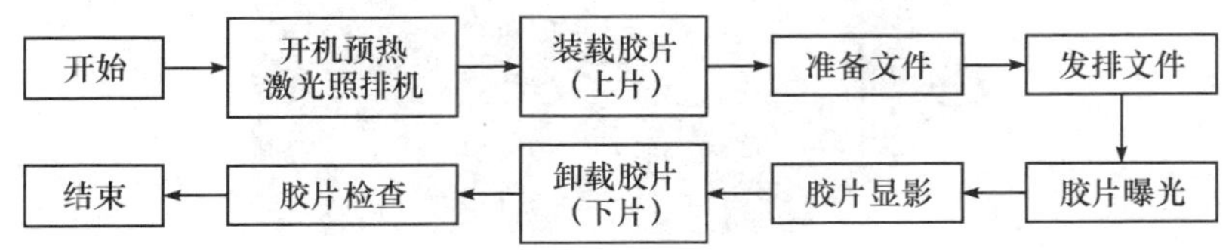

图 1—3—6 激光照排机输出工作流程

3. 联机

在图文输出机操作面板上点击“联机指示灯（ON LINE）”按键，指示灯亮，表示图文输出机已经准备就绪，可以接收 RIP 计算机的点阵信息。如图 1—3—7 所示。

图 1—3—7 图文输出机控制板

4. 准备和发排文件

从 RIP 计算机发送经过解释的点阵信息，图文输出机开始接收数据，并开始曝光，记录信息。

5. 卸载胶片（裁片）

信息记录完后，需要卸载胶片并裁片。裁片的功能就是裁开图文输出机中已经曝光的感光胶片与未曝光的感光胶片，让已经曝光的感光胶片自动传送到连线冲片机，冲洗出胶片。

6. 胶片的显影和定影

裁片后，在线冲片机自动接收感光后的胶片，冲片机按照预先设定的参数输出胶片。冲片时，感光胶片经传输装置带动，以一定的速度经过显影、定影、水洗和烘干装置，即经过显影、定影、水洗、烘干四个阶段，最后输出到冲片机的胶片托架上，如图 1—3—8 所示。

图 1—3—8　冲片机的胶片托架

7. 胶片检查

（1）检查胶片有没有脏或划痕。

（2）检查版面文字和图像是否正确完整。

（3）检查胶片是否包含裁切线、套印标记、色标、校色条等必要信息。

（4）检查网线角度是否正确，网点密度是否达到要求。

五、激光照排机的维护和保养

1. 调配药水

调配在线冲片机显影和定影药水时，需根据所购买的显影和定影药水的说明按比例调配。

（1）显影药水的调配（以科艺 KY3500D 高温快速显影药水为例）

显影条件：30～38℃；

显影时间：20～60 s；

补充量：100～200 mL/m^2；

调配比例：1∶3（即 1 L 显影液加 3 L 水混合）。

（2）定影药水的调配（以科艺 KY338 高温快速定影药水为例）

定影条件：20～38℃；

定影时间：20～60 s；

补充量：100～200 mL/m^2；

调配比例：1∶4（即 1 L 定影液加 4 L 水混合）。

特别注意：由于显影和定影液属于化学药水，所以调配时一定要注意安全，以防药水溅入眼内。如果发生这种情况，应该立即用大量清水冲洗或到医院就诊。

2. 激光照排机的常规保养

（1）保持工作环境的清洁，确保空调和排气设备运行正常。

(2) 每周清洁一次冲片机的漏液。

(3) 每半月清洁一次冲片机的水洗槽（更换清水，彻底清洁滚筒）。

(4) 每月清洁一次冲片机的显影槽（更换显影液，彻底清洁滚筒）。

(5) 每两个月清洁一次冲片机的定影槽（更换定影液，彻底清洁滚筒）。

思考练习题

1. 激光照排机的类型有哪些?
2. 简述各种类型激光照排机的优缺点。
3. 激光照排机的主要性能参数是什么?
4. 激光照排机的日常操作需要哪些步骤?
5. 图文输出机能接收 RIP 计算机的数据之前，必须保证处于哪种状态?
6. 调配显影和定影药水时应注意哪些方面?
7. 激光照排机的常规保养应注意哪些方面?

课题四　计算机直接制版机和 CTP 版材

学习目标

1. 掌握计算机直接制版机的类型、工作原理和操作流程
2. 了解计算机直接制版机使用的 CTP 印版

计算机直接制版机与激光照排机结构原理相似，是直接在 CTP 印版上输出高精度、高分辨率图像和文字的打印设备。它由精确而复杂的光学系统、电路系统和机械系统三大部分构成。它的特点是使用 CTP 印版做记录材料。

一、计算机直接制版机的类型和特点

按照曝光方式分类，目前可以分为内鼓式直接制版机、外鼓式直接制版机和平台式三大类。

1. 内鼓式直接制版机

内鼓式直接制版机的内鼓像字母“C”一样向内凹陷，印版装载到内鼓后，卷曲地贴在成像鼓的内壁，通过抽真空设备将其固定。海德堡 Prosetter102 系列、方正雕龙紫激光 DL8500 就属于这种类型。如图 1—4—1 所示。

2. 外鼓式直接制版机

外鼓式直接制版机的印版被固定在成像鼓的外侧，版材会随着滚筒以每分钟几百转的速度旋转。现在市面上出售的直接制版机多为外鼓式。如图 1—4—2 所示。

3. 平台式直接制版机

平台式直接制版机有一个载版台，载版机构简单，印版能够较准确地卡到相应位置上。平台式制版机拥有高效的装版速度和生产速度，但是由于成像技术的限制，印版上图文面积

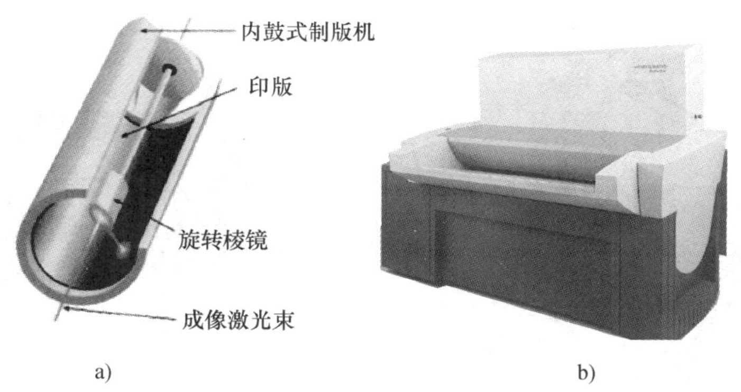

图 1—4—1　内鼓式直接制版机

a）原理图　b）海德堡 Prosetter102 计算机直接制版机

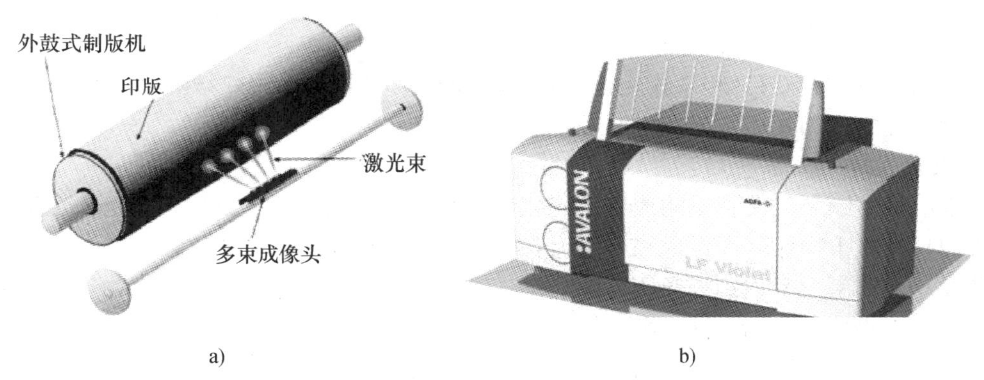

图 1—4—2　外鼓式直接制版机

a）原理图　b）AGFA 天龙星 Avalon 外鼓式直接制版机

的宽度受到了相应的限制。如图 1—4—3 所示。

二、计算机直接制版机的性能参数

计算机直接制版机的主要性能参数与激光照排机的性能参数基本一样，输出分辨率和重复精度也是衡量直接制版机性能的两个最重要指标。

如图 1—4—4 所示方正雕龙 T8 外滚筒式直接制版机的参数描述如下：

- 激光类型：830nm 红外热敏激光器，整个激光器 50W
- 分辨率：2400 dpi 和 1200 dpi
- 最大印版幅面：1143 mm×838 mm
- 最大成像面积：1143 mm×830 mm
- 最小印版幅面：267 mm×215 mm（标准型）
- 印版厚度：0.15～0.3 mm
- 2400 dpi 下每小时出版量（800 mm×1030 mm）：22 张
- 重复精度：±5 μm

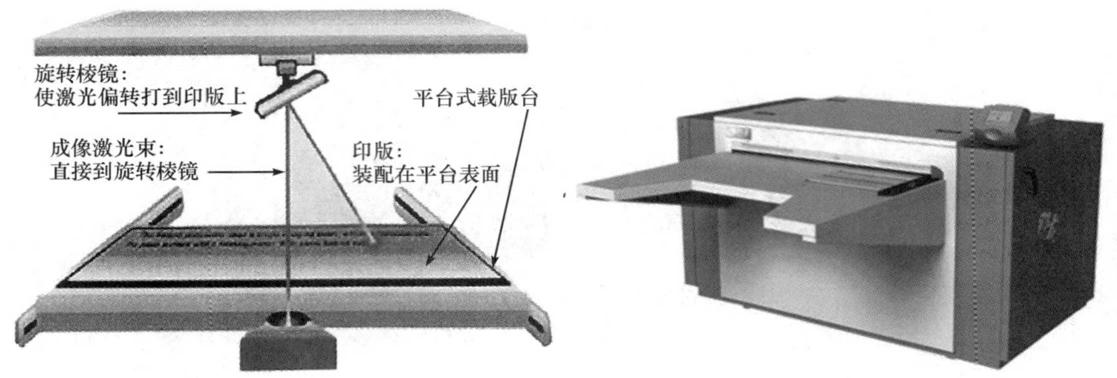

图 1—4—3 平台式直接制版机原理图　　图 1—4—4 方正雕龙 T8 直接制版机

三、CTP 印版

直接制版机使用 CTP 印版作为记录材料，使用最多的是采用热敏成像技术的热敏版材和采用紫激光技术的光敏版材。

1. 热敏版材

热敏版材，顾名思义就是构成印版的化学材料对热比较敏感，可以在黄色安全灯或滤去紫外线的日光灯下操作（即可以在明室操作）。由于热敏版材只对热敏感，激光束只会在投射区域曝光。如果没有达到曝光所需的热量，就不会曝光；能量超过了要求，也不会影响质量。保证了数码信息的完整性、准确性。

其优点是明室操作、分辨率高、成像质量好、免化学处理减少了污染、不管是阴图还是阳图都能很好地还原出图像层次。其缺点是成像速度慢，需要足够的激光强度，对于激光头的要求高，直接影响了激光头的使用寿命。

热敏板材曝光前及显影处理后的示意图如图 1—4—5 所示。

图 1—4—5 热敏板材曝光前及显影处理后的示意图

2. 光敏版材

光敏版材，顾名思义就是构成印版的化学材料对光比较敏感。现在紫激光技术成为了光敏技术的主流。紫激光的特点在于波长比较短，与传统的 PS 版的曝光波长相接近，因此可以实现精细网点输出。

其优点是接近明室（黄色安全灯）下操作、分辨率高、成像质量好、曝光速度快、激光维护成本低廉、激光使用寿命较长、显影成本较低，十分适合在时效性高的报业印刷领域使用。紫激光技术被认为是速度、可靠性及性价比的最佳组合。

光敏版材曝光、显影过程示意图如图 1—4—6 所示。

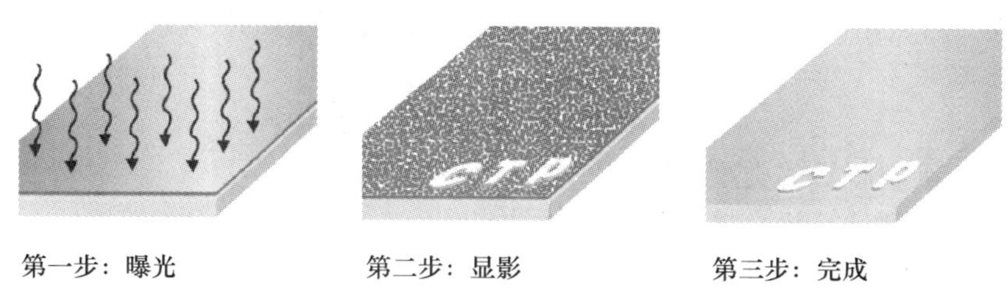

图 1—4—6 光敏版材曝光、显影过程示意图

四、计算机直接制版机使用操作步骤

计算机直接制版输出操作流程如图 1—4—7 所示。

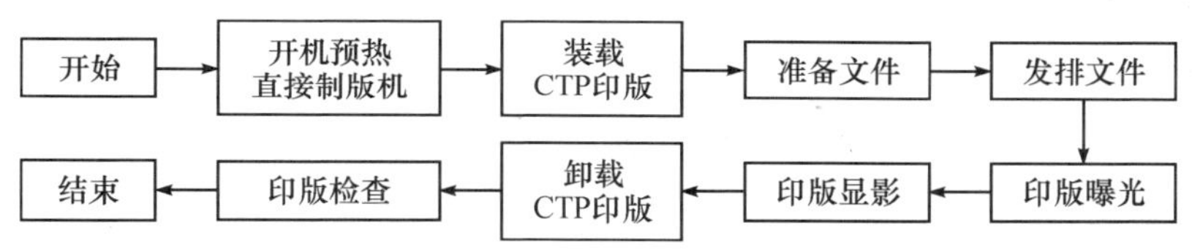

图 1—4—7 计算机直接制版输出操作流程

1. 开机预热

对于热敏直接制版机，为使激光能稳定的输出，需要有开机预热的过程；另外连线冲片机在显影和定影的时候，也需要一个温度恒定的工作环境。

2. 装载 CTP 印版

装版方式可以分为手工式和自动式两种。手工式上版的机器价格便宜，一般要求在暗室操作，所以效率较低；而自动式上版设备的工作效率高，但价格较贵。自动式设备在上版时，必须使用带隔离纸的一整盒印版。印版的表面有一层防光护膜，所以可以明室操作。在上版时借助送版器可以自动剥离印版表面的护膜。

3. 联机

确保直接制版机处于“Ready”状态，可以接收 RIP 计算机的点阵信息。

4. 准备和发排文件

从流程控制计算机发送经过解释的点阵信息，直接制版机开始接收数据，并开始曝光，记录信息。

5. 后加工处理及卸载 CTP 印版

CTP 版材经过曝光后，根据工艺不同需要进行不同的后加工处理。热敏版材一般需要经过烘版的处理，以提高印版印量；光敏版材需要经过显影、定影、冲洗、晾干和涂胶等处理过程。

6. CTP 印版检查

（1）印版外观质量的检查（平整干净、涂胶均匀、无破损、无划痕、无脏点）。

(2) 图文内容的检查（版面文字和图像是否正确完整）。

(3) 网点质量的检查（用辅助的放大设备或专门的印版检测仪器对印版的网点成数、网线、网点形状、网点角度等参数做出客观地检测，以符合印刷的要求。）

思考练习题

1. 计算机直接制版机的类型有哪些？
2. 简述各种类型计算机直接制版机的优缺点。
3. 计算机直接制版机的日常操作需要哪些步骤？
4. 简述CTP版材的分类和优缺点。

单元二　输出前准备

课题一　输出软件 RIP 及其使用

学习目标

1. 了解 RIP 的概念和作用
2. 掌握 RIP 的功能
3. 了解 RIP 的分类
4. 了解典型的 RIP 软件及其使用方法

无论是 CTF 系统的胶片输出，还是 CTP 系统的数码打样输出和直接制版输出，在其输出的工作流程中，都必须经过 RIP 解释和控制。整个印前系统的开放性、输出质量和输出速度在很大程度上都是由 RIP 的性能决定的。

RIP 也就是光栅图像处理器，它是彩色桌面印前系统的核心。RIP 主要由解释和控制两部分组成。RIP 工作原理图如图 2—1—1 所示。RIP 接收从计算机传来的数据，通常都是以标准的 PostScript 语言描述的页面图文信息文件，将其解释成输出设备所需要的光栅数据（通常的打印机、激光照排机和计算机直接制版机都属于光栅设备），然后再控制输出设备输出。

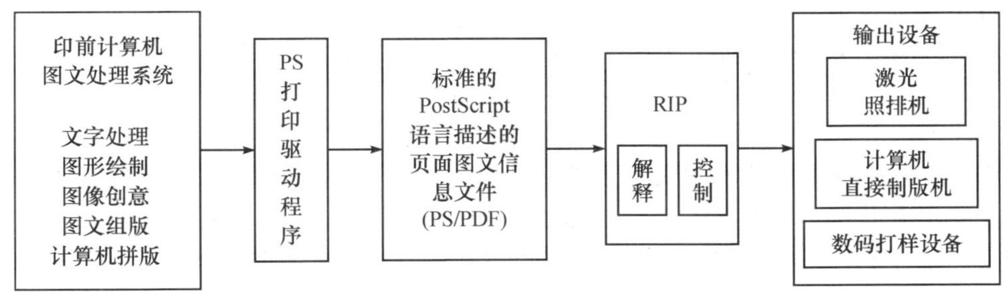

图 2—1—1　RIP 工作原理图

一、RIP 的功能

RIP 的功能可以归纳为以下几点：

1. 解释页面描述文件并输出点阵信息

RIP 最主要的功能就是将页面描述转换成构成页面曝光点的二进制点阵信息。

2. 快速生成精密的汉字

RIP 可以将每一个压缩的汉字轮廓信息，还原成输出点阵，这种庞大的计算过程，需要 RIP 进行高速准确地运算。

3. 对图像进行加网处理

RIP 可以将图形图像信息转换为点阵信息，并根据印刷要求，正确的设置网点参数，实现图像输出的加网处理。

4. 控制输出设备

RIP 带有各种输出设备的驱动程序，可以控制打印机、激光照排机、直接制版机等输出设备。

5. 陷印（补漏白）功能

RIP 可以设置自动实现陷印的处理，省去了专用软件进行陷印的麻烦。

6. 拼版功能

RIP 可以对解释过的页面再进行拼版的工作，提高了工作效率。

7. 预览功能

利用预览功能可以发现输出过程中可能发生的错误，避免了重复输出的浪费。

8. 色彩管理和分色功能

RIP 具有色彩管理的一些基本功能，可以进行颜色方面的控制；同时能够完成自动分色的处理。

9. 存储 RIP 后数据的功能

RIP 的存储功能确保经过 RIP 的数据可以被重复使用，节省了重复输出的时间。

二、RIP 的分类

RIP 分为两大类，硬件 RIP 和软件 RIP。

1. 硬件 RIP

硬件 RIP 是安装在输出设备内的一个插卡或是专用的一个 RIP 机箱，大部分的 PostScript 打印机都内嵌有特殊的硬件装置。硬件 RIP 的特点是处理速度快、工作稳定，但制造成本高，版本升级代价大，不能支持多种外设的输出。

2. 软件 RIP

近年来，随着计算机技术的飞速发展，计算机的运算速度成倍提高，软件 RIP 已成为 RIP 产品的主流形式。软件 RIP 产品的最大优点是模块化，使用方便，并可以灵活应用于可自定义的工作流程，各种作业参数可随时设置和更改，并能通过选择设备驱动程序而方便地连接到不同的输出设备，一次可打印多个作业。此外，软件 RIP 的价格和升级费用也相对较低。这些优点使软件 RIP 产品在市场上已经相当普及，被广大用户普遍接受。北大方正世纪 RIP（PSPNT）就是一个精心设计的软件 RIP，可以支持多种计算机操作平台和输出系统。

三、典型 RIP 软件使用

1. 方正世纪 RIP（PSPNT）的特点

PSPNT（PostScript Processor New Technology）是北大方正技术研究院基于 Windows

NT 开发的软件 RIP 产品，支持最新的 PostScript 3 标准，其界面如图 2—1—2 所示。

图 2—1—2　方正世纪 RIP

PSPNT 具有开放性强、支持各种输出设备、网点质量高、速度快等优点。

（1）开放性强

PSPNT 既能输出 PostScript 文档，也可以输出 PDF、EPS、TXT、S2、S72、PS2 以及 TIFF 等格式的文档（注：S2、S72 和 PS2 是北大方正排版软件生成的文件格式）。不仅可以处理各个版本方正软件（如飞腾、书版、飞翔）的排版结果，而且还可以输出 PC 上的其他软件，如 InDesign、Illustrator、CorelDraw 等软件生成的文件。更重要的是它“跨平台”的功能特点，支持 Mac 系统，支持从苹果机上通过网络直接打印。

（2）支持多字库

PSPNT 支持用户直接下载的字库，或市场上流行的其他中、英文字库产品，如常见的第三方字库厂商的 CID 字库，PDF 中自带的 CIDType0 字库、下载在 PS 中的 CIDType0 字库、韩文 PDF 及 Big5、日文 TrueType 字库等。

（3）高速度

PSPNT 在 Windows NT、Windows2000 环境下正常运行，充分利用 32 位编程的优势针对关键算法进行优化，提高了 PSPNT 的处理速度，并且支持并行处理。此外，由于 PSPNT 是一个完全的软件 RIP，主机性能有较大提升，处理速度明显加快。

（4）高品质加网效果

PSPNT 采用了全新的加网算法，网点表现层次更加丰富，渐变更加平滑，网点形状除圆形、方形、椭圆形等传统网型外，还支持精细凹印网型和方正调频调幅网型等。对于圆形、椭圆形、菱形三种网型新增加了方正平衡挂网所实现的网点技术，克服了过去版本网点质量上的不足，从而大大提高了挂网质量。

（5）易用性

PSPNT 界面方便、灵活、易用，使用户在操作上更加得心应手。

2. 方正世纪 RIP（PSPNT）的操作界面

运行方正世纪 RIP（PSPNT4.0）软件，其操作界面如图 2—1—3 所示。

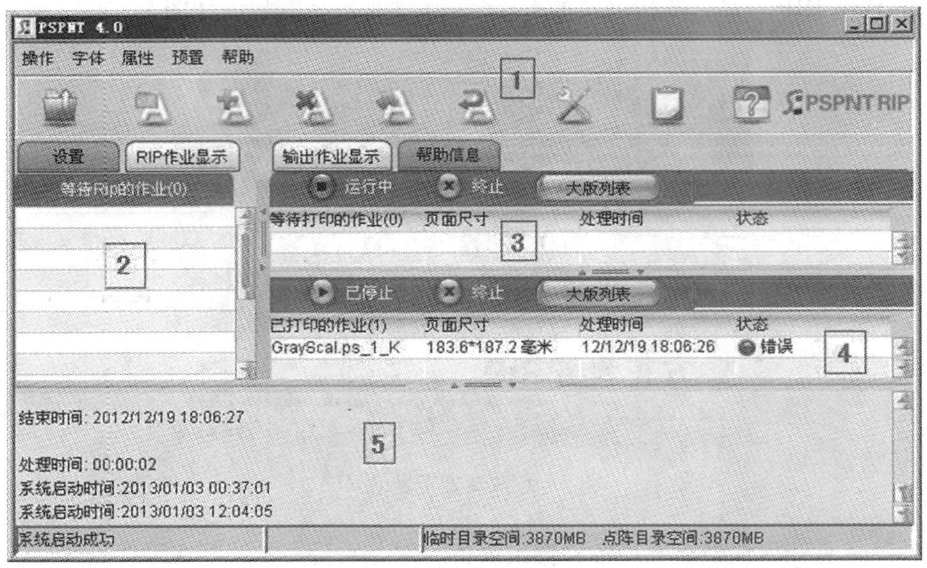

图 2—1—3 PSPNT 的窗口和菜单

RIP 作业显示视图中包含以下部分：

（1）菜单栏和工具栏

菜单栏包含了用于控制软件的菜单项，一些常用控制命令的快捷方式则显示在菜单栏下方的工具栏中，如图 2—1—4 所示。

图 2—1—4 PSPNT 工具栏

（2）等待 RIP 的作业队列

“RIP 作业显示”视图中，被提交的作业在被处理之前都显示在该队列中。

（3）等待打印的作业队列

经 RIP 处理生成的页面和大版都显示在“等待打印的作业”队列中，在这个队列中，可以实现三个主要功能：控制作业文件、预览作业、设置输出参数。这个队列是以行和列的形式构成的，每一列显示各个作业的相关信息，如页面尺寸；每一行则包含了每个具体作业的各项信息。

（4）已打印的作业队列

已经打印输出的作业显示在“已打印的作业”队列中。

（5）信息窗口

用户界面底部的信息窗口中显示了作业处理时间、错误、作业完成情况、字体信息等。

另外，界面还可以在“RIP 作业显示”和“设置”选项间切换，如图 2—1—5 所示。在“设置”选项下，可以进入“模板管理”“设备管理”“输入管理”和“工具箱”等界面，所以菜单栏和工具栏的内容也会随着当前界面的不同视图而相应地变化。

3. 方正世纪 RIP（PSPNT）的基本输出流程

（1）基本设置

1）“重置字体”设置。执行“字体/重置字体”菜单命令。当 PSPNT 第一次安装或需要重新配置 PSPNT 系统的字库时，或者当 PSPNT 输出字符不正常时，需要进行字体重置，如图 2—1—6 所示。

图 2—1—5　PSPNT 的“设置”选项

图 2—1—6　“重置字体”设置对话框

2）“系统参数”设置。执行“预置/系统参数”菜单命令。针对具体的工作环境对 PSPNT 的系统参数进行配置，使 PSPNT 表现出最佳性能，以获得最高的生产效率，如图 2—1—7 所示。

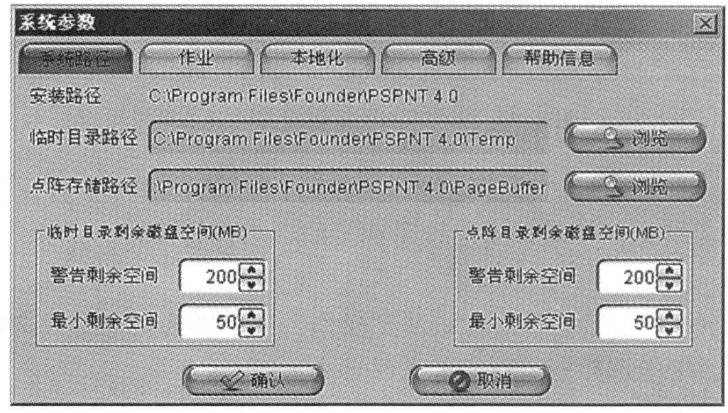

图 2—1—7　“系统参数”设置对话框

（2）模板设置

完成系统参数的设置后，需要建立一个模板——PSPNT，用于处理和输出作业的参数设置。在 PSPNT 用户界面的左栏中单击“设置”选项卡，然后单击“模板管理”图标，打开“模板管理器”界面；单击“增加”输入新模板的名称然后单击“确认”，就可以打开“编辑”对话框，如图 2—1—8 所示。

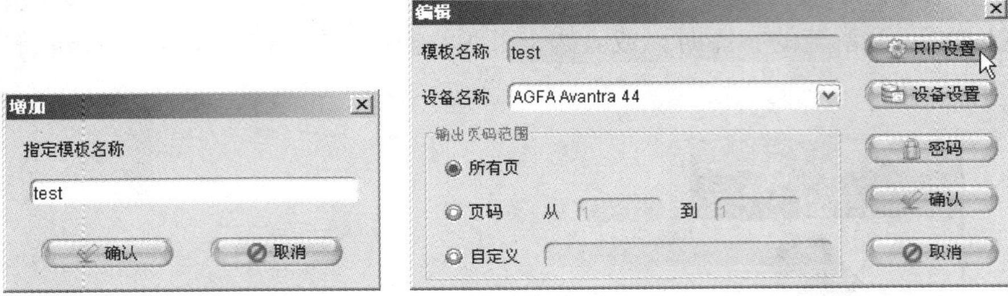

图 2—1—8　“增加和编辑模板”对话框

选择设备名称，如 AGFA Avantra 44，单击“RIP 设置”按钮打开“RIP 参数设置”对话框，如图 2—1—9 所示。在此对话框中可以设置如挂网、色彩管理等与 RIP 相关的参数。

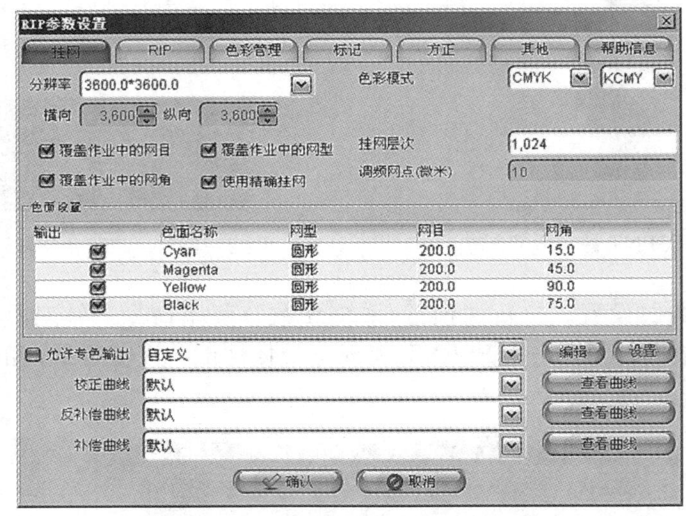

图 2—1—9　“RIP 参数设置”对话框

在“编辑”对话框中单击“设备设置”按钮可以打开“设备参数设置”对话框，如图 2—1—10 所示。在该对话框中可以对与设备相关的参数进行设置。

（3）提交作业

在处于“RIP 作业显示”的状态时，从“操作”菜单中选择“打开文件”命令，然后在弹出的“打开”对话框中选择所需打印的文件即可。

（4）解释作业并预览

在“等待打印的作业”队列窗口，单击已停止按钮，使作业进入下一阶段的 RIP 处理。在处理过程中，队列上方的状态栏会显示正在进行的 RIP 处理的情况。RIP 处理完作业后，进度条便会消失。处理结束后，可用于最终输出的分色挂网的页面便显示在“等待打印的作业”队列中，将页面释放到下一阶段进行输出之前，最好对挂网的页面进行预览以避免浪费

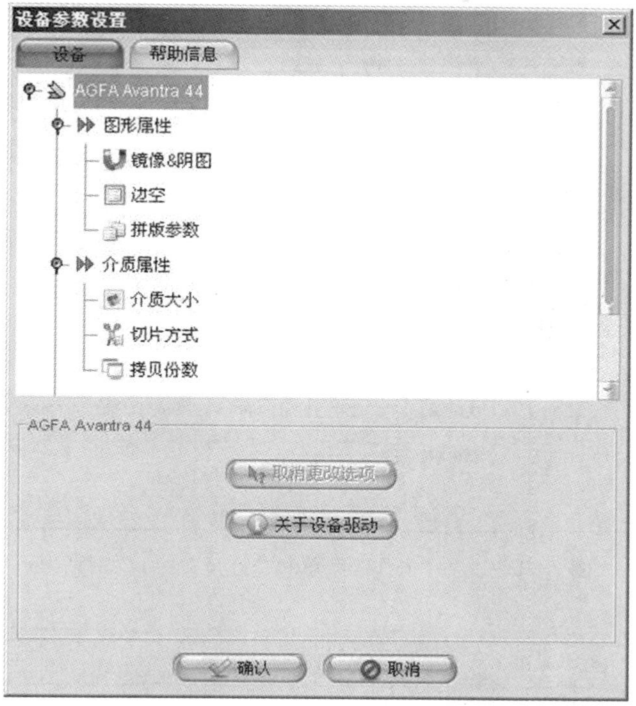

图 2—1—10 “设备参数设置”对话框

耗材。在“等待打印的作业”队列中选择需要预览的面面，单击右键，然后选择“预显”，便可打开图像预览界面。

(5) 控制输出

预览并确定正确无误后，单击“已打印的作业”队列上方的“已停止”按钮，就可以将经过RIP处理的页面提交到照排机或CTP设备上进行输出了。输出作业的过程中，“已打印的作业”队列上方的灰色进度条表示的是发送至输出设备的数据量。已输出的作业显示在“已打印的作业”队列中。

4. 用PSPNT RIP输出测试条文件

(1) 单击“操作”菜单，选择“打开文件...”命令，在打开文件对话框中选择“素材”文件夹下的“GrayScal. PS”文件，如图 2—1—11 所示。

(2) 在打开文件对话框的“模板名称”框中选择发排时使用的参数模板，如图 2—1—12 所示。

选择“设置”，在弹出的“编辑”窗口选择 PSPNT RIP 所驱动的设备，如图 2—1—13 所示，例如：选择“AGFA Avantra 44”。(注：在每一次使用 RIP 解释发排文件时，都必须选择合适的参数模板)。

(3) 单击“打开”按钮，此时选中的“GrayScal. PS”文件将在“RIP 作业显示”窗口的“等待 RIP 的作业队列”中等待解释，如图 2—1—14 所示。

(4) 选中“输出作业显示”窗口中的“运行中”按钮（如图 2—1—15 中鼠标所指的位

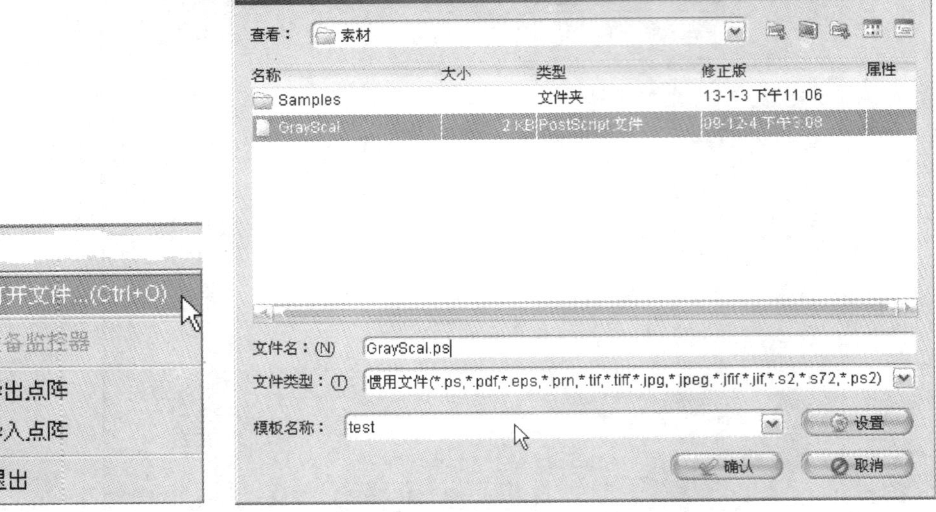

图 2—1—11　“操作”菜单和“打开文件...”对话框

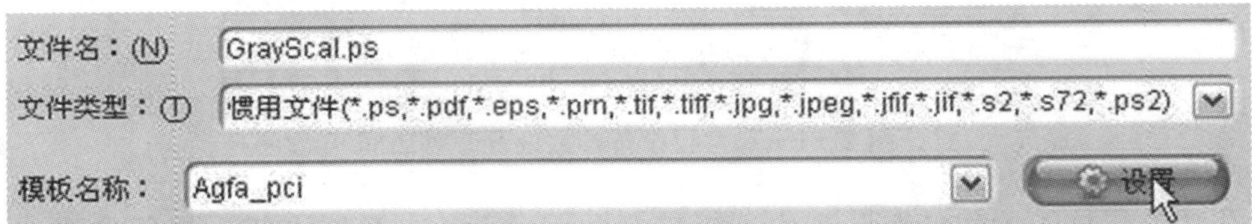

图 2—1—12　“参数模板”选项

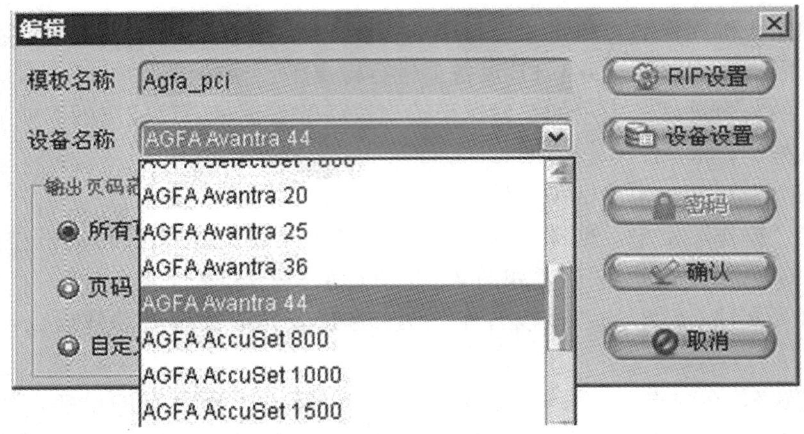

图 2—1—13　“模板参数编辑”窗口

置)，PSPNT 开始解释 PS 文件。

(5) 解释后的文件出现在“输出作业显示”窗口中，此时可以单击鼠标右键，在弹出的快捷菜单中选择“预显”，查看 RIP 解释后生成的点阵信息，如图 2—1—16 所示。

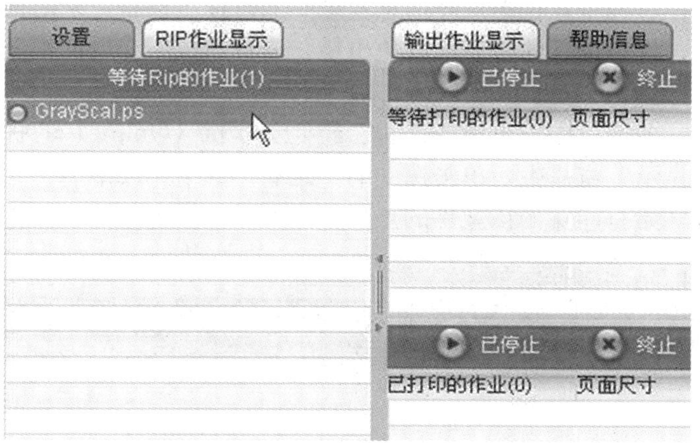

图 2—1—14　等待 RIP 的作业框

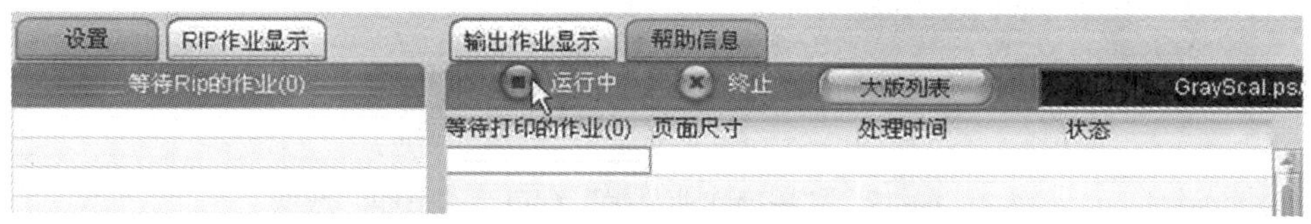

图 2—1—15　“输出作业显示”窗口—“运行”

图 2—1—16　“输出作业显示”窗口—“预显”命令

注意：输出操作过程中，在把点阵信息发送到照排输出设备记录之前，一定要检查 RIP 解释后的点阵信息，作为最后的检查，以免出错，避免造成不必要的浪费。经检查无误后再执行下一步的输出操作。

（6）输出之前，务必检查输出设备是否已经处于联机（Online）的状态。

在"输出作业显示"窗口中，单击选中的"运行"按钮（如图 2—1—17 中鼠标所指的位置），PSPNT 就开始打印输出该文件的点阵信息到输出设备上了。

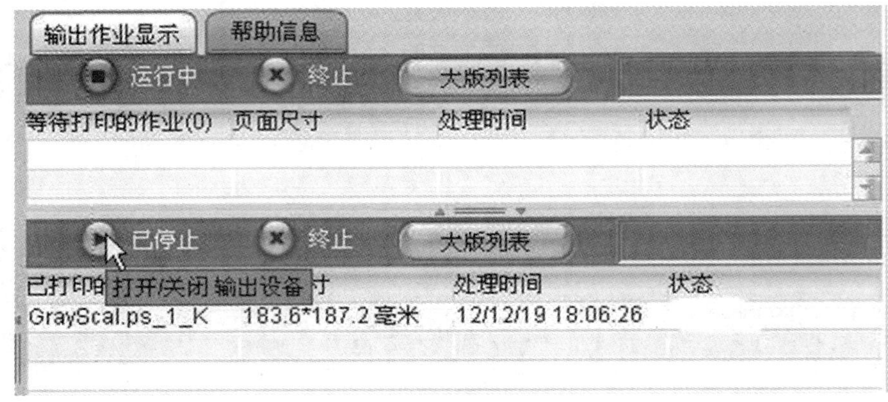

图 2—1—17　"输出作业显示"窗口－"打印"选项

（7）如果输出设备没有处于联机（Online）状态，直接输出时就会出现如图 2—1—18 所示的提示信息。

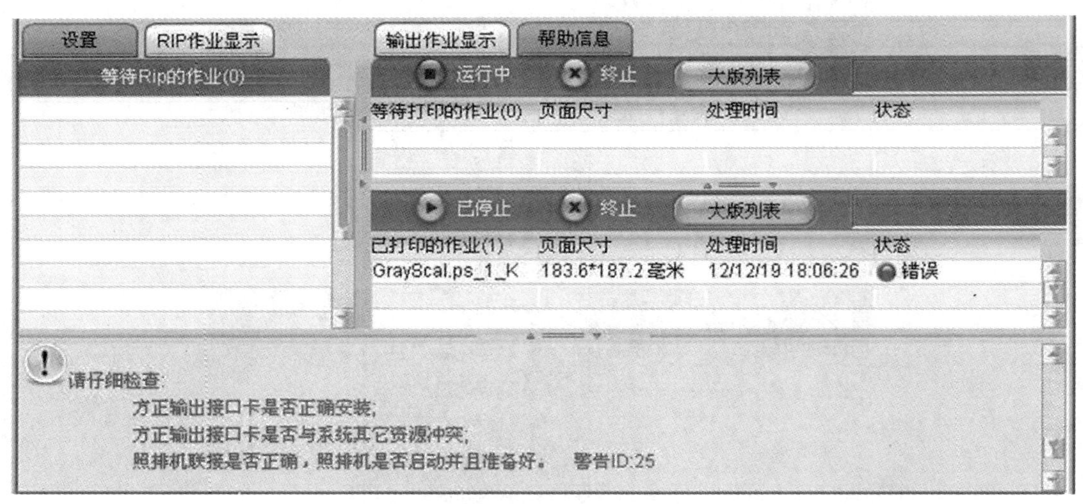

图 2—1—18　"输出作业显示"窗口－错误信息显示

到此为止，就完成了一次正常的 PSPNT 的输出过程。

知识链接

数字化印前工作流程中常见的数据交换格式

1. PS 文件格式

用 PostScript 语言所描述的文件称为 PS 文件，一般以后缀“. ps”来表示。由于 PostScript 语言主要应用在页面上对文本、图形形状和图像的描述，产生的描述是与设备无关的，所以 PS 文件可以作为印前输出数据交换格式。在印前工艺流程中，通常需要安装虚拟的 PS 打印机，以便打印生成 PS 文件。PS 格式文件不能直接打开预览，需要通过如 Adobe Distiller 等软件的转换，才能生成可预览的格式。

2. EPS 文件格式

EPS（Encapsulated PostScript）的意思是封装的 PostScript 文件，一般以后缀“. eps”来表示。它来源于 PostScript 技术，是一种可预览的 PostScript 文件，通常用于存储矢量图形和图像，是数字化印前工艺流程中最重要的文件格式之一。

3. TIFF 文件格式

TIFF（Tagged Image File Format）意思是“带标记的图像文件格式”，一般以后缀“. tif”来表示。它广泛应用于印前处理、排版制作中，是应用最广泛的行业标准位图文件格式。同时，它也可以直接作为印前输出的文件格式。

4. PS2 文件格式

PS2 文件格式是北大方正排版软件所生成的文件格式，只能用 PSPNT 输出，其他的输出系统不支持。

5. PDF 文件格式

PDF（Portable Document Format）是 Adobe 公司出品的一个文件存储格式，由于其良好的可移植性、跨平台使用性且适用于多种输出目的而成为目前跨平台文件交换的通用格式。目前在数字化印前工艺流程中，基本使用 PDF 格式作为数据交换的格式。

思考练习题

1. RIP 的作用和功能有哪些？
2. RIP 的分类和各自的优缺点是什么？
3. 在素材文件夹中选择练习文件，掌握 PSPNT 输出的基本操作过程。

课题二　网点及其测量

学习目标

1. 了解网点的作用、形状和类型
2. 辨识调幅网点

3. 掌握网线角度与调幅网点角度的区别
4. 了解加网线数对印刷品分辨率的影响

平常看到的彩色印刷品是由青（Cyan）、品红（Magenta）、黄（Yellow）和黑（Black）四色叠印而成的。只要用放大镜细心观察，便可以见到印刷品上布满了不同大小和颜色的小点，这些小点就是网点（Dot）。

一、网点的概念

为什么在胶片上能表现出不同灰度的黑色呢？如图 2—2—1 所示，用网点放大镜细心察看测试条，可以看到，这些不同灰度的方块是由无数的小点构成的，而且不同的灰度，点的大小也不相同。这就是印刷色彩还原的基础——半色调网点。把胶片放在白色的纸张上面，在适当的距离下，这些细小网点和白色的纸张并置混合，产生视觉错觉而呈现不同的灰色调。一般情况下，人眼的阅读距离（明视距离）为 250 mm，在这个距离下，灰度测试条再现的灰度块可以看作是连续调的图像。

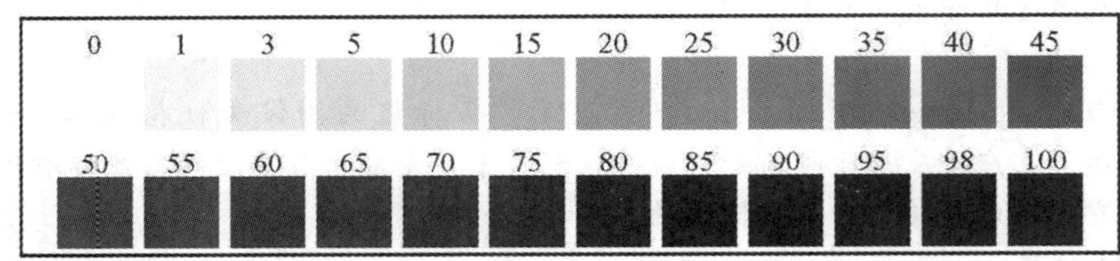

图 2—2—1　带灰度色块的输出胶片

在彩色印刷中，如果印刷如图 2—2—2 所示的图片。首先要在印前制作输出四色胶片，就是把排版文件上的颜色信息分色成印刷用的四色胶片，如图 2—2—3 所示，这些胶片都是黑白的半色调网点，分别记录了 CMYK 四种颜色的信息；然后经过拼版和晒版形成可供印刷用的四块印版；最后把四块印版分别涂布相对应的 CMYK 不同颜色的油墨，套印后还原图像。

在排版设计时，网点的浓度可以用百分比表示，定义填充的色块由 1%～100%来产生。但是在生产实际中，定义浓度为 5%以下或 90%以上的色块，由于印刷方面各因素的限制，网点的复制较为困难，宜小心使用。

二、网点的形状

网点形状不是唯一的。除了常见的圆形网点，还有方形网点、钻石形网点（菱形网点）、椭圆形网点、十字形网点、线形网点等，如图 2—2—4 所示。在印刷需要某些特殊效果时可以采用不同的网点形状。

三、网点的类型

网点有调幅网点和调频网点两种类型，如图 2—2—5 所示。

图 2—2—2 彩色印刷图片

图 2—2—3 实际输出的四色胶片示意图

调幅加网的网点是规则排列的，依靠网点的大小变化来改变印刷墨量的大小。平常看到的杂志报纸大都是采用调幅网点还原色彩的。

调频加网的网点大小固定不变，网点间的距离可以变化，依靠网点距离和网点数量的变化来调节印刷在纸上的墨量，实现颜色的变化。调频加网的网点大小相同，在图像的亮调部分网点个数较少，随着阶调加深，网点数量逐渐增加，依靠网点的多少和疏密来实现亮暗的

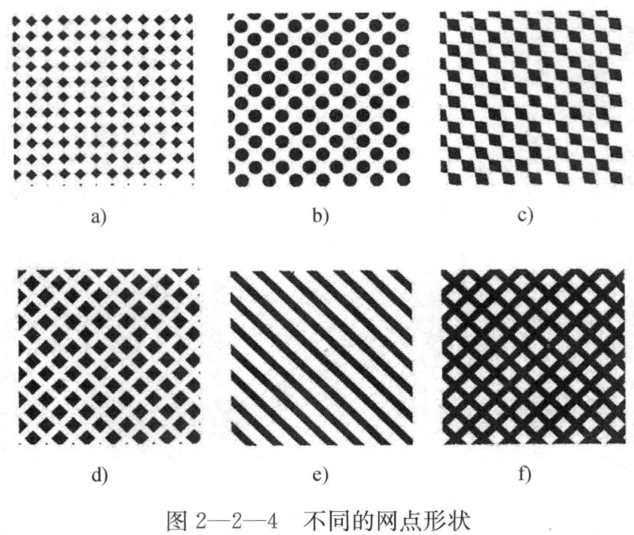

图 2—2—4　不同的网点形状

a）方形网点　b）圆形网点　c）链形网点

d）凹印方点　e）线形网点　f）十字形网点

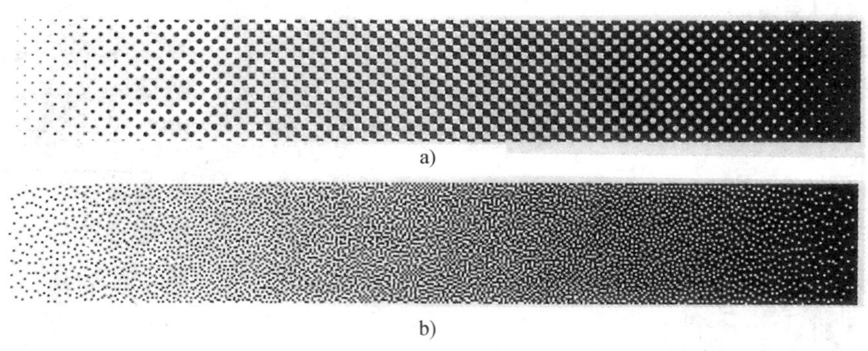

图 2—2—5　调幅和调频网点

a）调幅网点　b）调频网点

变化。

四、调幅网点的角度

对于调幅网点来说，由于它们整齐地排列，所以在使用上有角度之分，这就是网点角度。图 2—2—6 所示是在网点放大镜下看到的不同角度网点的排列情况。

45°网屏角度所形成的网点排列，最容易产生并置混合的视觉效果，不会感觉网点的存在。单色印刷时网屏角度多采用 45°。90°网点的并置混合视觉效果差，最容易感觉网点的存在。

四色印刷时，如果同一角度的网点重复叠印，便无法让网点产生并置混合效果，得到不同的颜色，所以网屏间一定要错开角度。但是，当网点错开角度时，会产生光学干扰图案，

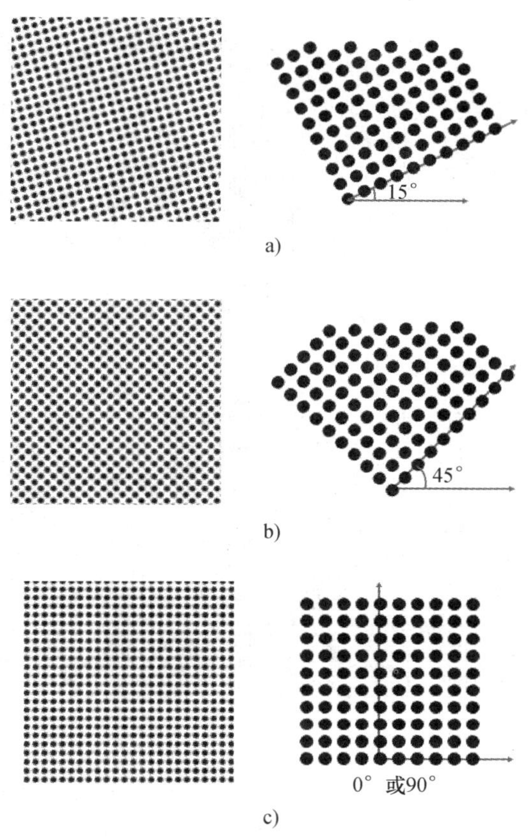

图 2—2—6　不同角度网点的排列情况

a) 15°　b) 45°　c) 0°或 90°

称为“撞网”，出现的干扰图案就是“龟纹”，如图 2—2—7 所示。

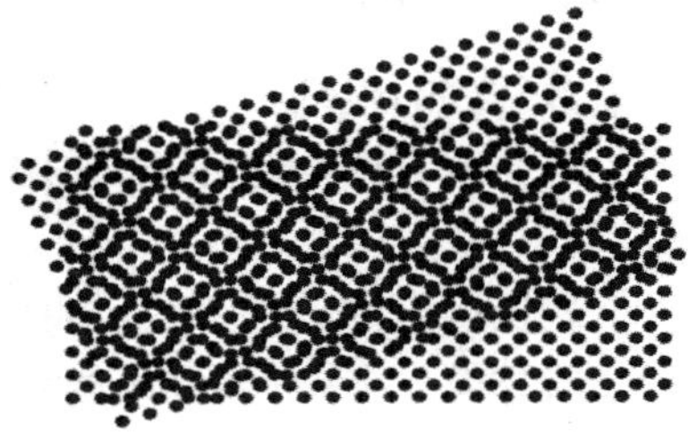

图 2—2—7　“龟纹”示意图

如图 2—2—8 所示六组图片显示的是两个不同角度的网屏错开叠加的效果。请仔细观察，哪几幅看上去最舒服？

从图中可以看到，当两个网屏角度相差 30°以上时，出现的干扰情况最小，视觉效果最好。但是，在实际四色印刷的情况下，90°的范围内以 30°的角度差只能安排三种颜色的网屏，还有一种颜色只能用 15°的角度差。根据这个原则，四色分色加网时，习惯用法以 45°为主色版网点角度，90°作为黄版网点角度，75°和 15°作为余下两色版的网点角度。

方正世纪 PSPNT RIP 中缺省的网角设置如下：C 版（15°）、M 版（45°）、Y 版（90°）、K 版（75°）。

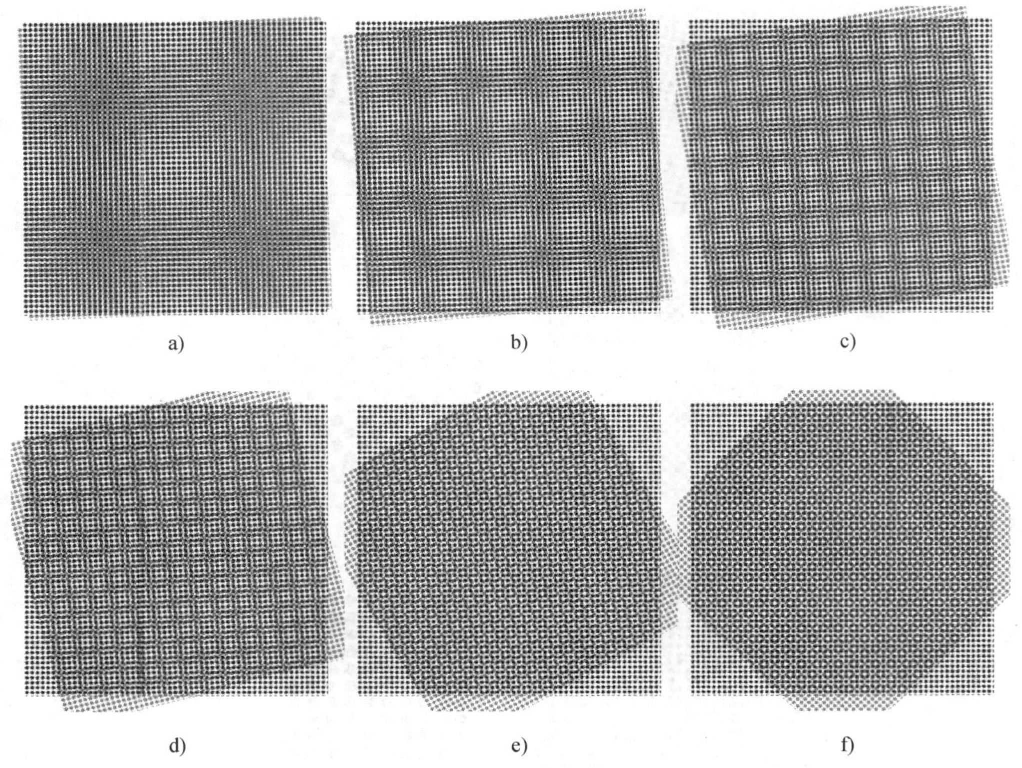

图 2—2—8　两个不同角度的网屏错开叠加的效果图
a）网屏角度相差 2°　b）网屏角度相差 5°　c）网屏角度相差 10°
d）网屏角度相差 15°　e）网屏角度相差 30°　f）网屏角度相差 45°

五、网线

平常阅读的报纸和杂志，用肉眼就可以很直观地对其作出评价。报纸上图片的印刷精度比画册的要差一些。这种印刷精度上的差别是用“网线”来描述的，也就是通常所说的印刷分辨率。

单位长度内网点的个数，叫做“网线”。单位长度内的网点越多，网点就越小，印刷品的精度就越高。一般以线数/英寸（lpi）为计量单位。从图 2—2—9 和图 2—2—10 所示效果可以看出，加网线数越大，网点就越小，能够表现的图像层次就越丰富。

从理论上讲，网线数越高，印刷品能表现的层次和细节就越多，但是，受到操作人员的操作技能、印刷设备及工艺水平等客观因素的影响，当加网线数超过 200lpi 时就很难印制了。如果选用了较高的加网线数，应该同时选用质量最好的铜版纸、颗粒最细的油墨、分辨力最好的印版和高档的印刷机，才能最终表现出优质的印刷效果。

印刷中常用的加网线数见表 2—2—1。

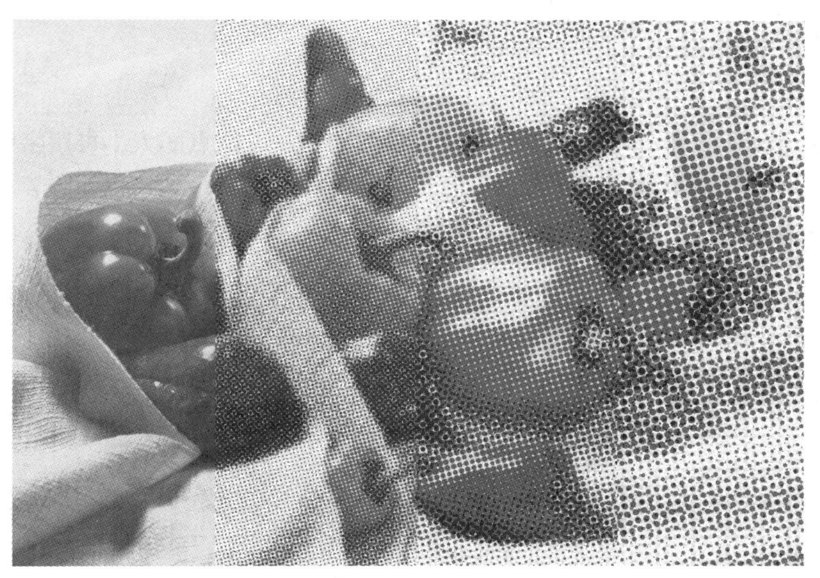

加网线数：高 ————————→低

图 2—2—9　同一幅图片上采用不同加网线数的效果图（模拟）

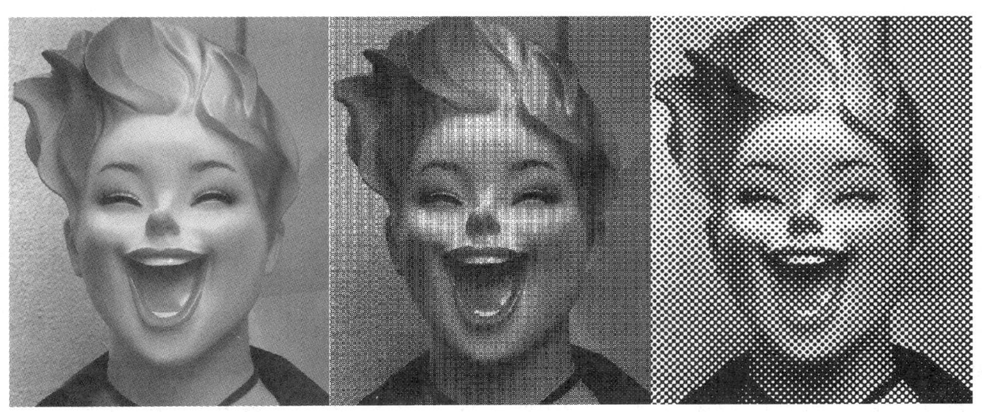

加网线数：高（150lpi）———→中（90lpi）———→低（60lpi）

图 2—2—10　不同加网线数的印刷效果（模拟）

表 2—2—1　　**印刷中常用的加网线数**

用途		凸印报纸	胶印报纸			常规胶印	精细产品	高级精细产品	特殊用途产品
			宣传画						
			大幅	中幅	小幅				
网点线数	线/厘米	24	32	40	48	54	60	70	80
	线/英寸（lpi）	60	80	100	120	133	150	175	200

六、网点的测量

1. 密度计测量网点

密度计是印刷工艺流程中用于质量控制和检测的工具。网点的大小可用密度计测量，它可以直接给出网点覆盖率。密度计可以分为透射密度计和反射密度计，如图 2—2—11 所示，每种密度计又可以分为单色密度计和彩色密度计。

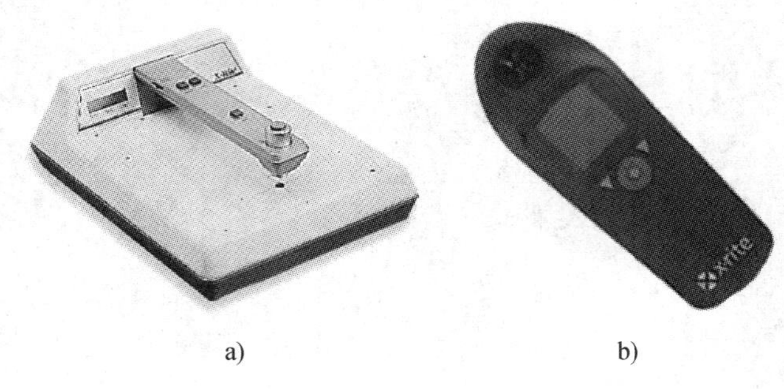

a)　　b)

图 2—2—11　密度计
a）透射密度计　b）反射密度计

（1）透射密度计

透射密度计主要用于测量分色软片的密度值和网点值，因此单色密度计就足够了。在激光照排机线性化的时候，使用的就是透射密度计。

（2）反射密度计

反射密度计主要用来测量印刷品的油墨密度，起到控制印刷条件的作用。印刷时，在印版的边缘空白处通常都加一个供测量用的控制条。通过测量这些控制条上的色块就可以判断印刷是否正常。

2. 放大镜目测网点成数

印刷业中常常把网点覆盖率分成 10 个层次，习惯上称为网点“成数”。例如把一个覆盖率为 40％的网点称为四成网点。显然，一个覆盖率为 100％的网点将全部被油墨覆盖，这样的网点称为实地。网点成数还可以进一步细分为 22 个层次，相邻层次的间距为 5％。用放大镜识别印版或印刷品网点面积时，通常在 10～15 倍放大镜下用目测来鉴别。

如图 2—2—12 所示为一成网点到五成网点的示意图。

在两颗正方形黑网点平行边线之间的距离内，若能容纳三颗同样大小的网点，称为一成网点（10％的网点）；若能容纳两颗同样大小的网点，称为二成网点（20％的网点）；若能容纳 1.5 颗同样大小的网点，称为三成网点（30％的网点）；若能容纳 1.25 颗同样大小的网点，称为四成网点（40％的网点）。阳网点的面积与阴图点面积相等，即黑白各占半，在两颗网点间能容纳一颗同样大小的网点，称为五成网点（50％的网点）。

五成点以上的网点成数与五成网点以下的网点成数可对应地互补。如图 2—2—13 所示为六成网点到九成网点的示意图。

六成网点与四成网点互补，即两颗白色阴网点间能容纳 1.25 颗同样大小的白色阴网点，

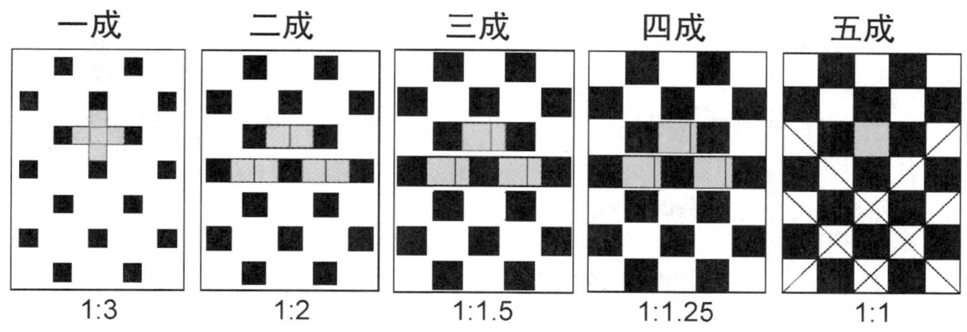

图 2—2—12　一成网点到五成网点的示意图

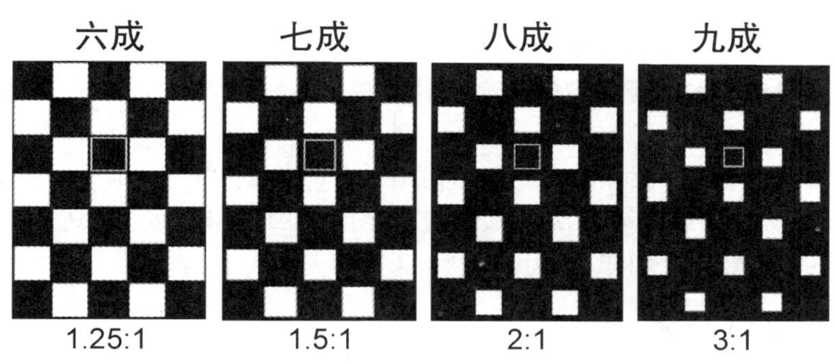

图 2—2—13　六成网点到九成网点的示意图

则为六成网点（60％的网点）；七成网点与三成网点互补，即两颗白色阴网点之间能容纳1.5颗同样大小的白色阴网点，则为七成网点（70％的网点）；八成网点与二成网点互补，即在两颗白色阴网点之间能容纳二颗同样大小的白色阴网点，则为八成网点（80％的网点）；九成网点与一成网点互补，即在两颗白色阴网点之间能容纳三颗同样大小的白色阴网点，则为九成网点（90％的网点）；十成网点就是实地。

思考练习题

1. 为什么印刷品能够表现出不同的灰度级？
2. 网点有哪两种类型？
3. 调频网点和调幅网点各有什么特性？
4. 单色印刷时为什么采用45°的网屏角？
5. 四色印刷时，对于网屏角度有什么要求？
6. 方正世纪 RIP 中缺省的网屏角度设置是多少？
7. 能够表现印刷品质量的参数是什么？胶印报纸的印刷线数为多少？精美彩色杂志的印刷线数为多少？
8. 网点的测量有哪些方法？
9. 密度计有哪些种类？分别有什么用途？

10. 实训练习

（1）以四色输出胶片作为练习素材，观察 CMYK 四色胶片的网线角度。

（2）放大镜下看到的网点图如图 2—2—14 所示，辨识其网点角度。

（3）用网点放大镜练习辨识网点成数。

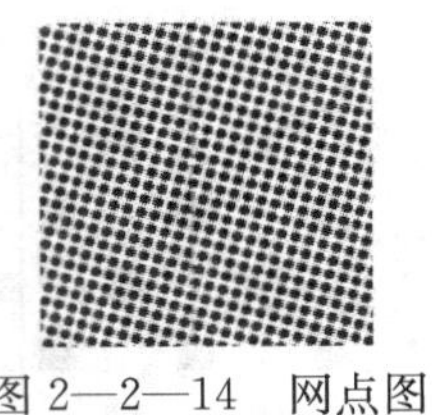

图 2—2—14 网点图

课题三 安装和配置 PostScript 虚拟打印机

学习目标

1. 了解 PostScript 虚拟打印机和 PPD 文件
2. 能够正确安装和配置 PostScript 虚拟打印机

在基于 PostScript 文件流程的工艺中，输出给 RIP 之前，一般都需要先生成 PostScript 文件，而生成 PS 文件的最常见方法，就是利用虚拟 PS 打印机打印生成文件。选择安装合适的虚拟打印机，是确保正确输出 PostScript 文件的关键。

一、PostScript 技术

PostScript 技术是 Adobe 公司在 1985 年提出来的，首先应用在了苹果 LaserWriter 打印机上。它的目标是提供一种独立于设备之外，专门为打印图形和文字而设计的描述语言，即在描述图像时可以不考虑输出设备的特性（如打印机的分辨率、纸张大小等）。用它描述的 PS 文件，可以独立于设备，即不管输出设备是什么，只要符合 PostScript 标准，就都能正确地打印。

二、PostScript 虚拟打印机（简称 PS 打印机）

PS 打印机的作用就是将各种不同应用软件的数据转换成 PostScript 语言格式。它在计算机系统中安装时，并非实实在在的硬件上的连接。本课题中安装的“AGFA－Avantra 44”打印机是 Windows 提供的标准的 PS 打印驱动设备，现在国内的 RIP 都能解释这种虚拟打印机生成的 PS 文件。由于 PostScript 的设备无关特性，在输出到特定输出设备时，PostScript 通过打印机描述文件（PPD）来获得打印机的不同特性。也就是说在使用 PS 打印机虚拟打印时，必须指定 PPD 文件，这样可以避免一些输出时的错误。

三、PPD 文件（PostScript 打印机描述文件）

1. PPD 文件的概念

PPD 全称是 PostScript Printer Description，它是 PostScript 打印机驱动软件资料。PPD 文件提供有关用户的 PostScript 打印机的信息，包括打印机自带字体、纸张大小、优化屏幕和分辨率能力等的列表。每一种不同的 PostScript 打印机都分别对应有专门的 PPD

文件，只有选择好与 PostScript 打印机或照排机相适应的 PPD 文件，才可以保证文件输出的正确性。如果有多台输出设备，在打印时可以根据需要，切换到另一个 PPD 文件，应用程序会自动添加所选的 PPD 文件中的信息，确保在打印文档时向打印机发送正确的 PostScript 信息。

2. 获取 PPD 文件的方法

（1）通过输出中心或打印机厂商获取 PPD 文件

一般输出中心或打印机厂商会给用户提供 PPD 文件。只有正确地安装和选择 PPD 文件，在彩色印前处理打印的时候，才能正确地输出。

（2）利用 PSPNT 提供的 PPD 工具生成 PPD 文件

利用 PSPNT 提供的 PPD 工具，能够生成常用输出设备所对应的 PPD 文件，其步骤如下：

1）在“工具箱”中单击“PPD”图标，如图 2—3—1 所示。打开“PPD 生成器”窗口，如图 2—3—2 所示。

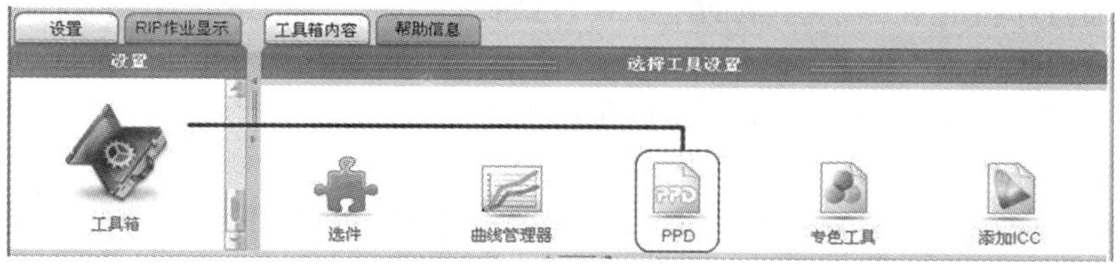

图 2—3—1　“工具箱”中单击“PPD”图标

图 2—3—2　PPD 生成器

2）在“PPD类型”下拉列表中，如果选择“PC类型”，则生成的PPD文件用于PC机；如果选择“MAC类型”，则生成的PPD文件用于苹果机。

“生成路径”指定了PPD生成后所存储的路径。可以单击“浏览”按钮选择其他的PPD存储路径。

“PPD生成器”窗口包含了一个设备类表，可以选择设备左侧的复选框，为相应的设备生成PPD文件。

窗口底部显示了当前被选中设备所对应的PPD文件的路径和名称。单击“确认”便可为已选设备生成PPD文件。

四、安装PostScript虚拟打印机

1. PostScript安装要点

在Windows XP操作系统下安装PostScript虚拟打印机与安装一台普通打印机的操作基本一样，只是虚拟打印机的输出端口不同。安装的要点如下：

（1）添加打印机时选择系统自带的AGFA虚拟打印机，如Agfa Avantra 44，虚拟打印机的输出端口要选择为File。

（2）直接用Adobe公司的虚拟打印机驱动程序安装。

（3）选择与输出设备相一致的PPD文件。

（4）PostScript虚拟打印机在64位的Windows 7操作系统下安装时会出现不能够完全兼容的情况，建议多尝试几个虚拟打印机。

2. 在64位Windows7操作系统环境下安装虚拟打印机

（1）在“控制面板中”添加打印机，如图2—3—3所示。

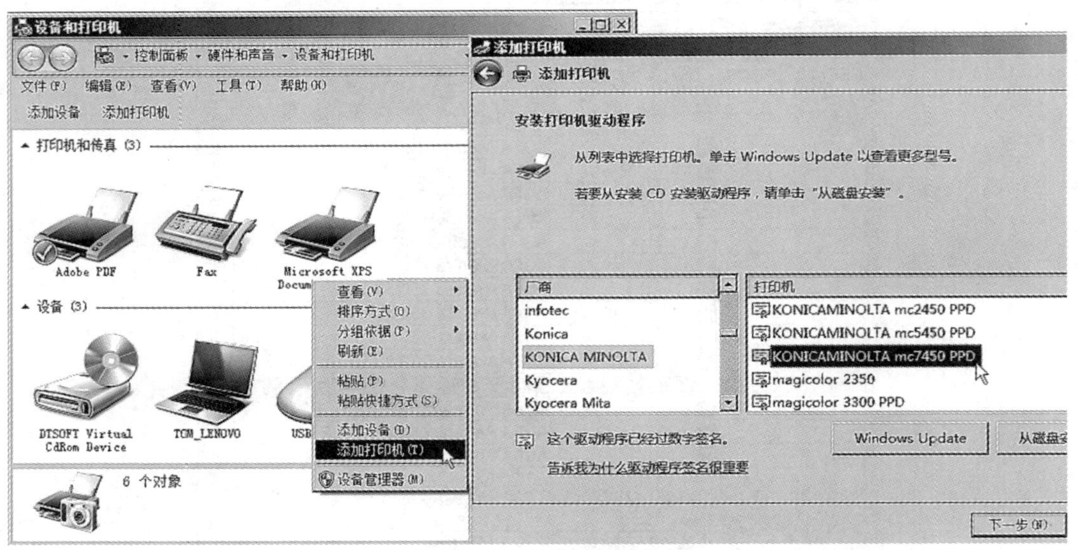

图2—3—3　添加打印机

（2）选择合适的PS打印机驱动程序，如图2—3—4所示。

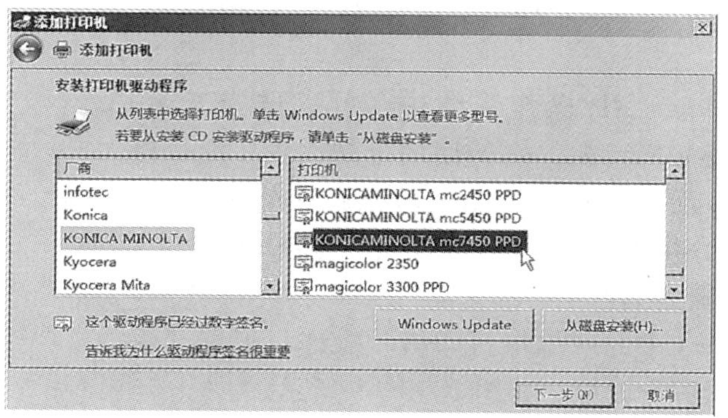

图 2—3—4　安装打印机驱动程序

（3）为虚拟的 PostScript 打印机添加名称，如图 2—3—5 所示。

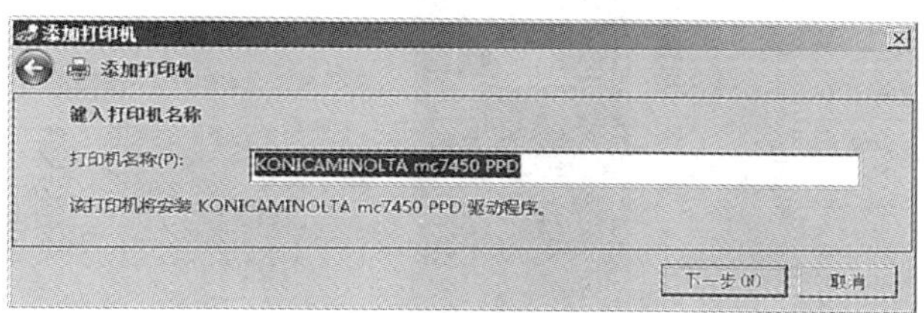

图 2—3—5　添加打印机名称

（4）选择是否共享打印机，如图 2—3—6 所示。

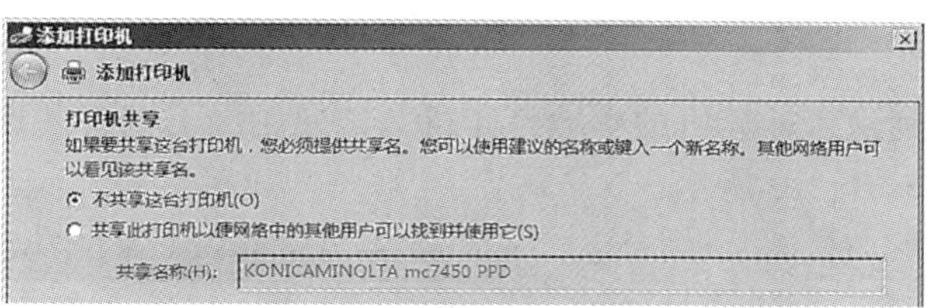

图 2—3—6　打印机共享选项

（5）成功添加打印机后，出现如图 2—3—7 所示的标识，同时在控制面板的打印机设备中出现如图 2—3—8 所示的打印机图标。

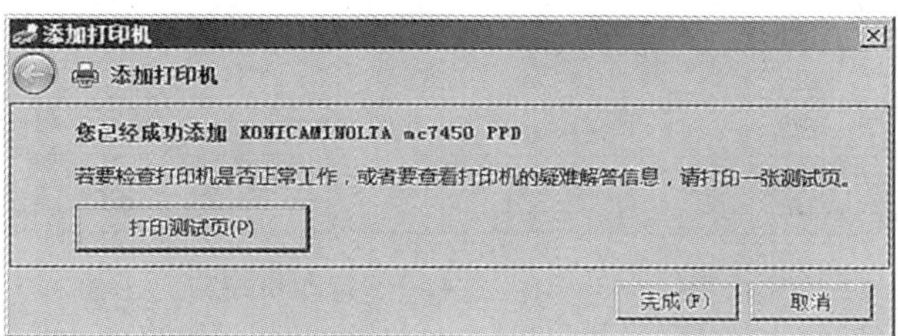

图 2—3—7　成功安装打印机

3. 在 Windows XP 操作系统环境下安装 Agfa Avantra 44 虚拟打印机

在 32 位的 Windows XP 操作系统中，可以选择安装 Agfa Avantra 44 作为 PS 虚拟打印机。它的使用范围比较广泛，最大成像尺寸可达 906 mm×1130 mm；支持的输出胶片尺寸为 914 mm×1130 mm；支持的分辨率为 1200～3600 dpi，能够满足大多数的输出需求。其安装步骤如下：

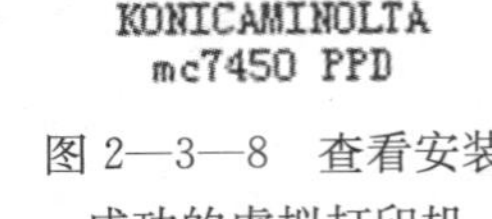

图 2—3—8　查看安装成功的虚拟打印机

(1) 执行 Windows 中的“添加打印机”操作，根据“添加打印机向导”，按照步骤进行设置，如图 2—3—9 所示。

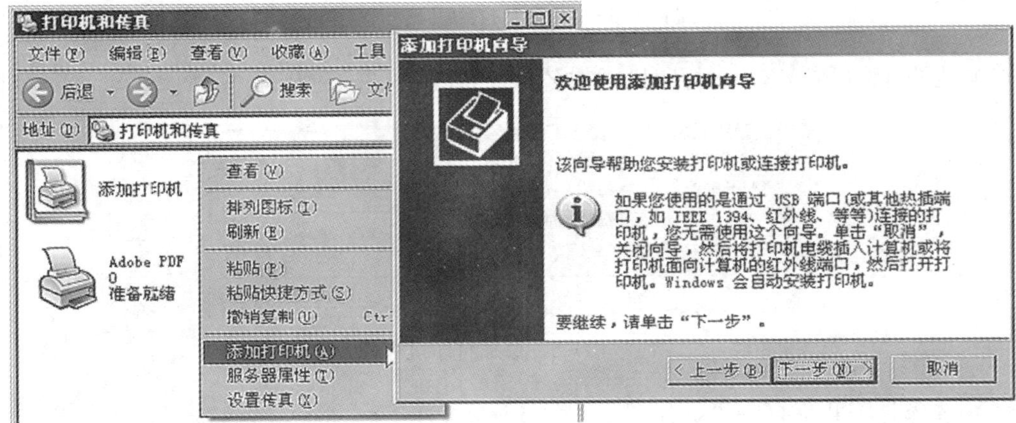

图 2—3—9　添加打印机

(2) 选择“连接到这台计算机的本地打印机”，“使用以下端口”选项选择“FILE:（打印到文件）”，如图 2—3—10 所示。

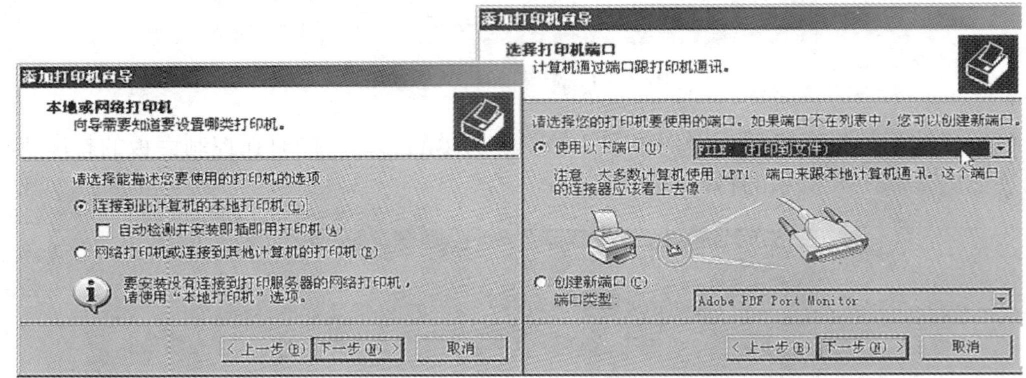

图 2—3—10　选择 PS 打印机端口

(3) 按照提示，进行“下一步”操作，选择合适的打印机名称并勾选是否做打印测试页，如图 2—3—11 所示。

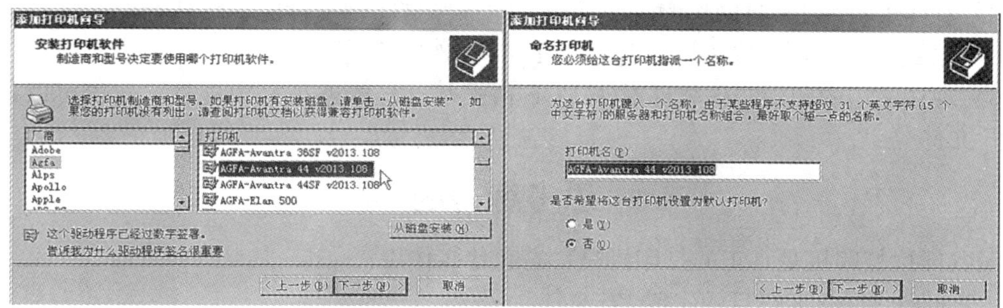

图 2—3—11　选择 Agfa Avantra 44 虚拟打印机

（4）按照缺省状态完成后续的设置，最后在打印机窗口中出现“AGFA－Avantra 44 v2013.108”的图标，如图 2—3—12 所示：

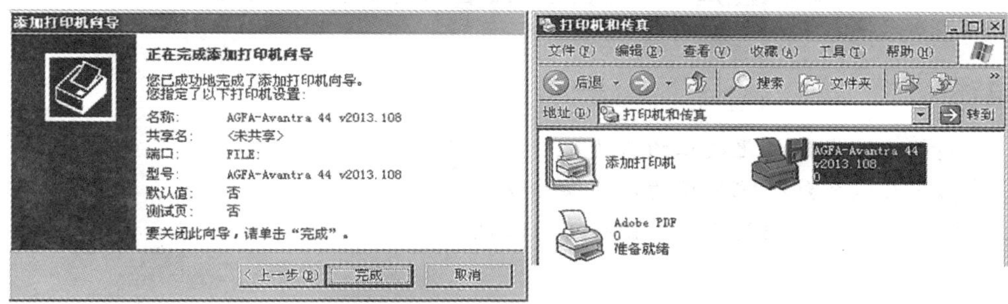

图 2—3—12　成功安装虚拟打印机

五、配置 PostScript 虚拟打印机

（1）在 CorelDRAW 软件的打印设置中指定 PPD 文件。运行并打开一个 CorelDRAW 文件，执行“文件/打印...”菜单命令，单击“使用 PPD”，在弹出的对话框中选择相应的 PPD 文件即可，如图 2—3—13 所示。

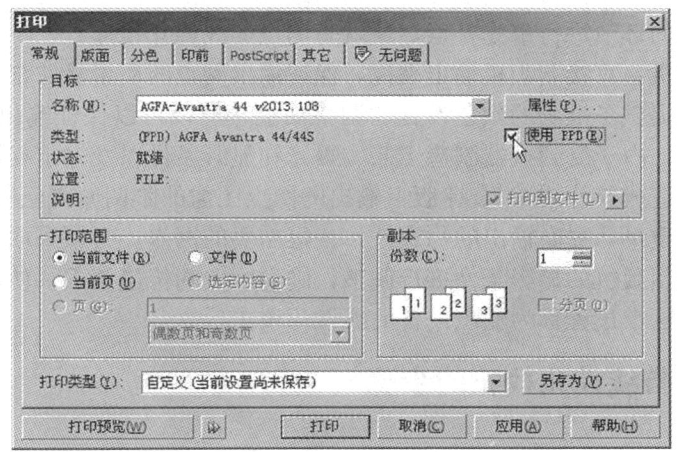

图 2—3—13　指定 PPD 文件

（2）有些虚拟的 PS 打印机配置成功后，在选择打印到文件时，默认存储的文件后缀是“. PRN”格式，可以直接修改后缀名为“. PS”文件后输出。

（3）现在常用的印前制作软件对于 PDF 格式都已经能够很好地支持，建议可以直接生成 PDF 文件。

思考练习题

1. PS 虚拟打印机是真正的打印机吗？它起什么作用？

2. 练习将 Word 文档打印生成 PS 文件。

3. 练习安装 Adobe PostScript 虚拟打印机（驱动程序可以到 Adobe 公司网站下载），并指定相适应的 PPD 文件。

课题四　输出设备线性化校正

学习目标

1. 了解输出设备线性化校正的意义
2. 掌握输出设备线性化校正的基本操作步骤
3. 了解需要进行输出设备线性化校正的时机

一、输出设备线性化校正的意义

网点是表现印刷品层次、阶调和色彩的基本单位，印刷网点的变化往往会导致色彩还原失真以及阶调层次减少等质量问题。印刷流程主要的网点转移问题就是网点扩大。导致网点扩大的主要因素有两个方面：一是照排机或 CTP 的非线性特点以及曝光系统的阶调传递特性等因素；二是印刷机、纸张和油墨以及印刷压力等印刷工艺条件。无论是采用哪种途径输出，在图文信息从数字原稿转移到最终承印物的过程中，由于网点的变化，必须在输出前对网点可能发生变化的环节进行事先补偿，这就是网点的线性化传递。

对于激光照排机、直接制版机输出来说，保证输出网点的质量是非常重要的。在印前制作过程中，计算机提供了准确的颜色设置和调整功能，所以可以保证输出前网点的准确性。但是在实际输出时，由于受到机器制造工艺、曝光和显影条件以及输出材料的种类等客观因素的影响，往往会造成胶片或 CTP 印版上输出的网点图像的阶调偏离原稿。

为了保证输出质量，提高输出的稳定性，获得需要的网点，必须采取措施修正偏差，对激光照排机和直接制版机的显影条件进行调整，确定网点的传递关系，使最终的输出与像素值保持线性关系，这个过程称为输出设备的线性化校正。

二、输出设备线性化校正的步骤

1. 操作准备

（1）操作环境

安装有方正世纪 RIP 的计算机，激光照排机或直接制版机。

（2）使用工具

透射密度计、印版测量仪。

2. 操作分析

在数字化工作流程或 RIP 软件中，可以建立输出设备的线性化曲线，从而对输出设备进行线性化校正。不同的流程软件和 RIP 软件的线性化操作略有不同，但操作原理都是一样的。具体做法如下：

（1）将包含 0%～100%的各级灰度梯尺的文件输出至胶片和 CTP 印版。

（2）用相应的测量设备测量出各级网点百分比的数值，然后将真实值和测量值都输入到流程软件和 RIP 软件中。

（3）建立线性转换曲线或灰度转换曲线并存储以供调用。

3. 操作过程

（1）线性化校正之前的准备工作

1）确保 RIP 计算机运行正常。

2）确保输出设备处于连线（On Line）状态。

3）确保正常的工作环境，即所有工作环境设置均按正常生产输出工作的标准。如显影温度、显影时间、显影和定影药水的浓度、输出设备开机预热等。

（2）线性化校正操作步骤

1）启动方正世纪 PSPNT 软件，单击“设置”选项，选择“工具箱”下的“曲线管理器”，弹出“曲线管理器”对话框，如图 2—4—1 所示。

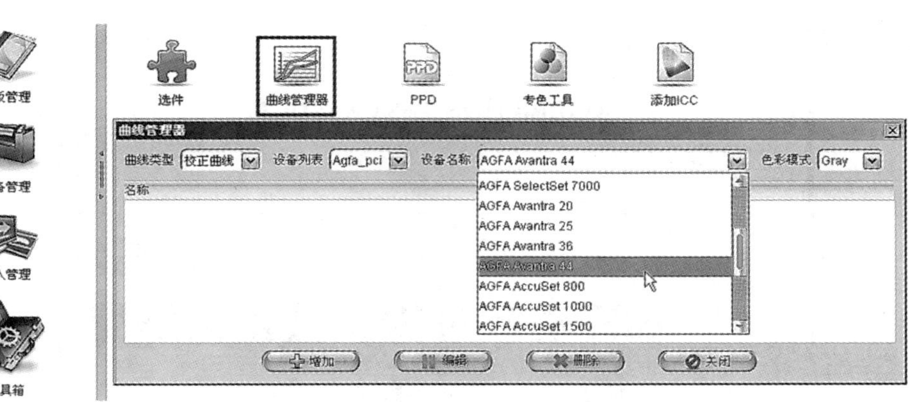

图 2—4—1　“曲线管理器”对话框

在“设备名称”下拉列表中选中一个设备时，曲线列表就会显示针对当前设备和色彩模式的所有曲线。

在“色彩模式”下拉列表中包含了当前设备能够支持的色彩模式。

2）单击“增加”按钮，弹出“增加校正曲线”对话框，如图 2—4—2 所示。

3）输入校正曲线名称，单击对话框中的“测试”按钮，如图 2—4—3 所示。

4）PSPNT 将自动提交一组测试作业，按照正常的操作流程输出后，照排机输出胶片，

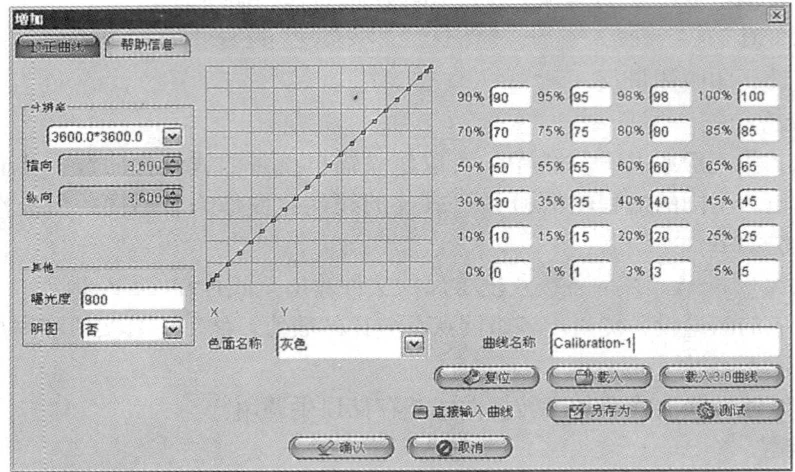

图 2—4—2　“增加校正曲线”对话框

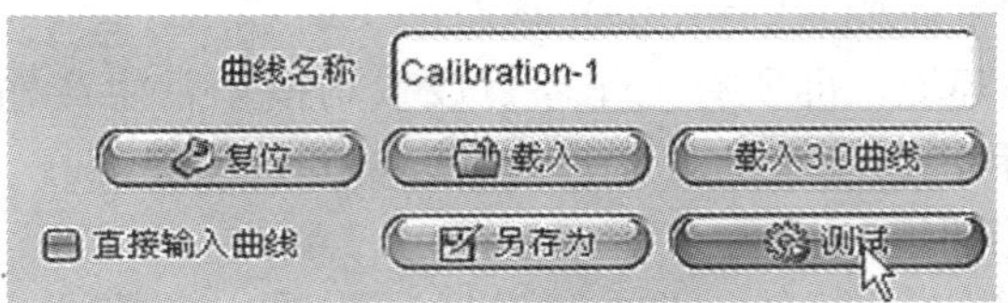

图 2—4—3　输入曲线名称并测试

CTP 直接制版机输出 CTP 印版。输出的测试胶片或印版如图 2—4—4 所示。

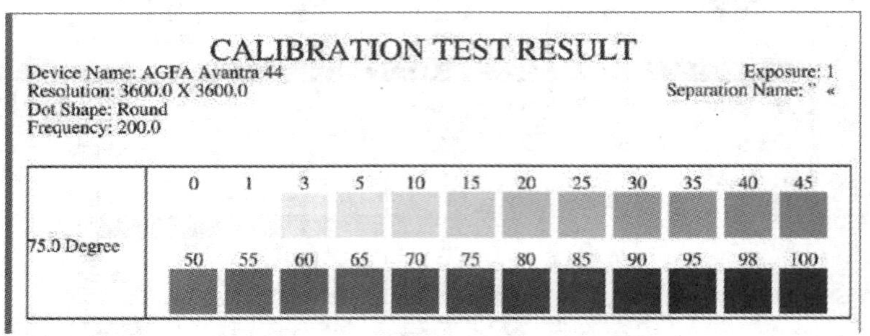

图 2—4—4　输出的测试胶片或印版

5）通过测量仪器对目标测量图像进行测量。

①胶片用透射密度计测量。如图 2—4—5 所示为 X—Rite（爱色丽）透射密度计。

图 2—4—5　X—Rite（爱色丽）透射密度计

②印版用印版测量仪测量。如图 2—4—6 所示为 X—Rite（爱色丽）ICPlate2 印版测量仪。

6）在“增加校正曲线”对话框中，将测量得到的灰度条上的每一色块的网点百分比数值输入到相应的编辑框中；例

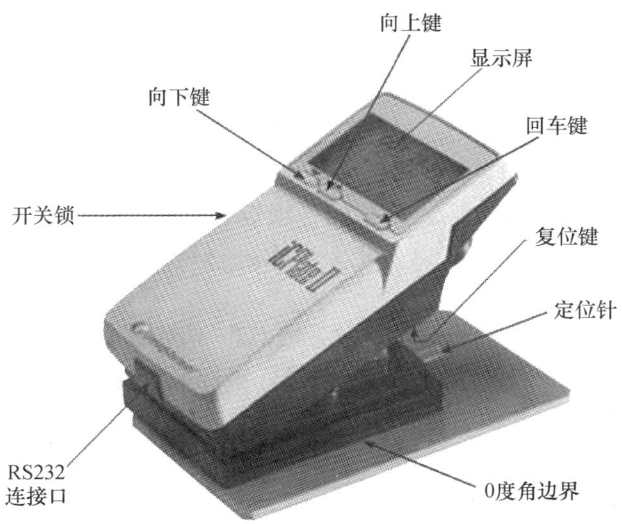

图 2—4—6 X－Rite（爱色丽）ICPlate2 印版测量仪

如：75％处测得的实际网点为 80％，则将 80 输入到 75％右侧的框内。

注意：输入的每一个数值都应该是逐渐递增的（但如果是阴图胶片，那么输入的数值应该是逐渐递减的）。如果所输入的一组数值超出了合理的范围，或者不是单调递增或递减，当单击“确认”时，系统会弹出一个警告框。

7）保存校正曲线为一个文件，就完成了输出设备的线性化校正。

8）使用校正曲线。使用校正曲线的方法是：在“RIP 参数设置”对话框的“挂网”选项卡中，在“校正曲线”下拉列表中选择针对当前输出设备和色彩模式的校正曲线，如图 2—4—7 所示。

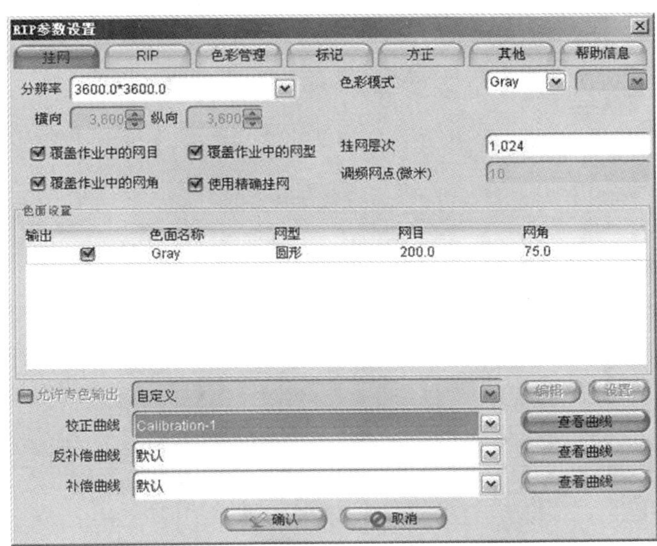

图 2—4—7 在“RIP 参数设置”中选择校正曲线

三、输出设备进行线性化校正的时机

1. 安装新的输出设备

新的输出设备安装后，在正式投入生产前必须进行线性化校正。

2. 定期进行线性化校正

输出设备在使用一段时间以后，设备的各项设置都会发生变化，如激光的曝光强度、显影药水的浓度、显影条件等，所以一定要再次进行线性化校正，一般时间间隔为 1～3 个月。

3. 更换不同品牌或型号的输出材料（胶片或 CTP 印版）和显影药水

由于不同品牌的输出材料的感光特性有差异，不同显影药水对冲洗条件的要求不一样，有时甚至同一品牌不同批次的输出材料和显影药水都有差异，所以当这些条件发生变化时，都应该重新进行线性化校正。

4. 输出设备经过修理

输出设备经过修理后，一些硬件参数可能重新进行了调整，如激光功率、曝光量、转速等，所以也需要重新进行线性化校正。

思考练习题

1. 什么是输出设备的线性化校正？
2. 在什么情况下需要进行输出设备的线性化校正？
3. 输出设备线性化校正的基本操作步骤有哪些？

单元三　印前文件制作与输出

课题一　制作宣传资料封套并输出 PDF 文件

学习目标

1. 掌握利用 InDesign 制作封套的基本技巧
2. 掌握印刷用 PDF 文件的生成方法

本课题使用 InDesign CS6 软件，制作 KOALA 工作室的宣传资料三折封套，并生成可用于印刷的 PDF 文件。通过学习，掌握利用 InDesign 制作封套的基本技巧，掌握印刷用 PDF 文件的生成方法，今后可以自己设计简历、推荐信、求职书等相类似的印刷品。

宣传资料三折封套最终完成效果如图 3—1—1 所示。

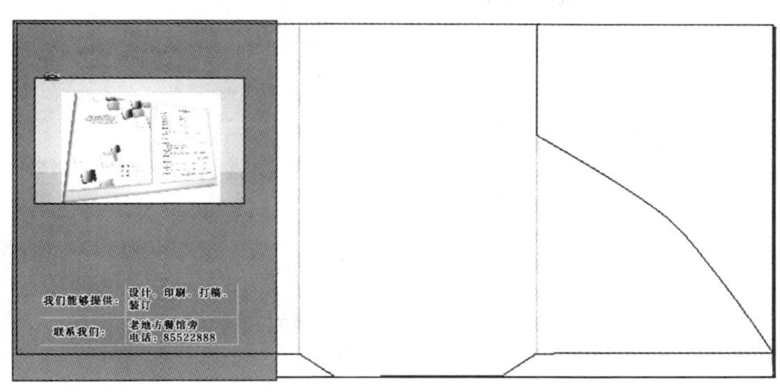

图 3—1—1　利用 InDesign 制作的宣传资料三折封套

一、操作准备

1. 要求

(1) 对封面文字进行 UV 光油处理，成品尺寸为 230 mm×320 mm。

(2) 制作资料封套，需首先制作如图 3—1—1 所示的模切板。

(3) 最终产品要求用 300 g 铜版纸，四色印刷。

2. 练习素材

素材文件夹中。

二、操作分析

根据任务要求，在制作时需要注意以下要点：

(1) 封面文字需上光油，需要制作一个专色色版。

(2) 制作模切压痕板，也需要制作一个专色色版。

(3) 合理设置辅助线对于准确制作成品非常重要，特别在制作模切压痕线时。

三、操作步骤

1. 利用 InDesign 制作宣传资料封套

(1) 启动 InDesign CS6，执行“文件/新建”命令，在弹出的“新建文档”对话框中设置“页数”为 2，取消选中的“对页”复选框，设置页面“宽度”为 670 mm，“高度”为 320 mm，如图 3—1—2 所示。

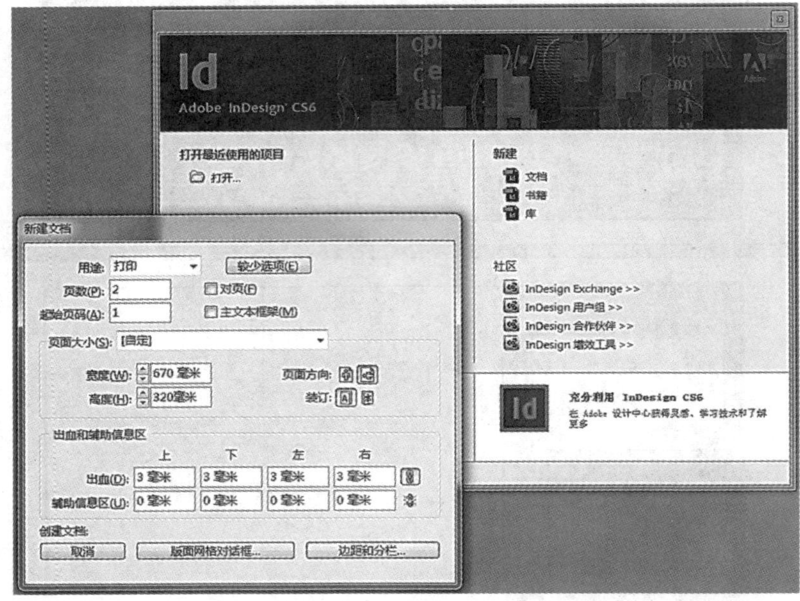

图 3—1—2　新建文档

（2）单击“边距和分栏”按钮，在出现的“新建边矩和分栏”对话框中设置上、下、左、右“边距”均为 0 mm，如图 3—1—3 所示。

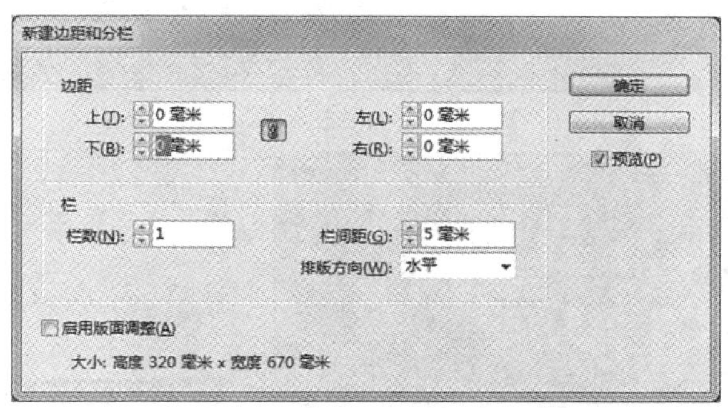

图 3—1—3　新建边距和分栏

（3）确定界面上有无标尺。如界没有，按快捷键“CTRL＋R”调出标尺，并在文档第一页设置坐标 X＝210 mm 和 X＝440 mm 两条纵向参考线。

（4）选择工具箱中的“矩形工具”按钮，绘制一个如图 3—1—4 所示的矩形（此矩形须覆盖出血位）。

图 3—1—4　绘制矩形

（5）执行“窗口/颜色/色板”菜单命令（快捷键 F5），打开“色板”，选择颜色（C＝100、M＝0、Y＝0、K＝0）填充矩形；复制这个青色矩形，将其放置于页面右端，并拖动使其与参考线贴齐，如图 3—1—5 所示。

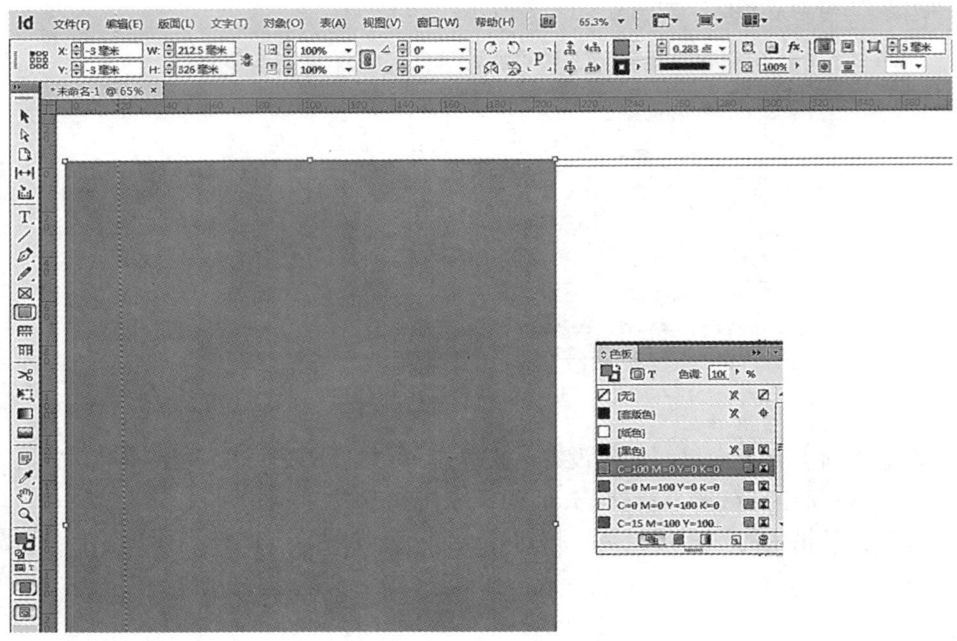

图 3—1—5　填充并拖动矩形

（6）启动“Illustrator 软件”，打开素材文件夹中的“1. ai”文件，复制后粘贴到 InDesign 版面上，调整好位置，如图 3—1—6 所示。

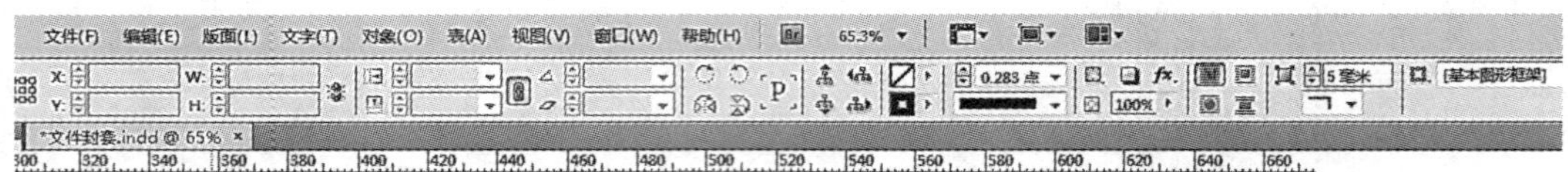

图 3—1—6　复制素材文件

（7）从素材文件夹置入“路 . tiff”文件，调整置入图像的位置和大小，要求图右边覆盖住出血位，如图 3—1—7 所示。

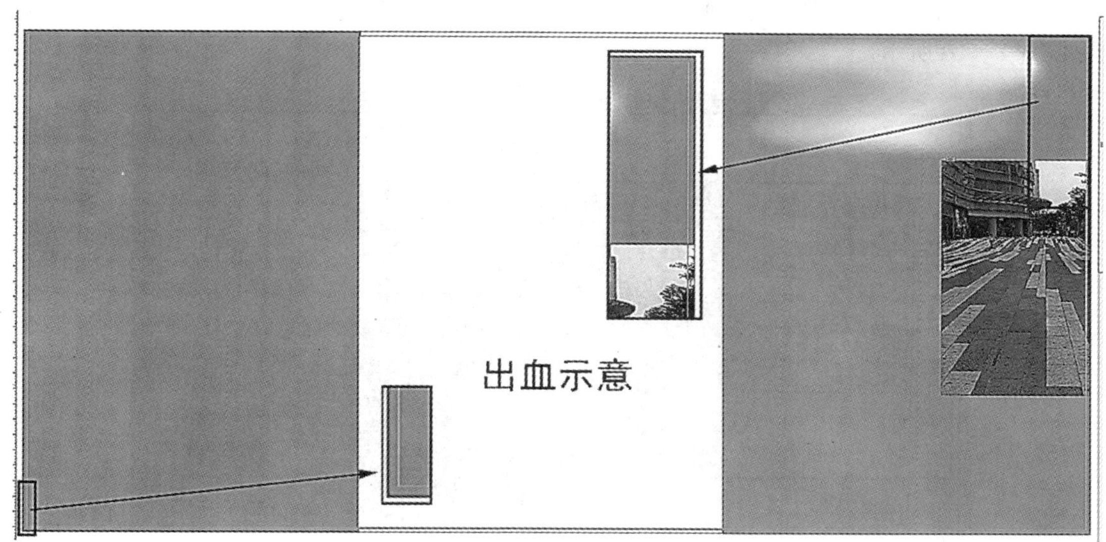

图 3—1—7 调整图像

（8）使用“文字工具”，在排版页面中输入“KOALA 工作室，伴您求职路（30 点，方正黑体简体）”，并移动调整至合适位置，如图 3—1—8 所示。

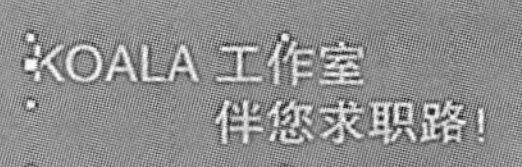

图 3—1—8 文字输入

（9）打开“颜色”调板，选择“新建颜色色版”；新建颜色（C=0、M=30、Y=100、K=0）并作为字的填充颜色，如图 3—1—9 所示。

图 3—1—9 新建颜色

（10）使用工具箱中的“选择工具”命令选中文字并复制，右击鼠标选择“原位粘贴”，如图 3—1—10 所示。

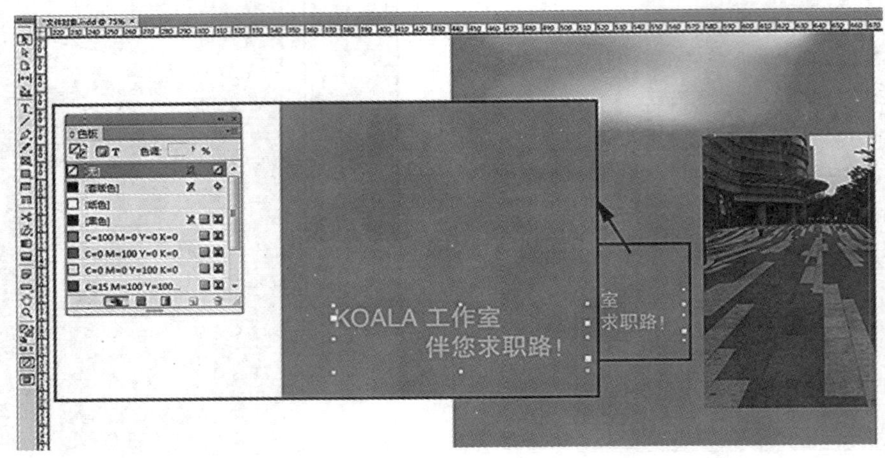

图 3—1—10　复制、粘贴文字

（11）现在两层文字叠合在一起，选中上层文字，在“色板”调板中选择“新建颜色色板”命令，设置颜色名为：UV，任意设置一个颜色值，这里设为 C=0，M=0，Y=100，K=0，如图 3—1—11 所示。

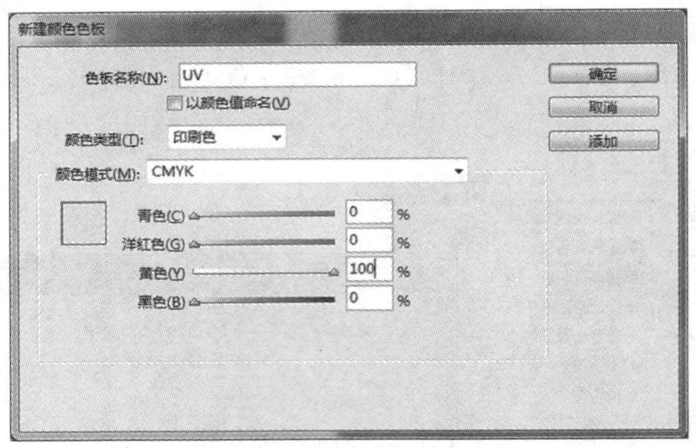

图 3—1—11　设置文字颜色

（12）保持文字继续被选中，在“窗口/输出/属性”中勾选“叠印填充”复选框，如图 3—1—12 所示。

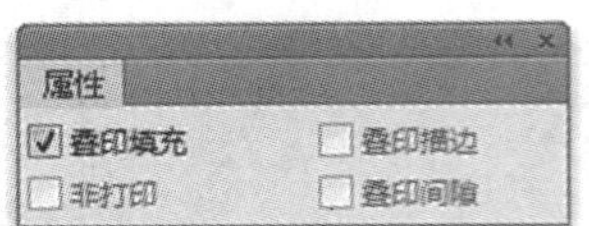

图 3—1—12　文字属性

（13）在 Photoshop 软件中查看“中路．tiff”图像文件，置入到 InDesign 版面中，将置入框架完全覆盖住出血位后，单击右键执行“适合/使内容适合框架”命令，使得置入图片合适版面，如图 3—1—13 所示。

（14）转至 InDesign 的第二个页面，在 X=230 mm，X=250 mm，X=460 mm；Y=100 mm，Y=300 mm 处各设几条辅助线。

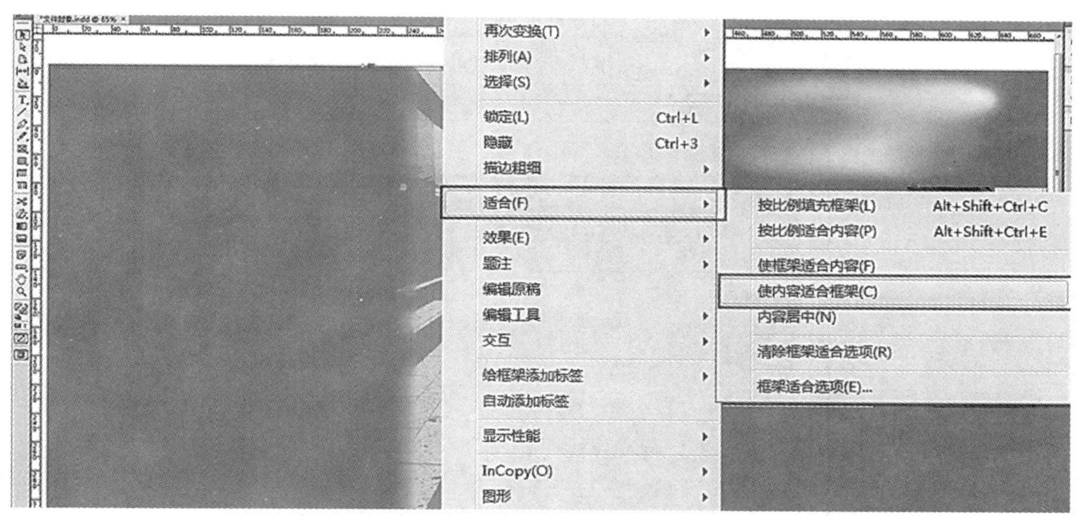

图 3—1—13　调整置入图片

（15）选中“矩形工具”，颜色值依然为 C＝100，其余为 0；要求覆盖住出血位并贴齐辅助线，设置矩形框，效果如图 3—1—14 所示。

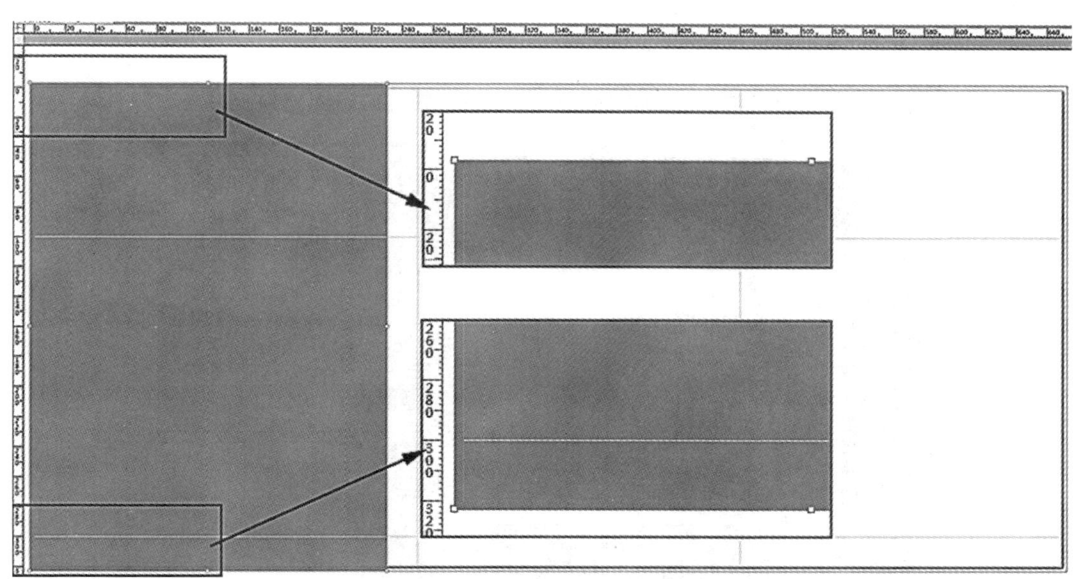

图 3—1—14　设置矩形框

（16）用“文本框工具”拖曳出一个文本框，在文本框中执行“表/插入表”命令，在对话框中设置“正文行”的数值“2”，“列”的数值为“2”；在单元格中输入文字；调整表格内的文字位置和颜色，如图 3—1—15 所示。

（17）置入“简历素材 . tiff”文件，调整图像、表格及文本的位置，如图 3—1—16 所示。

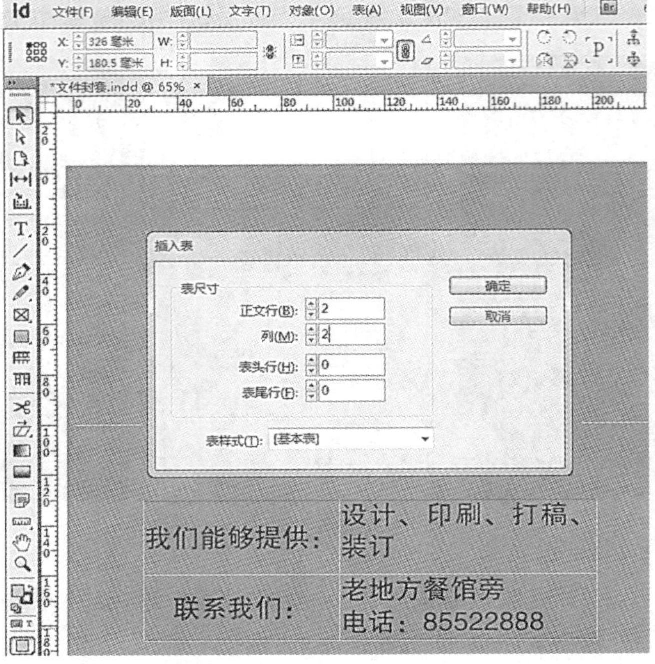

图 3—1—15 插入表格

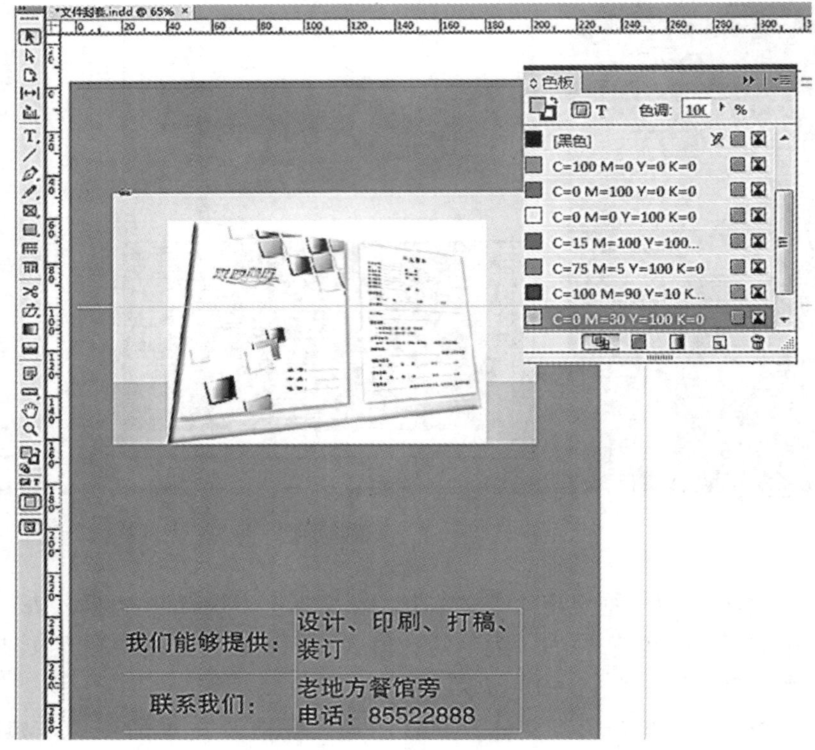

图 3—1—16 置入“简历素材”

（18）全选页面 2 上的参考线，执行“剪切”命令，在“图层”调板中新建图层 2，单击鼠标右键，选择“原位粘贴”，并将图层 1 隐藏，如图 3—1—17 所示。

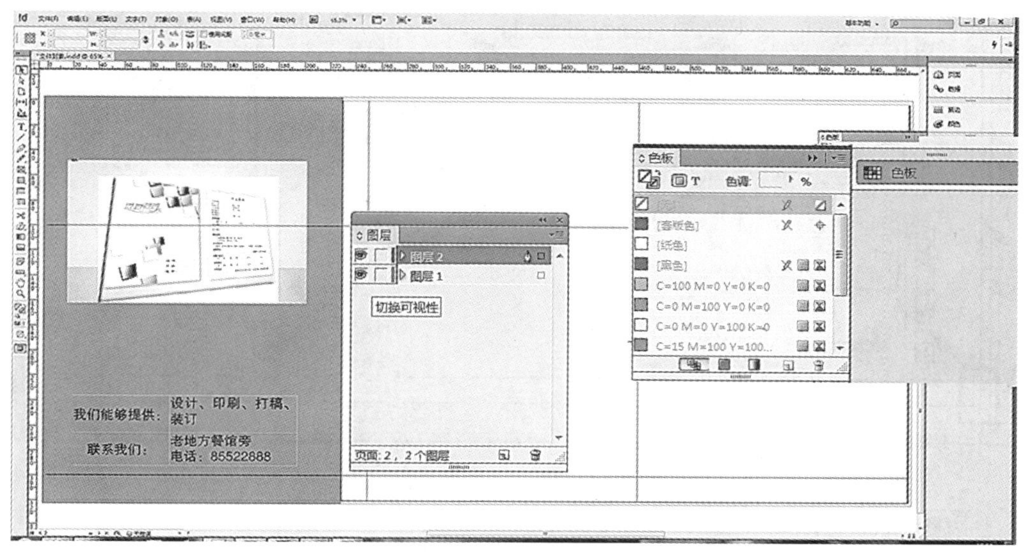

图 3—1—17　新建图层

（19）绘制如图 3—1—18 黑框所示矩形，并用路径工具修改至模切板完成（注意模切板在成品框上），如图 3—1—19 所示。

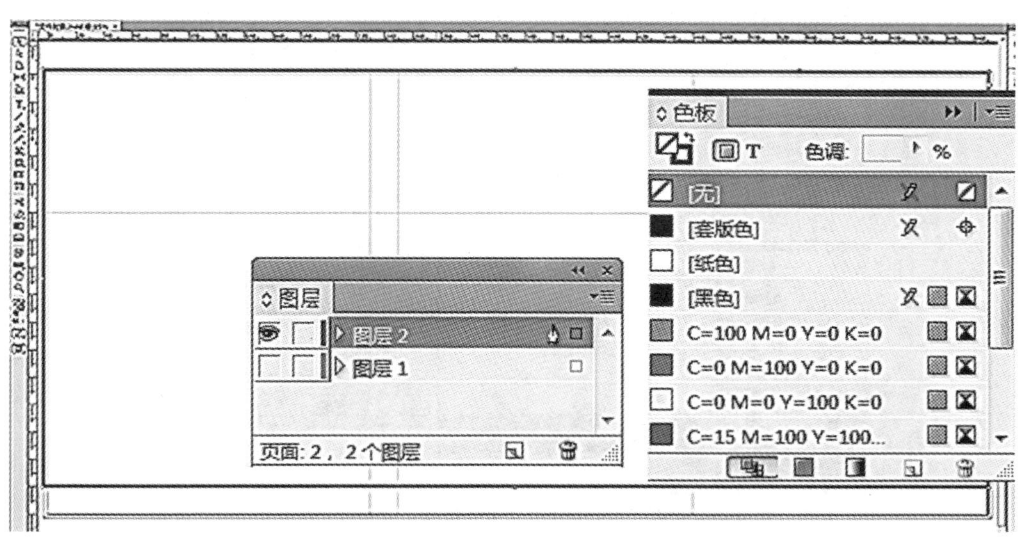

图 3—1—18　绘制矩形

（20）在“色板”调板中，新建名称为“模切板”的专色名，设置颜色值为 C=0、M=50、Y=100、K=0，将做好的模切板描边颜色定义为“模切板”色，如图 3—1—20 所示。

（21）在“窗口/输出/属性”调板中，勾选“叠印描边”，如图 3—1—21 所示。

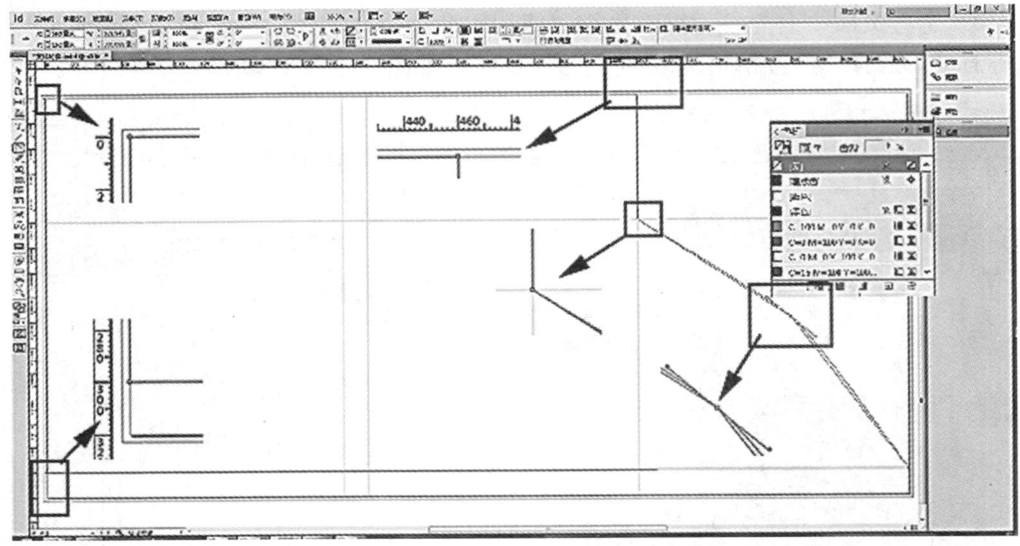

图 3—1—19　修改矩形

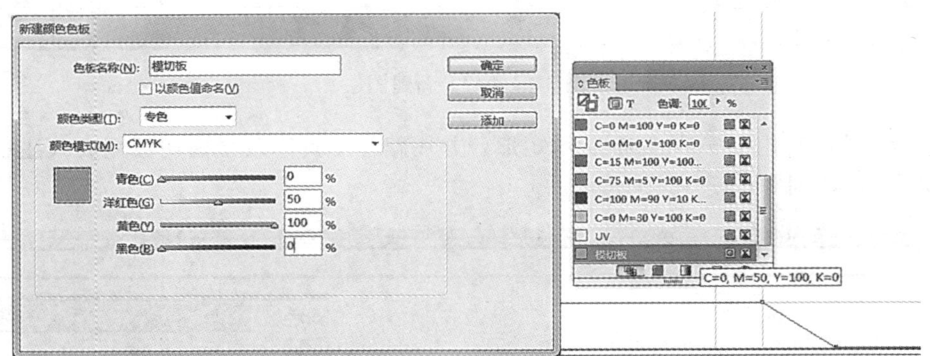

图 3—1—20　新建颜色色板

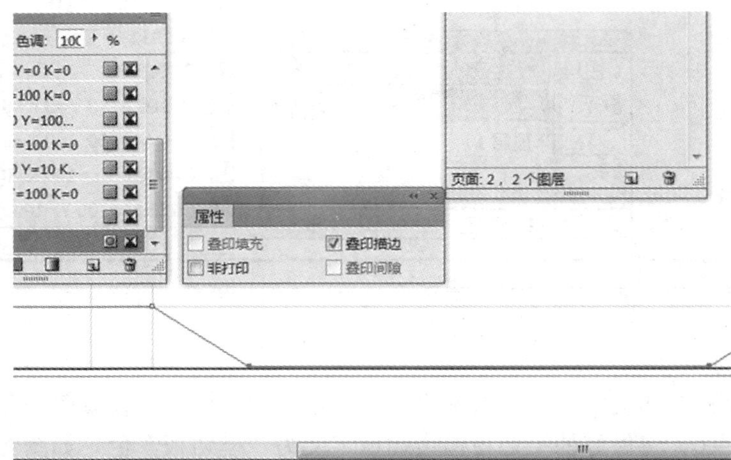

图 3—1—21　设置属性

（22）用“直线工具”划两条压痕线，设置为虚线，并设置描边颜色也为“模切板”色，输出属性也要勾选“叠印描边”，结果如图 3—1—22 和图 3—1—23 所示。

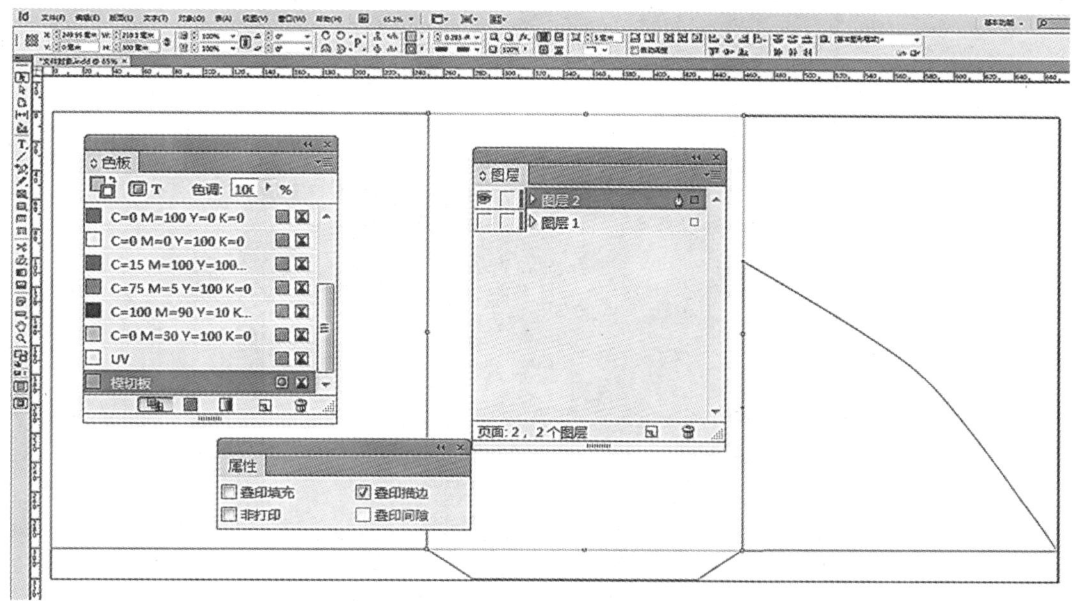

图 3—1—22　绘制直线

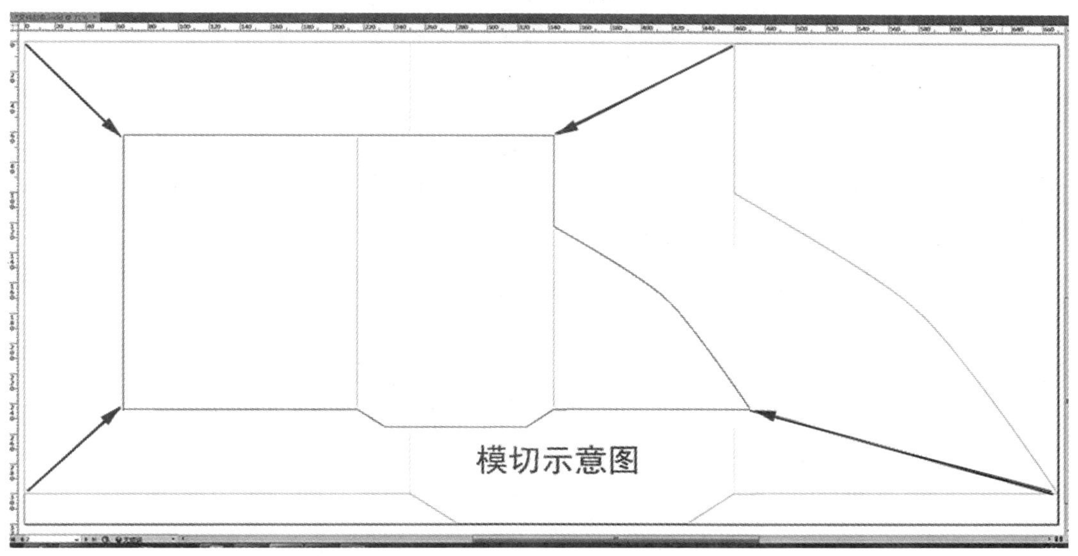

图 3—1—23　模切示意图

（23）制作完成，并将文档进行保存。

2. 利用 InDesign 制作文件的 PDF 输出

（1）执行“文件/Adobe PDF 预设/印刷质量”菜单命令，按照印刷输出要求设置输出

PDF 文件，如图 3—1—24 所示。

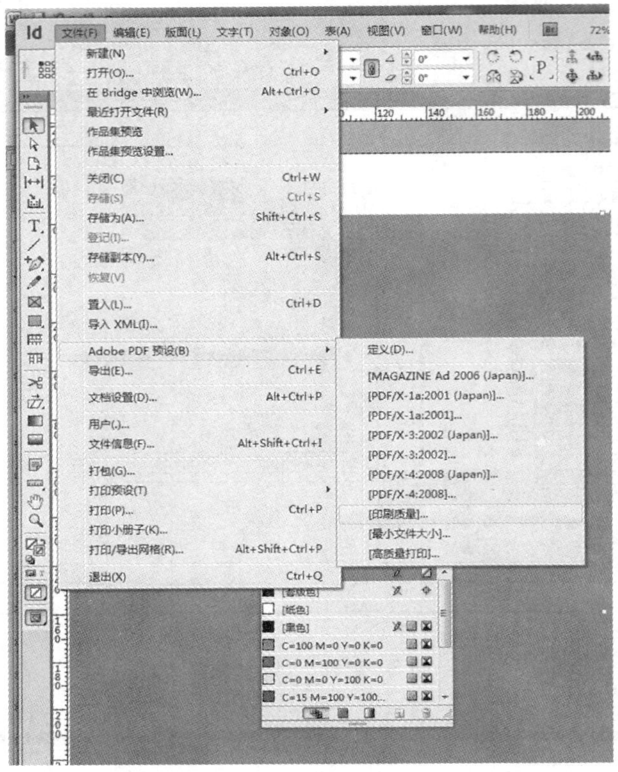

图 3—1—24　设置输出 PDF 文件

（2）在“常规”选项设置中，兼容性可以选择“Acrobat 5（PDF 1.4）”，如图 3—1—25 所示。目前数字化输出流程对 PDF1.4 以上版本均有较好支持，如果不确定后端输出流程的兼容性，可以选择 PDF1.4 版本进行保存。

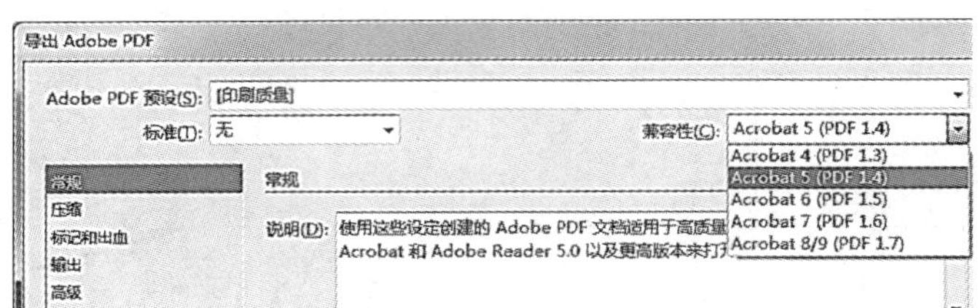

图 3—1—25　常规选项设置

（3）在“压缩”选项设置中，为避免输出时解压缩可能带来的故障，不建议使用压缩选项，除非后端输出流程或 RIP 对于压缩和解压缩的支持非常好，如图 3—1—26 所示。

（4）在“标记和出血”选项设置中，为避免输出时与数字化工作流程计算机拼大版中的拼版标记重叠，可以不添加标记；如果后端输出为单页小版胶片，需要手工拼大版，则此处必须做好标记出血等设置，如图 3—1—27 所示。

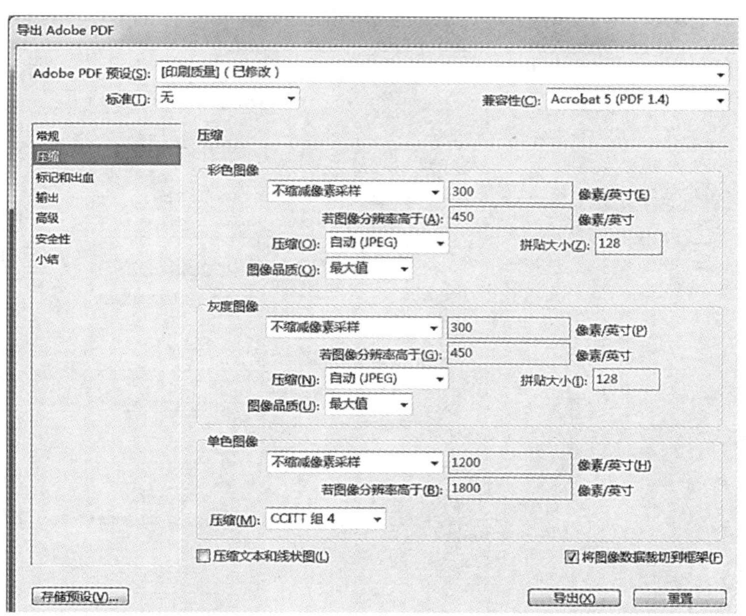

图 3—1—26　压缩选项设置

图 3—1—27　标记和出血选项设置

（5）在“颜色”选项设置中，如果足够清楚后端的印刷特性，可以在此设置，否则不建议保留配置文件，而且在数字化工作流程中还可以再次进行配置，如图 3—1—28 所示。

（6）在“高级”选项设置中，如果输出端明确含有使用的字体，则不建议把字体下载在 PDF 文件里，因为输出端的字体输出效果更佳。对于其他设置，如果没有特别需求，可以

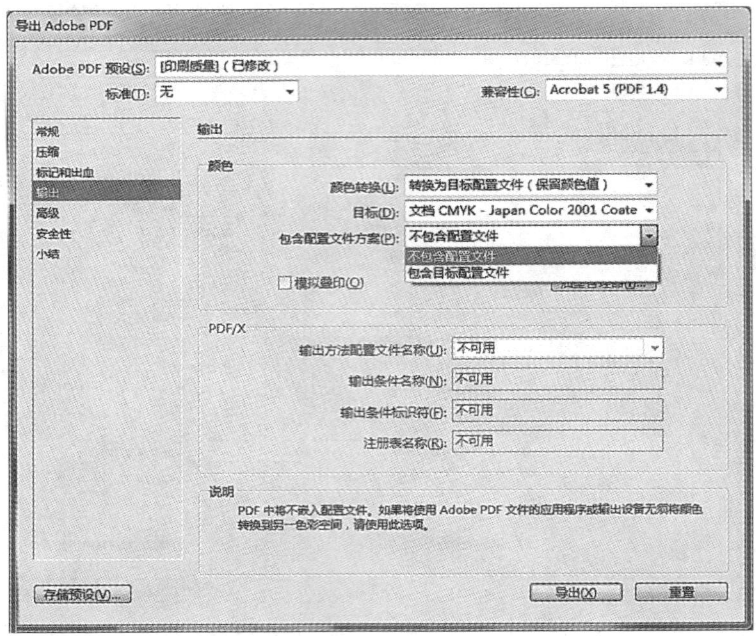

图 3—1—28　颜色选项设置

暂不进行设置，如图 3—1—29 所示。

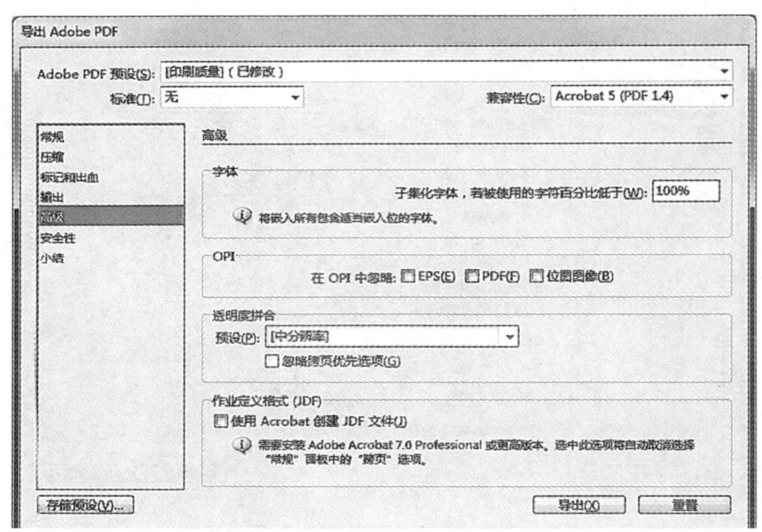

图 3—1—29　高级选项设置

（7）在“安全性”选项设置中，不建议设置，因为在输出过程中会报错，除非此 PDF 文件仅供浏览而不予输出，此时可以进行安全性设定，如图 3—1—30 所示。

（8）上述设置完成后，可以查看小结中的各项设置，单击导出按钮，完成 PDF 文件的存储，如图 3—1—31 所示。

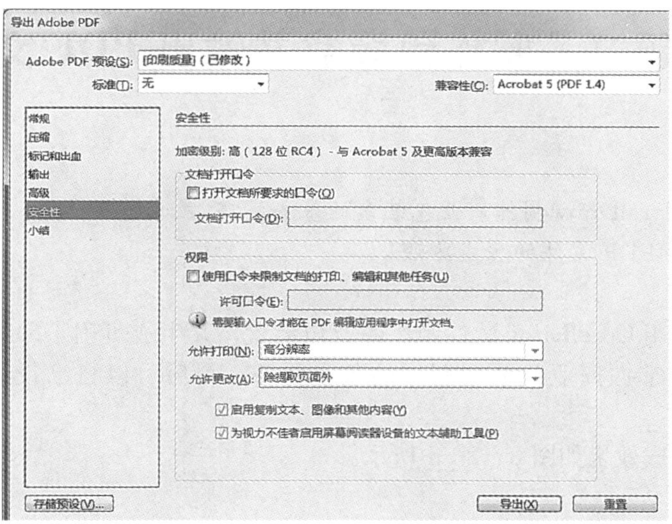

图 3—1—30　安全性选项设置

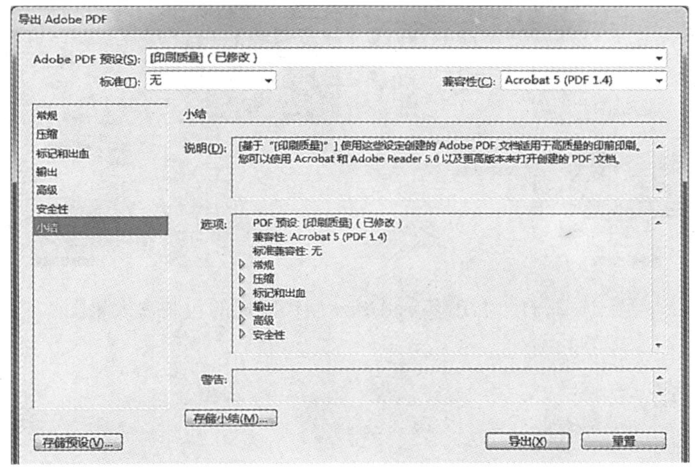

图 3—1—31　查看小结

思考练习题

1. 模切板为什么要作为专色版输出？

2. “烫金/银”在制作过程中为专色，在输出为 PDF 文件时，是否可以将专色转换为四色选项？为什么？

课题二　制作包装盒并输出 PDF 文件

学习目标

1. 掌握利用 CorelDraw 制作商业包装盒的基本技巧
2. 掌握印刷用 PDF 文件的生成方法

本课题学习使用 CorelDraw 软件制作商业包装盒，并生成可用于印刷的 PDF 文件。通过本课题的学习，掌握商业包装盒制作的基本技巧，今后可以自己设计包装盒类的包装产品。

包装盒最终完成效果如图 3—2—1 所示。

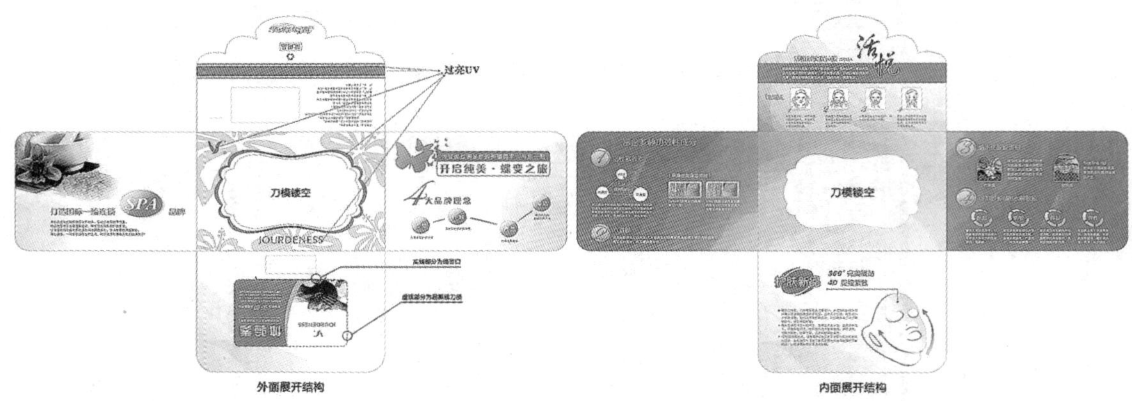

图 3—2—1　利用 CorelDraw 制作完成的包装盒效果图

一、操作准备

1. 要求

(1) 按照包装设计要求，制作商业包装盒。

(2) 制作模切版，使之符合盒型要求。

(3) 部分区域要求进行 UV 光油处理。

2. 练习素材

由于设计案例为商业包装案例，图像素材可以找类似大小的图片进行替代。

二、操作分析

(1) 包装盒为整体设计的印刷活件，要考虑到它的整体结构。

(2) 包装盒在设计时往往会使用专色和模切工艺，对于本例中的 UV 光油部分和模切版部分，需要设置专色色版。

三、操作步骤

1. 分解绘制细节部分

（1）任务分解一，完成图 3—2—2 的绘制。

图 3—2—2　任务分解一

1）先绘制一个圆角矩形（见图 3—2—3）；再按住 Shift 键，绘制一个矩形并加选圆角矩形（见图 3—2—4）；最后应用“剪切命令”进行裁剪，得到裁剪后的图形，如图 3—2—5 所示。

图 3—2—3　任务分解一步骤 1

图 3—2—4　任务分解一步骤 2

图 3—2—5　任务分解一步骤 3

2）选择上述图形，单击右键拖动到如图 3—2—6 所示的位置，会出现一个十字圆形标志，然后放开鼠标（见图 3—2—7）；完成任务分解一的制作。

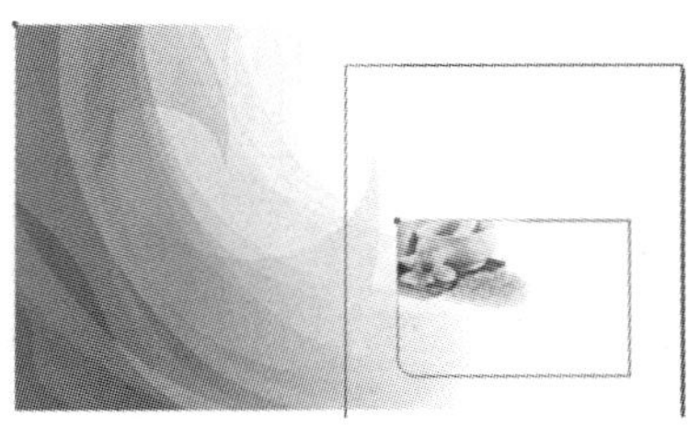

图 3—2—6　任务分解一步骤 4

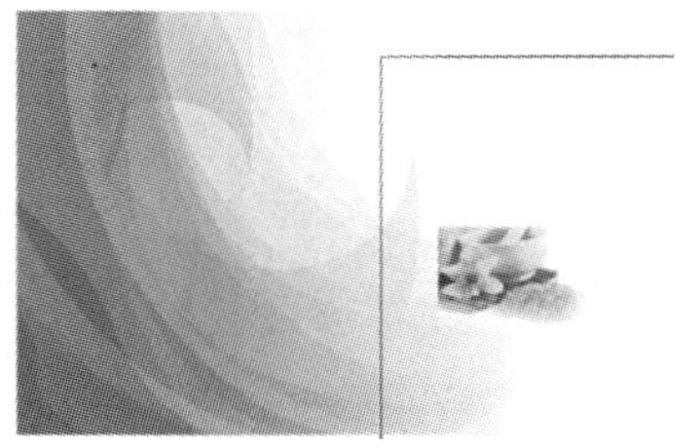

图 3—2—7　任务分解一步骤 5

（2）任务分解二，完成图 3—2—8 的绘制。

1）先用“文本工具”输入文字——“打造国际一流连锁品牌”，形成文字块一；选择合适字体、字号，并且在“锁”字与“品”字之间加适当的空格（见图 3—2—9）；再用“文本工具”输入另一段文字，形成文字块二（见图 3—2—10）。

打造国际一流连锁 品牌

来自佐登妮丝的殿堂级保养经典，在这个丰收的季节里，
精心为您奉上无限温馨宠爱，体验绝无仅有的护肤享受，
让全身的每个细胞都沉浸在纯净的喜悦中，令人惊喜而沉溺其中。
随心身享，一同享受自在怡然生活，同时赋予您青春无敌的健康状态！

图 3—2—8　任务分解二

打造国际一流连锁 品牌

图 3—2—9　任务分解二步骤 1

来自佐登妮丝的殿堂级保养经典，在这个丰收的季节里，
精心为您奉上无限温馨宠爱，体验绝无仅有的护肤享受，
让全身的每个细胞都沉浸在纯净的喜悦中，令人惊喜而沉溺其中。
随心身享，一同享受自在怡然生活，同时赋予您青春无敌的健康状态！

图 3—2—10　任务分解二步骤 2

2）用“文本工具”输入文本——“SPA”（见图 3—2—11）；用“椭圆工具”绘制椭圆（见图 3—2—12）；用“渐变填充工具”填充一个从淡黄色到绿色的渐变条（见图 3—2—13），再利用“交互式阴影工具”建立阴影，再复制一个椭圆，然后绘制一个闭合曲线，同时按住 Shift 键，执行前减后加的操作命令（见图 3—2—14，图 3—2—15）。

SPA

图 3—2—11　任务分解二步骤 3

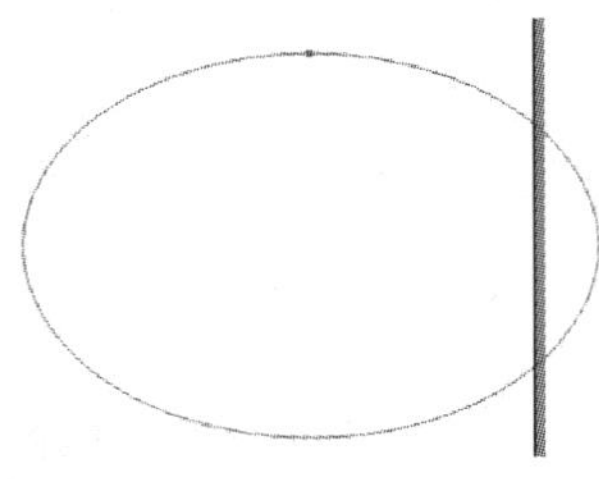

图 3—2—12　任务分解二步骤 4

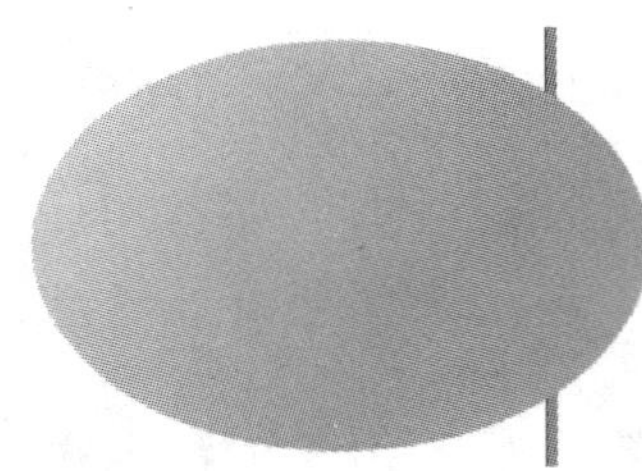

图 3—2—13　任务分解二步骤 5

3）将裁剪后的图形填充白色，然后应用“交互式透明工具”进行线性拖动，得到如图 3—2—16 所示的效果。

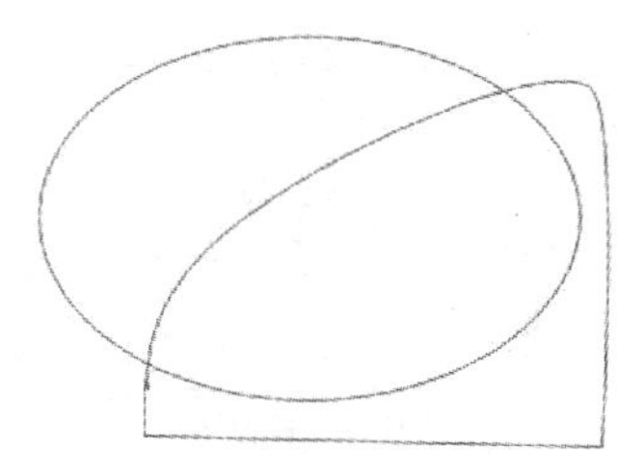

图 3—2—14　任务分解二步骤 6

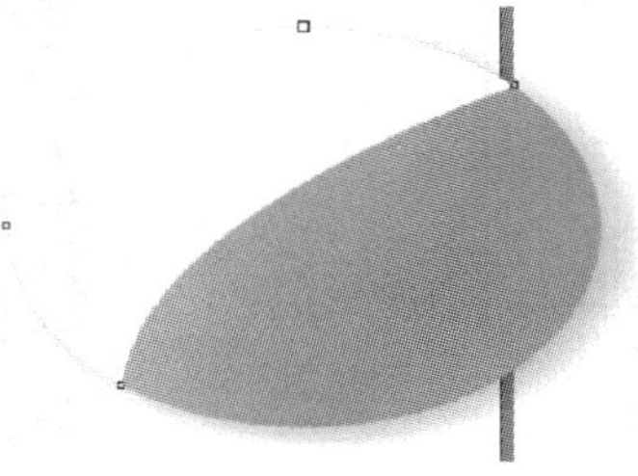

图 3—2—15　任务分解二步骤 7

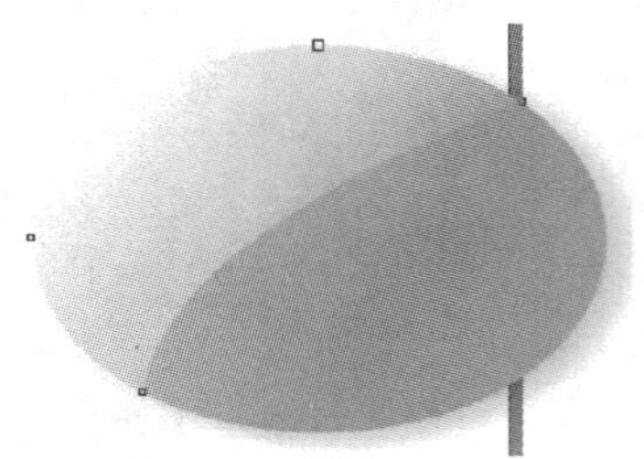

图 3—2—16　任务分解二步骤 8

4）将文字“SPA”更改为白色填充，移动到制作好的图 3—2—16 上，得到如图 3—2—17 所示的效果。调整位置，完成任务分解二的制作。

(3) 任务分解三，完成图 3—2—18 的绘制。

图 3—2—17　任务分解二步骤 9

图 3—2—18　任务分解三

1) 分析该图，可以用“贝赛尔工具”勾勒花纹，或者用“椭圆工具”建立几个椭圆，用工具属性栏中的“焊接命令”将其焊接在一起；再应用“交互式轮廓图工具”向外扩一个边；单击鼠标右键，运用“拆分轮廓图群组在图层 1”命令，得到如图 3—2—19 所示的效果。

2) 多复制一个图形，填充为“草绿色”(见图 3—2—20)。

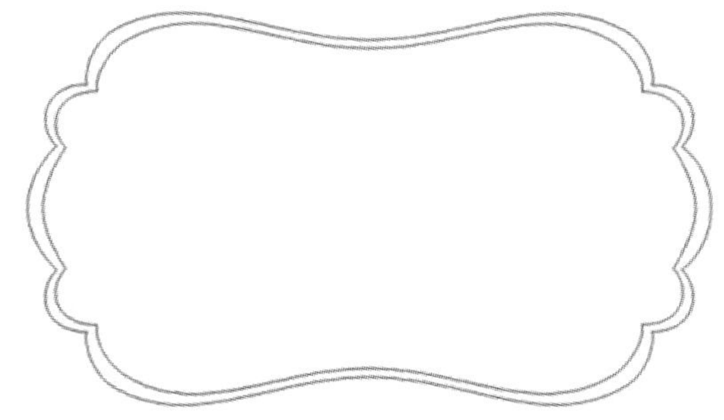

图 3—2—19　任务分解三步骤 1

图 3—2—20　任务分解三步骤 2

3) 用“文本工具”输入字母与文字（见图 3—2—21)。

4) 绘制矩形，并与内部不规则图形应用工具属性栏的“结合命令”进行结合；然后选中花朵图案，执行“效果/精确裁减/放置在容器中…”的菜单命令，会出现一个大箭头，然后指向容器（见图 3—2—22)。

调整位置，完成任务分解三的制作。

(4) 任务分解四，制作如图 3—2—23 和 4—2—24 所示效果。

1) 用“矩形工具”绘制一个矩形，然后用“形状工具”拖动节点，形成圆角矩形（见图 3—2—25)；单击 F12，在弹出的“轮廓笔对话框”的“样式”中选择一种适合的虚线样式（见图 3—2—26)。

2) 重复上面的制作方法（见图 3—2—27)，完成图 3—2—28 的制作。

3) 运用相同的制作方法（见图 3—2—29)，完成图 3—2—30 的制作。

图 3—2—21　任务分解三步骤 3

图 3—2—22　任务分解三步骤 4

图 3—2—23　任务分解四（1）

图 3—2—24　任务分解四（2）

图 3—2—25　任务分解四步骤 1

图 3—2—26　任务分解四步骤 2

图 3—2—27　任务分解四步骤 3

图 3—2—28　任务分解四步骤 4

图 3—2—29　任务分解四步骤 5

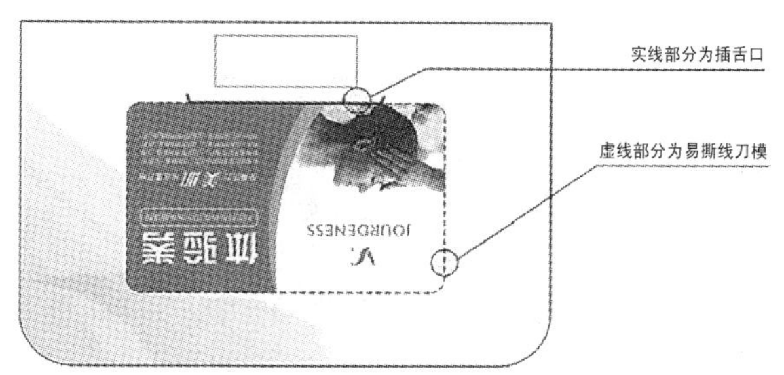

图 3—2—30　任务分解四步骤 6

调整位置，完成任务分解四的制作。

（5）任务分解五，制作如图 3—2—31 所示效果。

图 3—2—31　任务分解五

1）用“贝赛尔工具”绘制出蝴蝶形状（见图 3—2—32）；复制后粘贴多个蝴蝶，放大或缩小后摆放到合适位置（见图 3—2—33）。

图 3—2—32　任务分解五步骤 1

图 3—2—33　任务分解五步骤 2

2）用“矩形工具”绘制出两个矩形（见图 3—2—34）；上面的矩形填充“草绿色”，下面的矩形填充“白色”（见图 3—2—35）。

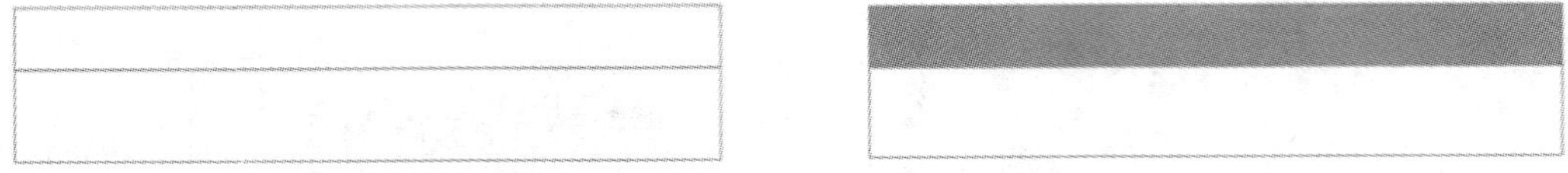

图 3—2—34　任务分解五步骤 3　　　　图 3—2—35　任务分解五步骤 4

3）绘制圆角矩形（见图 3—2—36）；选中绘制好的“文字图层”，执行“效果/精确裁减/放置在容器中…”菜单命令，会出现一个大箭头，然后指向容器（见图 3—2—37）。

佐登妮丝满足您的美丽需求，与您一起
开启纯美 · 蝶变之旅

图 3—2—36　任务分解五步骤 5

佐登妮丝满足您的美丽需求，与您一起
开启纯美 · 蝶变之旅

图 3—2—37　任务分解五步骤 6

调整位置，完成任务分解五的制作。

（6）任务分解六，制作如图 3—2—38 所示效果。

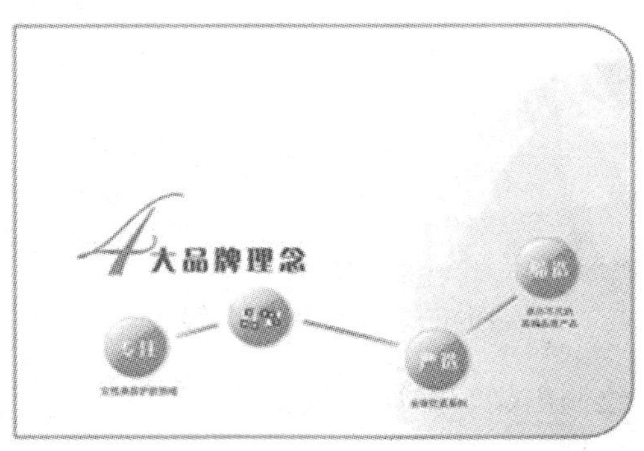

图 3—2—38　任务分解六

1）用“椭圆工具”绘制椭圆，按住 Shift 键同时拖动鼠标，使其成为正圆；然后填充从黄色到草绿色的渐变，渐变样式为线型（见图 3—2—39）。

2）复制一个椭圆，绘制一个闭合曲线，同时按住 Shift 键，执行前减后 的操作命令。

3）将裁剪后的图形填充“白色”，然后再应用“交互式透明工具”进行线性拖动，得到如图 3—2—40 所示的效果。

4）输入文字——“专注”，选择适当的字体和字号，填充“白色”（见图 3—2—41）。

5）利用交互式阴影工具建立阴影，得到如图 3—2—42 所示的效果。

6）创建如图 3—2—43 所示图形，按照以上 1）—5）的步骤制作，得到如图 3—2—44 所示效果。

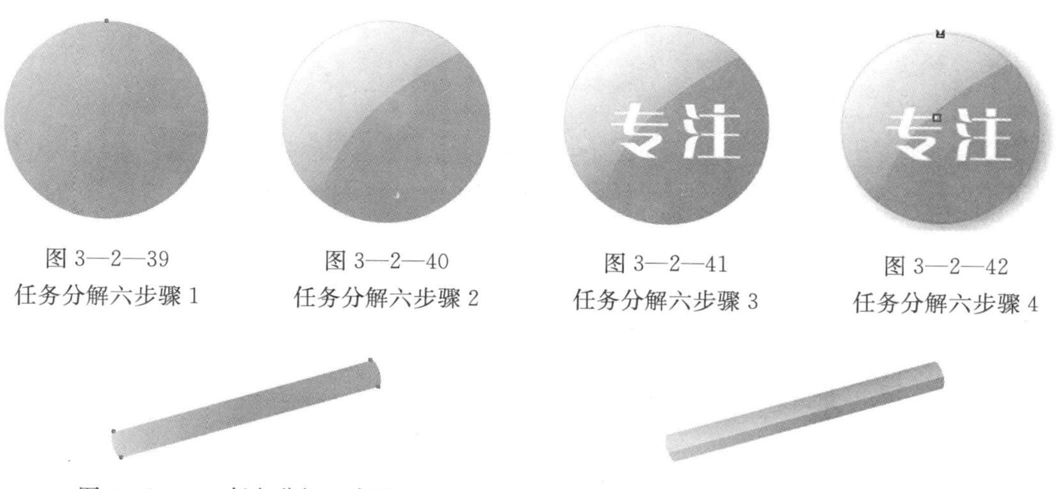

图 3—2—39 任务分解六步骤 1　　图 3—2—40 任务分解六步骤 2　　图 3—2—41 任务分解六步骤 3　　图 3—2—42 任务分解六步骤 4

图 3—2—43　任务分解六步骤 5　　图 3—2—44　任务分解六步骤 6

7）重复以上操作，调整相对位置（见图 3—2—45）最终得到如图 3—2—38 所示的效果，完成任务分解六的制作。

结合任务分解五完成的部分，得到最终效果如图 3—2—46 所示。

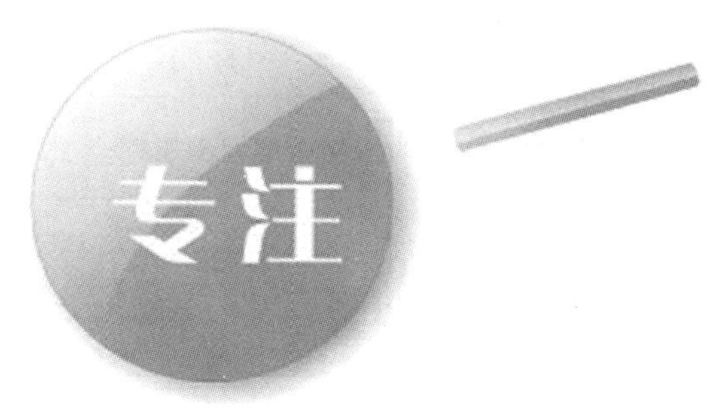

图 3—2—45　任务分解六步骤 7

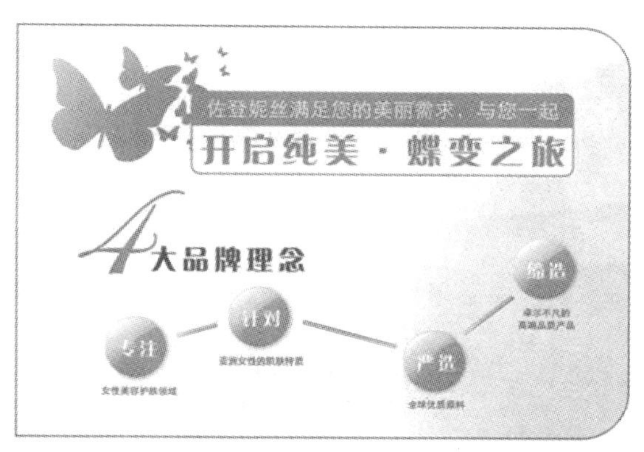

图 3—2—46　任务分解六步骤 8

（7）任务分解七，制作如图 3—2—47 所示图片效果。

1）用“椭圆工具”拖动几个椭圆，再用“矩形工具”拖动一个矩形，将它们进行框选，如图 3—2—48 所示，利用焊接命令，焊接成如图 3—2—49 所示的效果。

2）先用“贝塞尔工具”绘制出如图 3—2—50 所示的图标，然后用“文字工具”输入文字——“生活美容　美容生活”，再用“排列/转换为曲线”命令，最后用“形状工具”命令对节点进行编辑，得到如图 3—2—51 所示的效果。

3）用“文本工具”分别输入两段文字形成两个文字块，如图 3—2—52 所示。结合任务分解七完成的部分，得到最终效果，如图 3—2—53 所示。

（8）任务分解八，制作如图 3—2—54 所示的效果。

1）用“椭圆工具”和“贝塞尔工具”绘制出如图 3—2—55 所示效果。

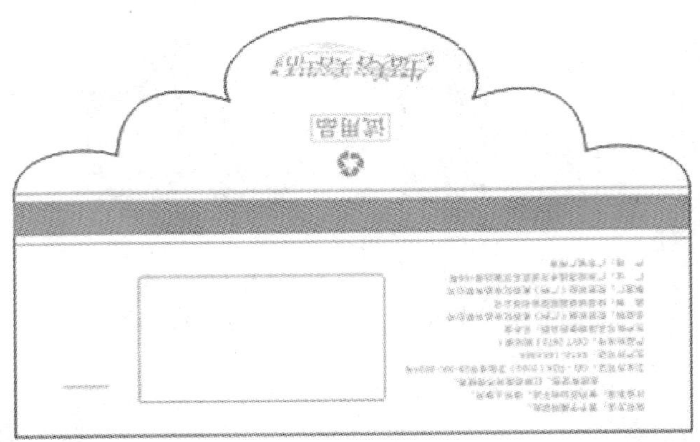

图 3—2—47　任务分解七

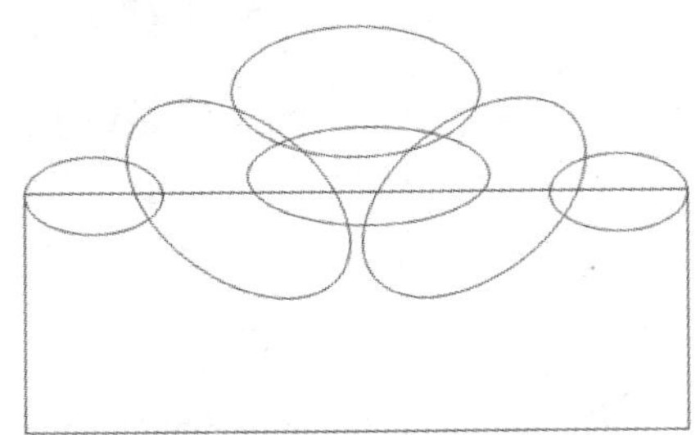

图 3—2—48　任务分解七步骤 1

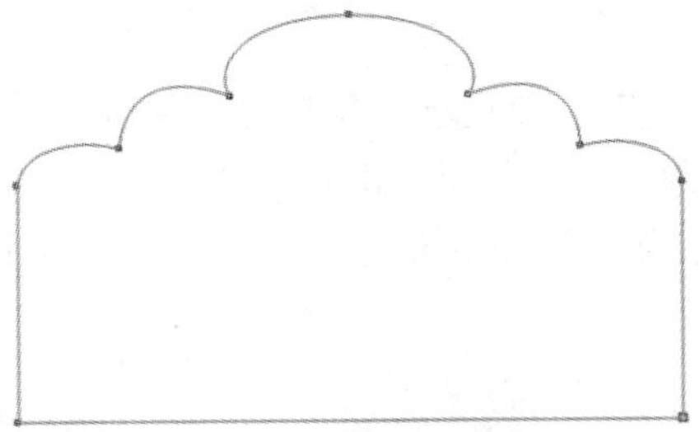

图 3—2—49　任务分解七步骤 2

图 3—2—50　任务分解七步骤 3

图 3—2—51　任务分解七步骤 4

保存方法：量于干燥阴凉处。
注意事项：使用后如有不适，请停止使用。
　　　　　皮肤有受伤、红肿现象时不得使用。
卫生许可证：GD · FDA（2006）卫妆准字 29-XK-2824 号
生产许可证：XK˙6-108 6985
产品标准号：QB/T 2872（面贴膜）
生产批号及限期使用日期：见外盒
总经销：佐登妮丝（广州）美容化妆品有限公司
监　制：佐登妮丝国际股份有限公司
制造厂：佐登妮丝（广州）美容化妆品有限公司
厂　址：广州经济技术开发区东区骏达路 186 号
产　地：广东省广州市

图 3—2—52　任务分解七步骤 5

试用品

图 3—2—53　任务分解七步骤 6

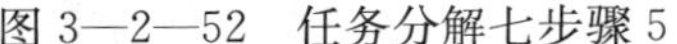

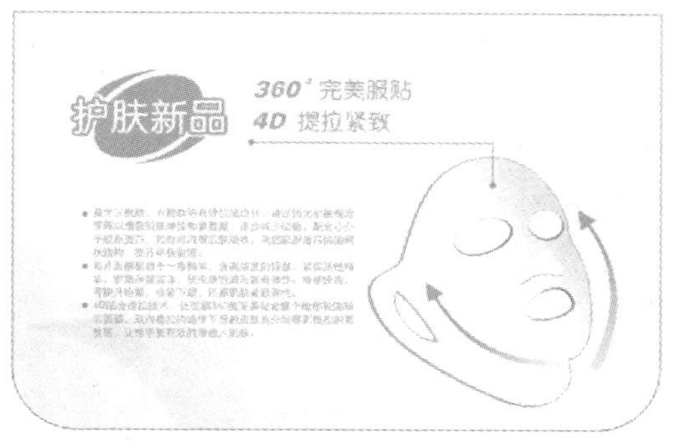

图 3—2—54　任务分解八

2）先用“文本工具”输入文字——“护肤新品”（见图 3—2—56）；再将描边填充为“绿色”（见图 3—2—57）。同时用“文本工具”完成本任务的其他文字块。

3）利用“贝塞尔工具”，依次按图 3—2—58、4—2—59、4—2—60、4—2—61、4—2—62 所示的步骤绘制出图形。

图 3—2—55　任务分解八步骤 1

护肤新品

图 3—2—56　任务分解八步骤 2

护肤新品

图 3—2—57　任务分解八步骤 3

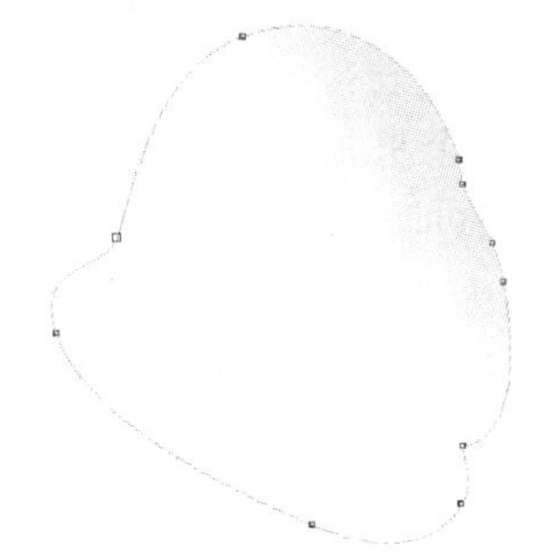

图 3—2—58　任务分解八步骤 4

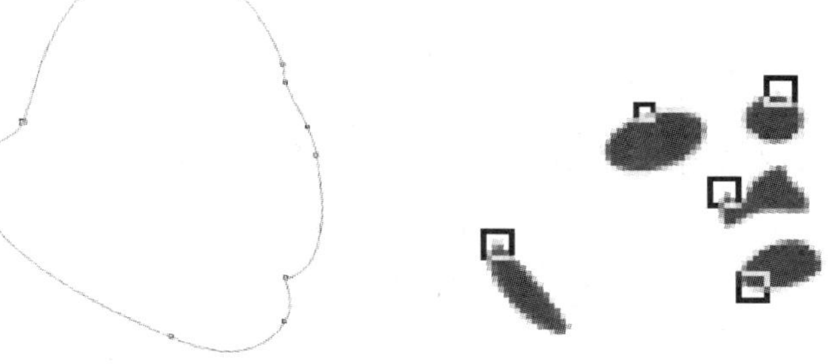

图 3—2—59　任务分解八步骤 5

图 3—2—60　任务分解八步骤 6

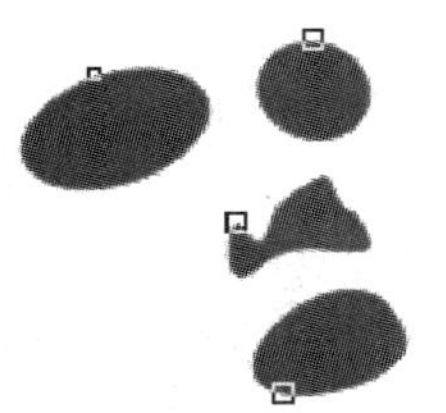

图 3—2—61　任务分解八步骤 7

图 3—2—62　任务分解八步骤 8

4）按照图 3—2—54 所示输入文本，调整位置，完成任务分解八的制作。

（9）任务分解九，制作如图 3—2—63、4—2—64 所示图片效果。

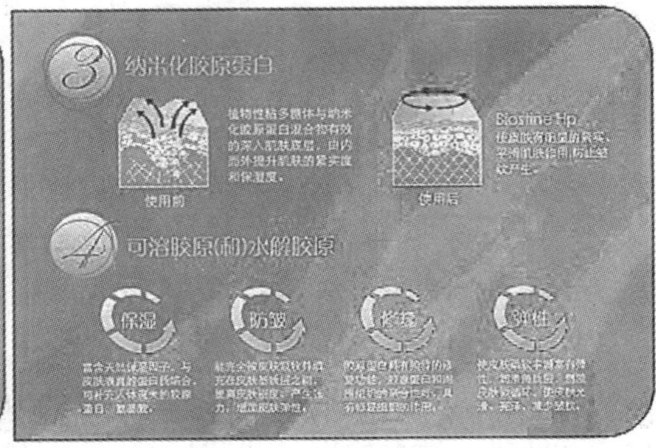

图 3—2—63　任务分解九（1）

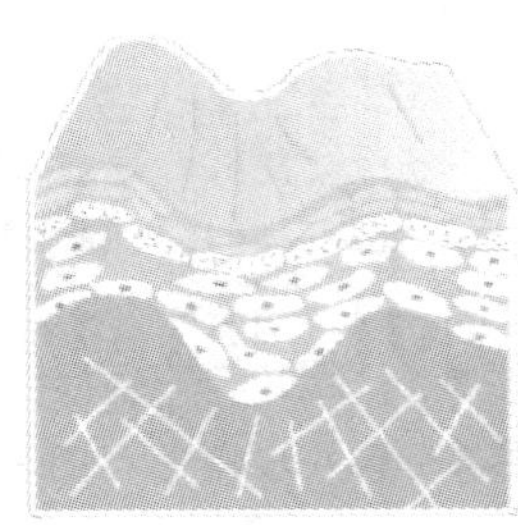
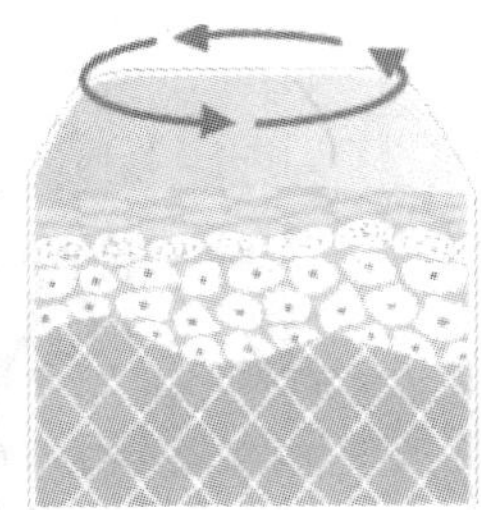

图 3—2—64　任务分解九（2）

1）用“椭圆工具”绘制出两个椭圆，并用“焊接工具”将两个椭圆进行结合，如图 3—2—65a 所示；绘制一个多边形，利用多边形对结合的圆环进行前剪后加的命令，并完成下半部分箭头的绘制，如图 3—2—65b～e 所示；用“矩形工具”建立三个矩形，按照如图 3—2—65f 所示摆放，然后执行焊接；利用得到的不规则图形和带箭头的圆环进行前减后加的命令，最终填充颜色得到如图 3—2—65i 所示的效果；加上文本“保湿”得到如图 3—2—65j 所示的效果。

2）重复以上操作，分别得到如图 3—2—66 所示的三幅图形。

3）按图 3—2—67 的格式输入文本块，调整位置，得到最终效果。

4）利用如前所述方法完成图 3—2—1 中其他两页内的图形和文字。

2. 利用 CorelDRAW 制作文件的 PDF 输出

（1）执行“文件/发布至 PDF”菜单命令，弹出如图 3—2—68 所示的设置对话框。

（2）在设置对话框中，依次设置 PDF 的输出预设参数，如图 3—2—69 所示。

1）“常规”选项的兼容性设置，通常设置为 Acrobat 5.0。Acrobat 5.0 的 PDF 版本，能够较好地配合后端的 RIP 或者数字化工作流程，兼容性较好。不建议设置较高的 PDF 版本，除非用户确定后端输出的 RIP 软件或数字化工作流程支持这种较高的 PDF 版本。

2）“颜色”选项设置，如图 3—2—70 所示。

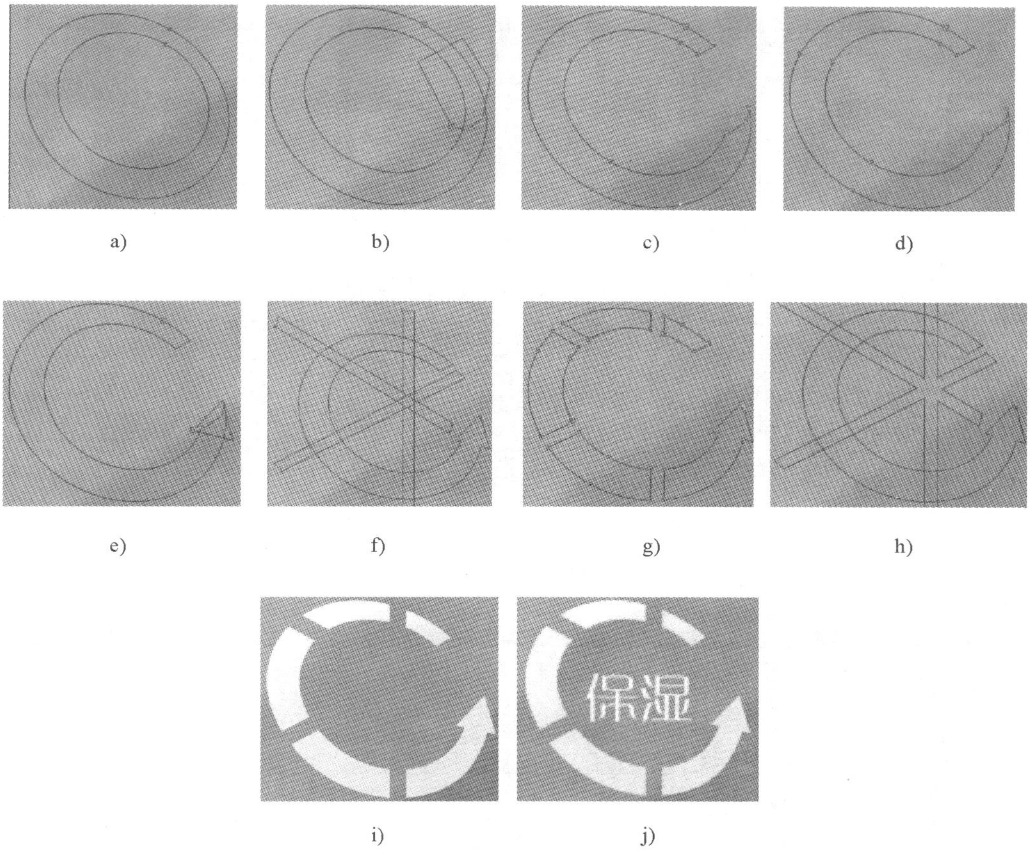

a)　b)　c)　d)

e)　f)　g)　h)

i)　j)

图 3—2—65　任务分解九步骤 1

图 3—2—66　任务分解九步骤 2

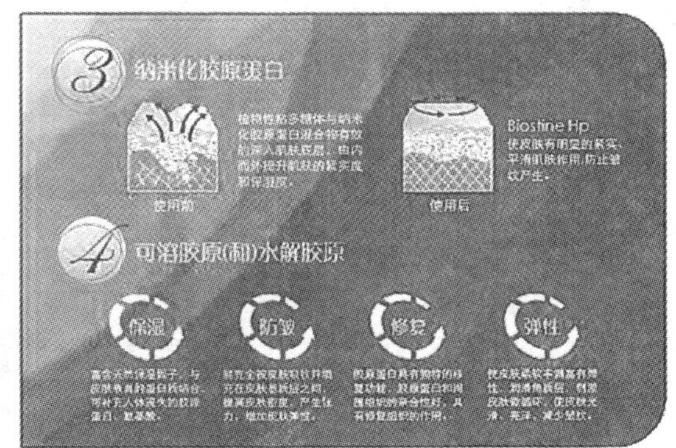

图 3—2—67　任务分解九步骤 3

颜色设置时应注意输出的 CMYK 模式和专色转换的要求。不建议选择这里的“将专色转为 CMYK 颜色”，因为如果客户没有专色要求而在文档中做了专色，建议回到文档中，手动将专色转为需要的 CMYK 颜色；如果客户要求做了专色，此选项更不必选择了。

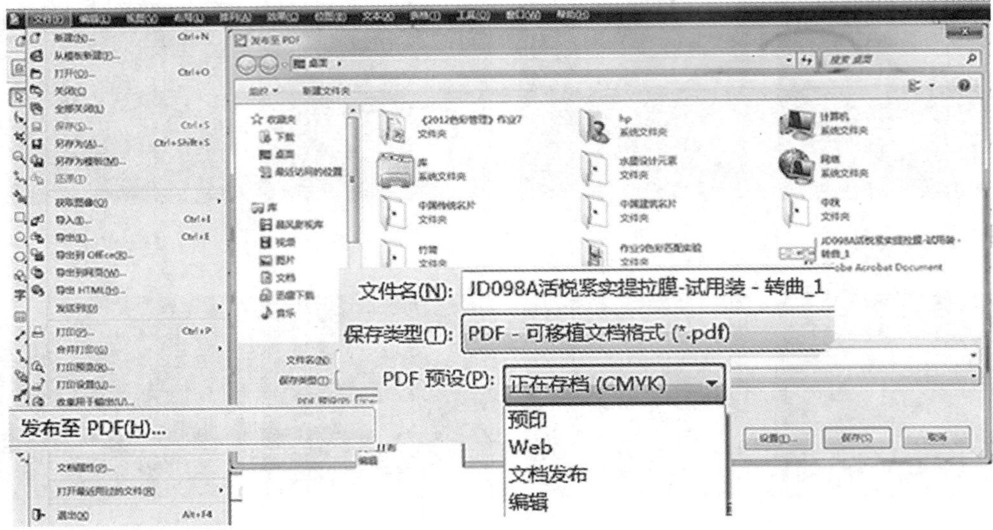

图 3—2—68　文件发布设置对话框

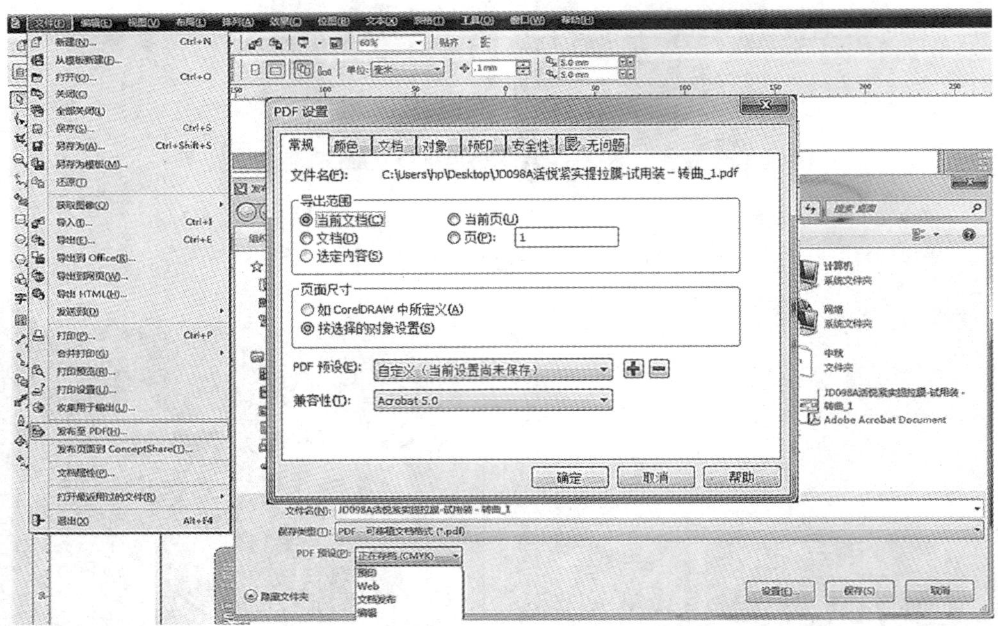

图 3—2—69　输出预设参数

3）“文档”选项设置，如图 3—2—71 所示。

在此处设置文档的作者信息和编码方式，用于印刷输出的文档一般不用设置。对于网页显示的优化，编码方式设置为二进制，在输出解释的过程中，解析速度较快。

4）“对象”选项设置，如图 3—3—72 所示。

不建议设置压缩，跟其他软件所担心的问题一样，如果后端输出软件版本较老，有可能

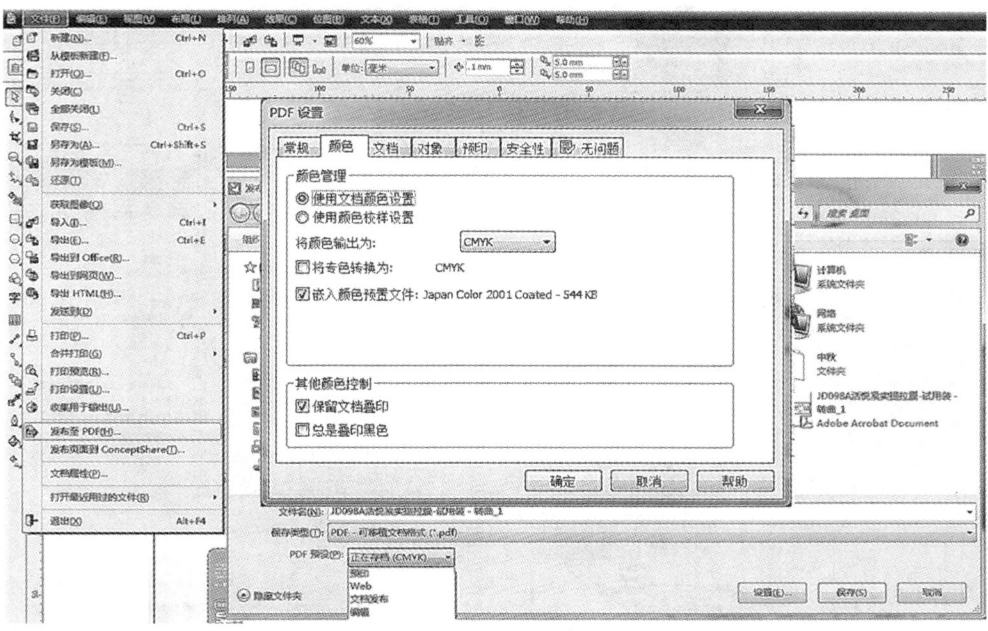

图 3—2—70　颜色选项设置

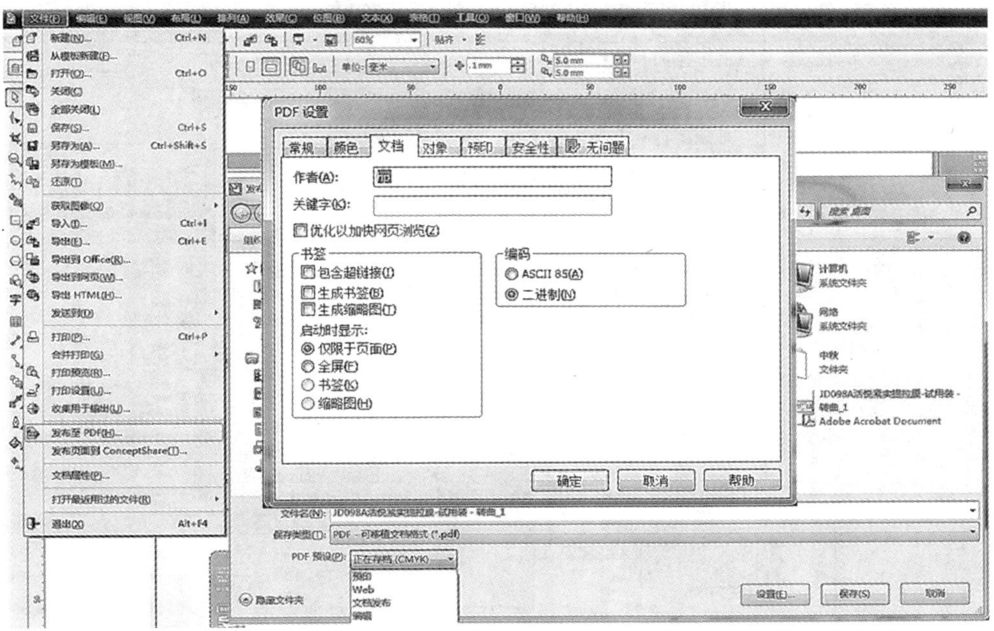

图 3—2—71　文档选项设置

压缩过的图片会出现丢失等问题。

5）“预印”选项设置，如图 3—3—73 所示。

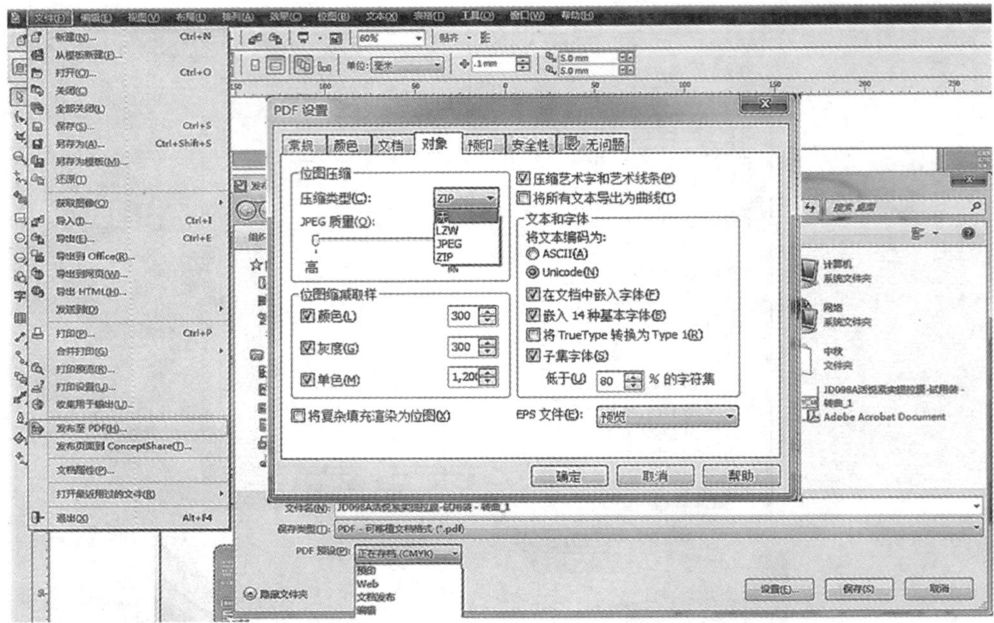

图 3—2—72　对象选项设置

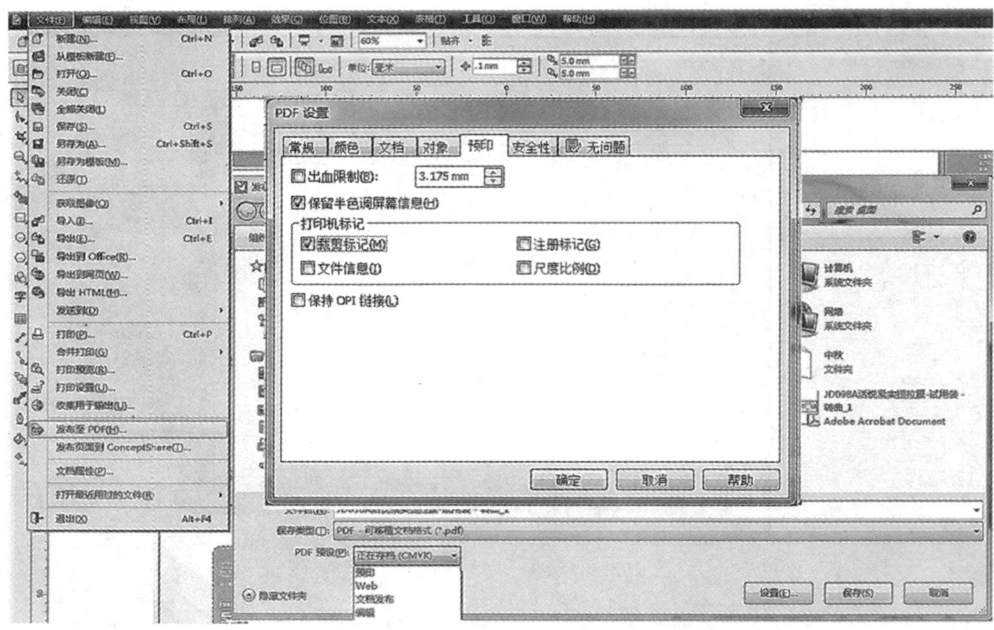

图 3—2—73　预印选项设置

"预印"设置是要为文档设置出血，加载裁切打印等标记线，标记线中比较重要的是裁剪标记，其他如半色调加网信息可以设置保留，也可以在 RIP 分色加网时予以忽略。

6）"安全性"选项设置，如图 3—2—74 所示。

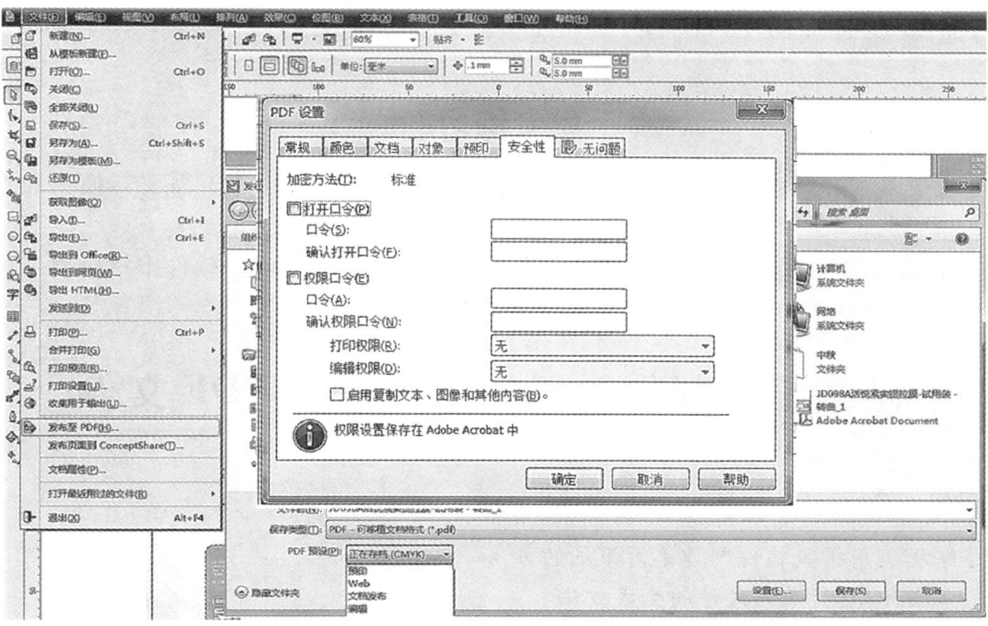

图 3—2—74　安全性选项设置

在这里不建议设置安全性（如密码保护等），因为印刷输出时，还需要解除安全性，否则无法输出 PDF 文件。

7）上述选项都设置好后，可以查看“问题”选项卡，如图 3—2—75 所示。

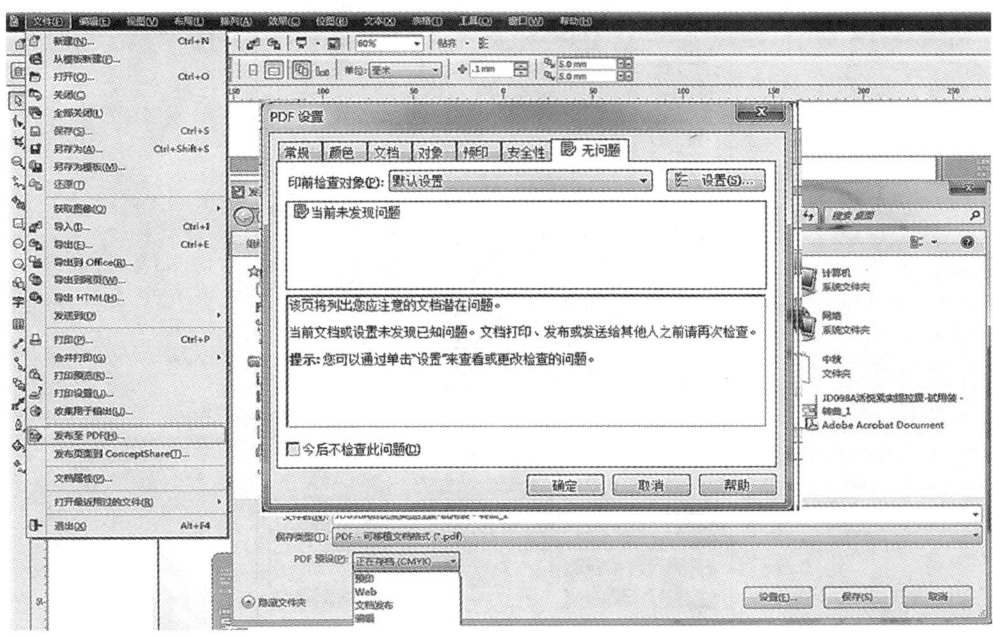

图 3—2—75　问题选项卡

这里会提示一些制作和设置时存在问题的信息，如果没有其他问题，即可输出 PDF 文件。

思考练习题

1. 如果不了解后端输出软件所装字体，制作完成后的稿件需不需要转换为曲线？为什么？

2. 在 CorelDraw 软件中能否进行拼大版的操作？在 CorelDraw 软件中拼版要考虑哪些问题？

课题三　制作单页报纸并输出 PDF 文件

学习目标

1. 掌握运用排版软件制作单页报纸的方法
2. 掌握印刷用 PDF 文件的生成方法

国内大部分报纸的排版都采用了方正排版系统，如方正飞腾、方正飞翔。本课题学习使用方正飞翔 2011 软件制作如图 3—3—1 所示的单页报纸，并输出符合印刷要求的 PDF

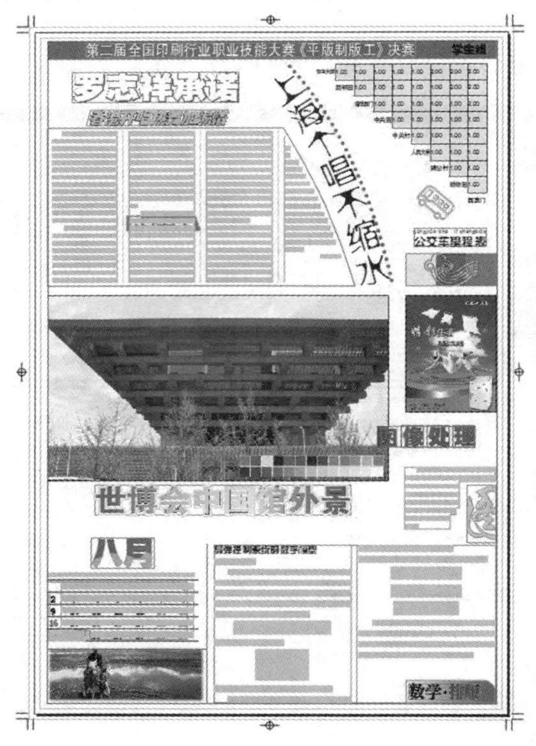

图 3—3—1　单页报纸

文件。

一、操作要求

（1）版式尺寸准确，规格为 250 mm×370 mm。

（2）字体字号设置合理。

（3）表格、数学公式排版准确。

（4）图形图像位置准确，效果良好，比例合适。

（5）输出成符合印刷要求的 PDF 文件。

二、操作分析

对于一张单页报纸版面的排版，需要合理设置版面、出血位等版面关键信息，制作时需要设置合理的参考线。在排版时，要分析整个版面结构，采取区块化方式进行版面的排版。

三、操作步骤

1. 利用方正飞翔 2011 制作单页报纸

（1）执行“文件/新建”菜单命令，版面设置：宽度 250 mm×高度 370 mm、页数 1 页；页面边距：顶 5 mm、外 7 mm、底 6 mm、内 6 mm。如图 3—3—2 所示。

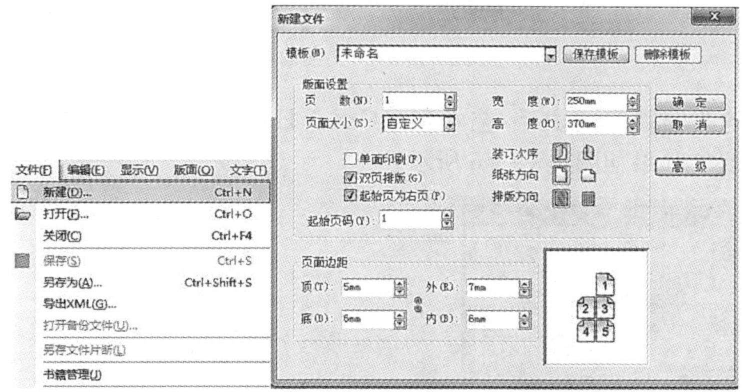

图 3—3—2　新建文件

（2）制作报眉，完成如图 3—3—3 所示效果图。

第二届全国印刷行业职业技能大赛《平版制版工》决赛　学生组

图 3—3—3　报眉

1）用“矩形工具”建立一个 237 mm×10 mm 的蓝色矩形，参数如图 3—3—4 所示。

图 3—3—4　绘制矩形

2）分别输入文字“第二届全国印刷行业职业技能大赛《平版制版工》决赛”和“学生组”，调整字体、字号、颜色，如图 3—3—5 所示。

第二届全国印刷行业职业技能大赛《平版制版工》决赛 学生组

图 3—3—5　文字输入

3）将蓝色矩形框与两个文本框进行水平居中，完成如图 3—3—3 所示效果。

（3）制作标题“罗志祥承诺”，完成如图 3—3—6 所示效果图。

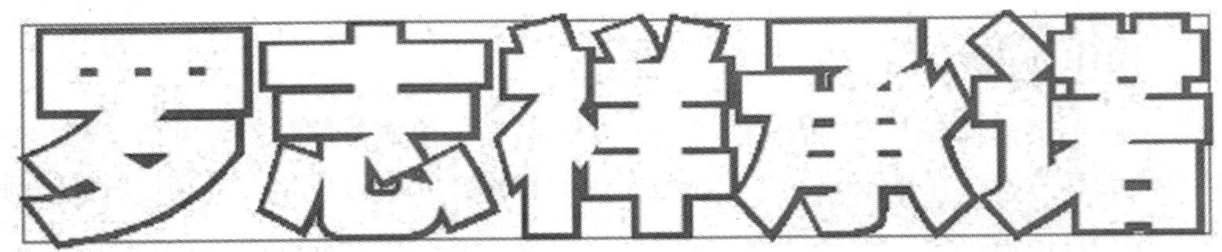

图 3—3—6　标题

1）输入文字“罗志祥承诺”（特号，方正超粗黑简体），如图 3—3—7 所示。

方正超粗黑简体 特号 0字 0级
白三正体 Regular 特号 0.6字 0度

图 3—3—7　文字输入

2）对输入的文字执行“文字/艺术字（Ctrl＋H）”，艺术字设置参数如图 3—3—8、4—3—9 所示；最终效果如图 3—3—6 所示。

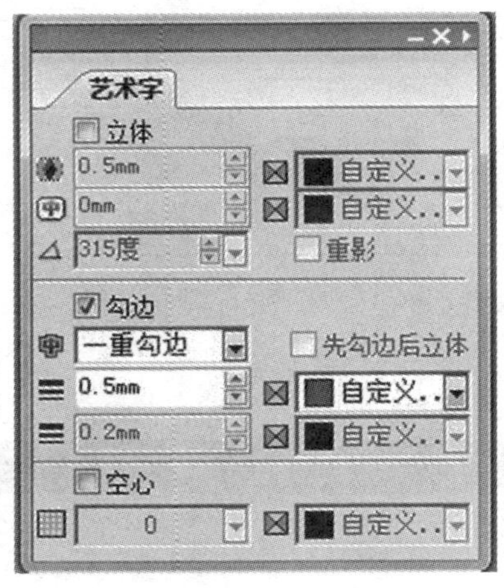

图 3—3—8　执行艺术字

图 3—3—9　艺术字参数设置

提示：在操作过程中，为避免不必要的误操作，可以单击右键锁定图形（快捷键 F3），或者解锁图形（快捷键 Shift＋F3），如图 3—3—10 所示。

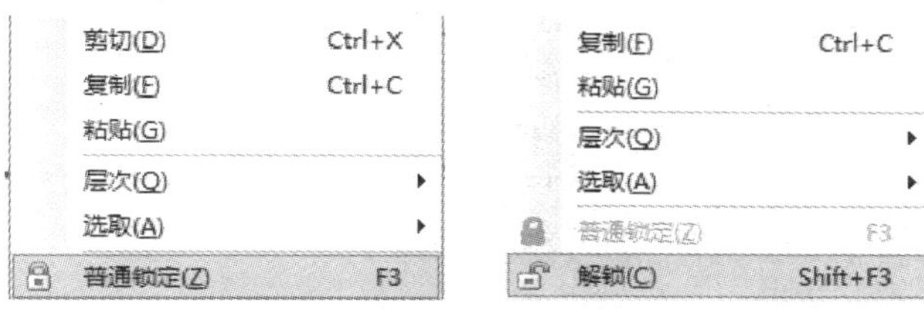

图 3—3—10　锁定/解锁图形

（4）制作标题“香港开唱热舞加煽情”，完成如图 3—3—11 所示效果图。

图 3—3—11　标题

输入文字“香港开唱热舞加煽情”（小一，方正琥珀简体），参考图 3—3—12、4—3—13、4—3—14 所示的参数进行设置，最终效果如图 3—3—11 所示。

图 3—3—12　输入并设置字体

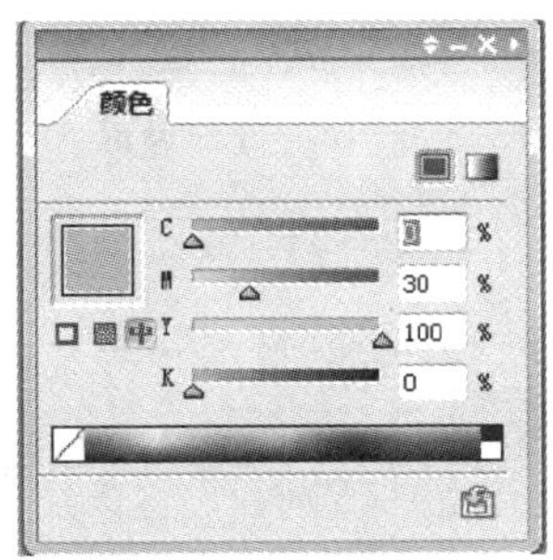

图 3—3—13　字体颜色

图 3—3—14　艺术字

（5）制作分栏文字块，完成如图 3—3—15 所示效果图。

1）在文档空白处绘制 162.5 mm×86 mm 矩形框，按图 3—3—16 所示设置参数；执行“格式/分栏（Ctrl＋B）”命令（分 4 栏，栏间距 2 字，虚线栏线，粗细 0.5 mm），按图 3—3—17、4—3—18 所示设置参数；利用工具箱中“穿透工具（快捷键 A）”对矩形节点进行控制移动，得到如图 3—3—19 所示的特殊分栏文本框。

2）执行“文件/排入”排入文字，如图 3—3—20 所示。

3）选中文字，执行“文字/通字底纹”菜单命令，如图 3—3—21 所示；最终效果如图 3—3—15 所示。

五一假期，罗志祥在香港红馆连开三场演唱会，这是他出道以来的第二次世界巡演。舞王罗志祥在演唱会中有热舞、有温情、有幽默，也毫不避讳地展现他内心痛苦，这样真情相对的个唱着实很是能打动人心，以至于很多香港女歌迷泪洒红馆。在演唱会后的采访中，罗志祥透露说，他的内地巡演已然提上日程，今年暑假他将莅临北京，将展现最好品质，绝不缩水。

当天，罗志祥在长达三个小时的演唱会中，不带一丝花拳绣腿，处处都是过人的“真功夫”。舞蹈是罗志祥的优势，在此次个唱中，他的热舞让歌迷们始终没有机会落座，而是在三个多小时中跟着他载歌载舞。不过，这一次罗志祥除了他充满阳刚之气的热舞和高难度的前空翻之外，还带来了极尽诙谐幽默的歌舞模仿秀。原来，他在演出中模仿张惠妹、萧亚轩和蔡依林三位女歌手的表演。在唱到蔡依林的《舞娘》时，罗志祥毫不吝惜地模仿蔡依林的贴地艳舞，风姿绰约，俨然便是“男版”蔡依林。

罗志祥这几天在香港的生活既风光又辛苦。5月2日晚，他此次香港演唱会落幕，数百女歌迷在他下榻的酒店列成两行，苦守数小时“夹道欢迎”罗志祥。记者在演唱会后采访他时，他表示：“大前天，我下午有场演唱会，晚上也有一场。看完下午场的观众从红馆出来时会碰到看晚场的观众，当时会有三万人在红馆进进出出，我真的很喜欢看到这种盛况。”对罗志祥来说，这种盛况来之不易。“我这几天晚上唱完就会上网看歌迷们在网上的留言，我要知道他们喜欢哪里，不喜欢哪里，要知道第二天我要怎样改进。我每天都是上网到凌晨5点才休息，第二天不到中午12点就又起床去红馆做准备了，基本上没有太多的睡眠时间。”

罗志祥的内地演唱会行程已然提上了行程。虽然他的公司金牌大风对他的具体行程三缄其口，但他暑假到北京开唱已无悬念，并且还有可能将演唱会搬到大型露天体育的演唱会却缩水为90分钟，这种“极简版”的演唱会无疑极大影响了歌手的口碑和观众对演唱会的购票热情。但罗志祥和金牌大风公司都表示，他们今年到内地巡演，就是要把最好的演唱会带给内地观众，也不会故意压缩演出时间。

本报记者

图 3—3—15　分栏文字块

图 3—3—16　分栏设置（1）

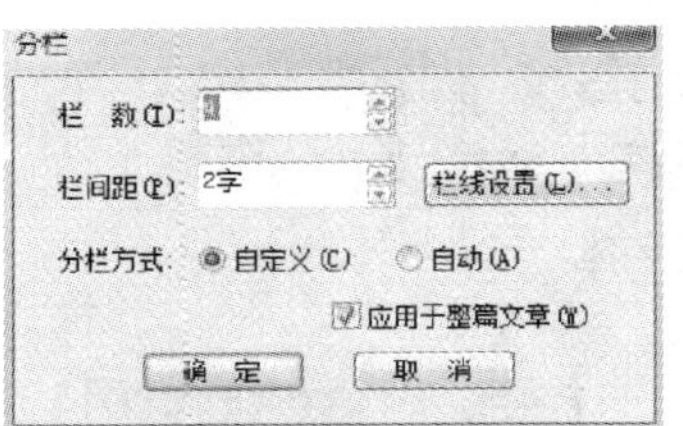

图 3—3—17　分栏设置（2）

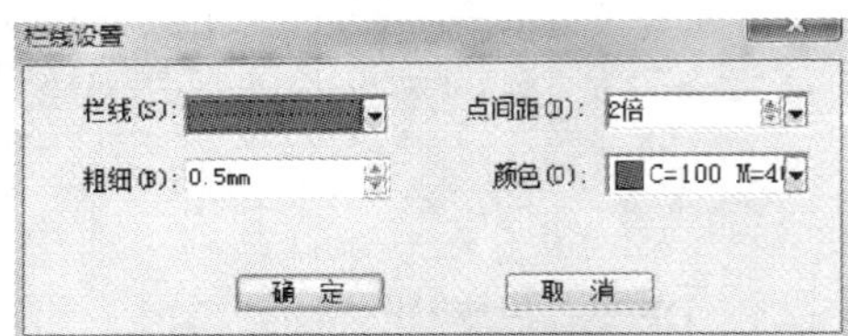

图 3—3—18　分栏设置（3）

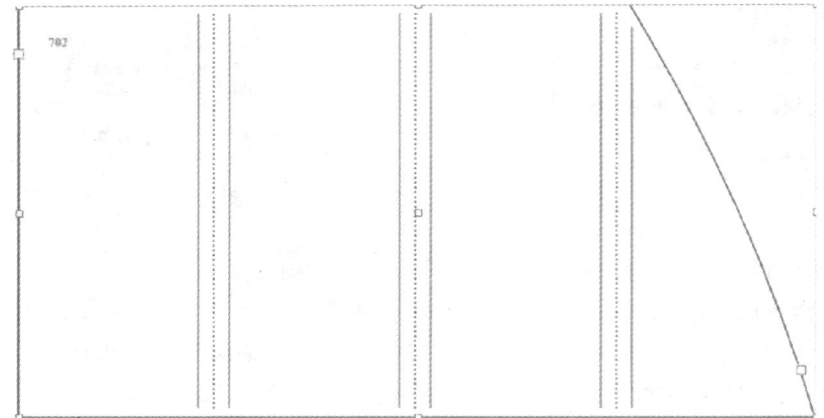

图 3—3—19　特殊分栏文本框

（6）制作标题“看演唱会现场”，完成如图 3—3—22 所示效果图。

1）输入文字“看演唱会现场”，（二号和四号方正超粗黑简体），参考图 3—3—23、4—

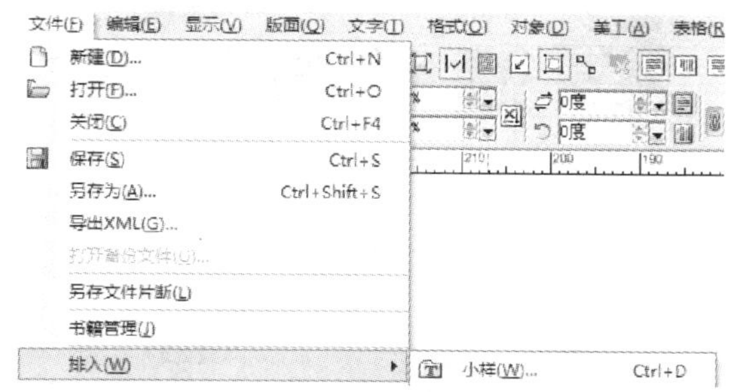

图 3—3—20　执行文件排入

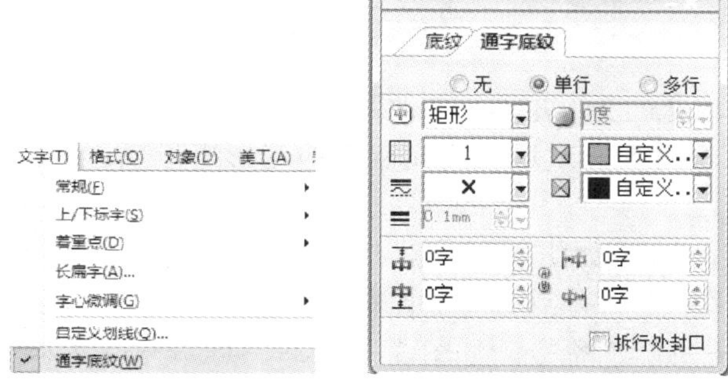

图 3—3—21　通字底纹

图 3—3—22　标题效果图

3—24 所示的参数进行设置，最终效果如图 3—3—25 所示。

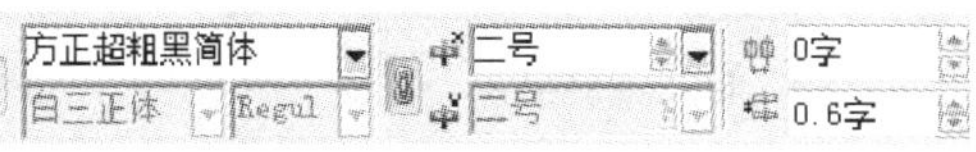

图 3—3—23　文字参数设置（1）

图 3—3—24　文字参数设置（2）

2）选中“演唱会现场”，执行“文字/自定义下划线”命令（划线线型为上划线，粗细 0.5 mm，偏移 0.189 字），参数设置如图 3—3—26 所示。

图 3—3—25　最终效果

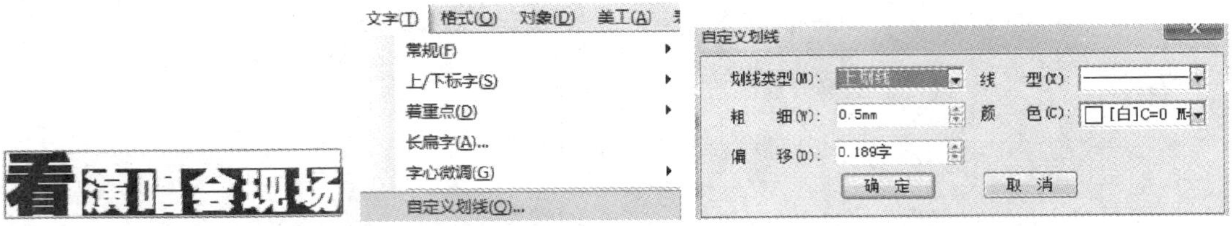

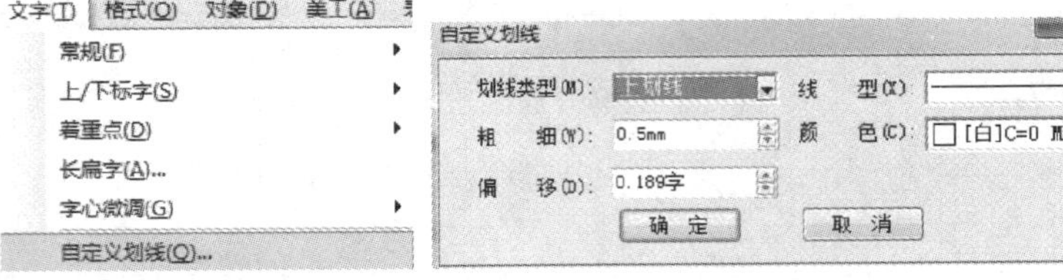

图 3—3—26　下划线参数设置

3）制作一个蓝色填充的变形矩形；更改字体颜色为白色。

4）最后将标题“看演唱会现场”放在蓝色的变形矩形上面，最终效果如图 3—3—22 所示。

（7）制作曲线标题，完成如图 3—3—27 所示效果。

1）用“钢笔工具”绘制一条弧线作为路径，如图 3—3—28 所示，对路径执行“窗口线型与花边（Ctrl＋Shift＋L）”命令，如图 3—3—29、4—3—30 所示。

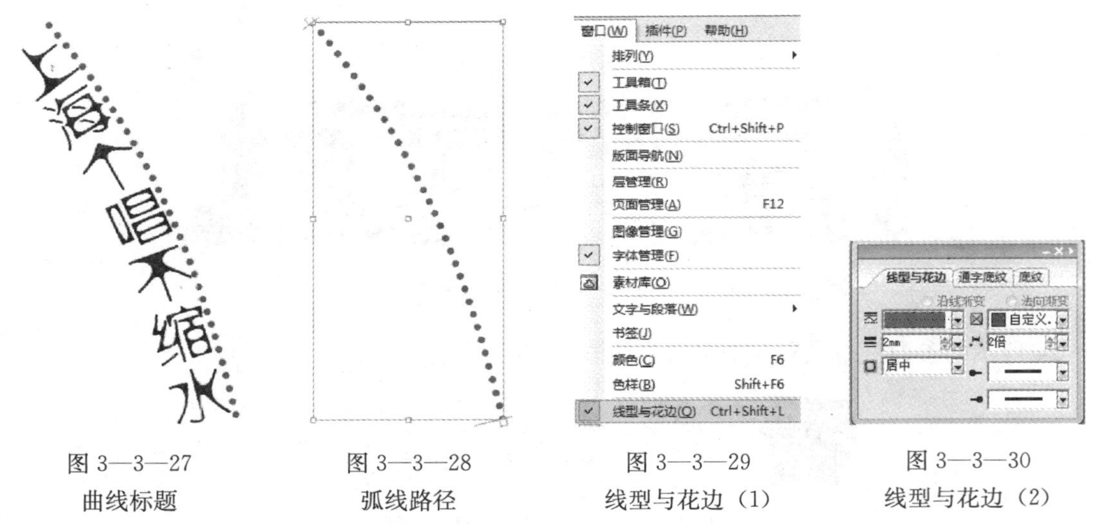

图 3—3—27　曲线标题　　图 3—3—28　弧线路径　　图 3—3—29　线型与花边（1）　　图 3—3—30　线型与花边（2）

2）利用“沿线排版工具（shift＋T）”输入文字“上海个唱不缩水（特号，方正细珊瑚体）”，参数设置如图 3—3—31 所示；最终效果如图 3—3—27 所示。

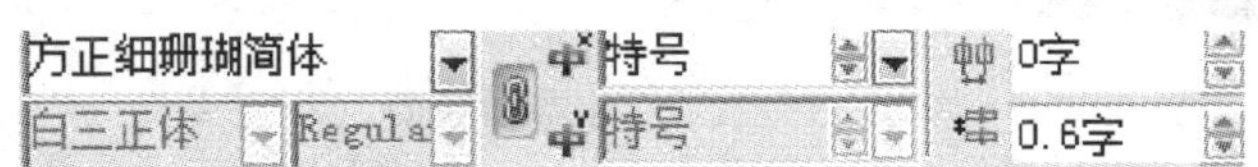

图 3—3—31　文字参数设置

（8）制作组合区块，完成效果如图 3—3—32 所示。

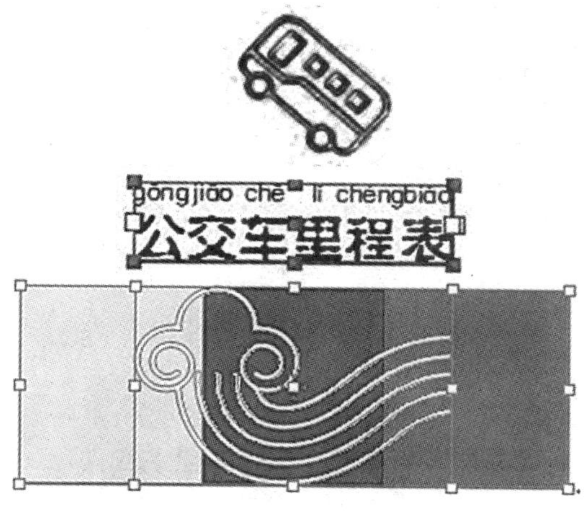

图 3—3—32　组合区块

1）执行“文件/排入/图像”命令（见图 3—3—33），设置参数如图 3—3—34 所示；得到图 3—3—35 所示效果。

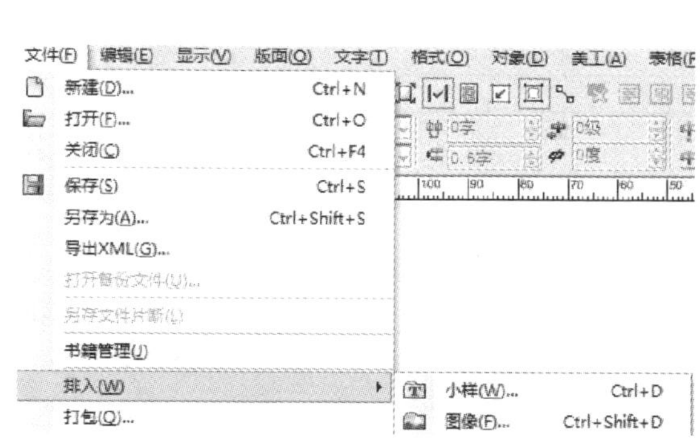

图 3—3—33　“文件/排入/图像”菜单

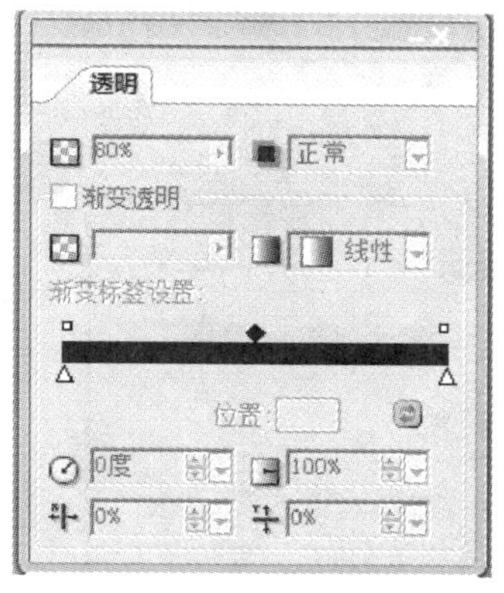

图 3—3—34
参数设置

图 3—3—35
效果图

2）输入文字“公交车里程表”，并为文字添加拼音。

执行“版面/添拼音插件/自动添拼注音…”命令，设置参数如图 3—3—36 所示，最终得到图 3—3—37 所示效果。

3）使用“矩形工具”命令，建立大小为 16 mm×18 mm 的，三个颜色不同的色块，并列放置，参数设置如图 3—3—38 所示。

4）在“窗口/素材库”中找到相关的图案；将图案放置在三个色块上，效果如图 3—3—39 所示。

5）将上述三个元素组合放置在版面的合适位置，最终效果如图 3—3—32 所示。

（9）制作标题“图像处理”，完成如图 3—3—40 所示效果。

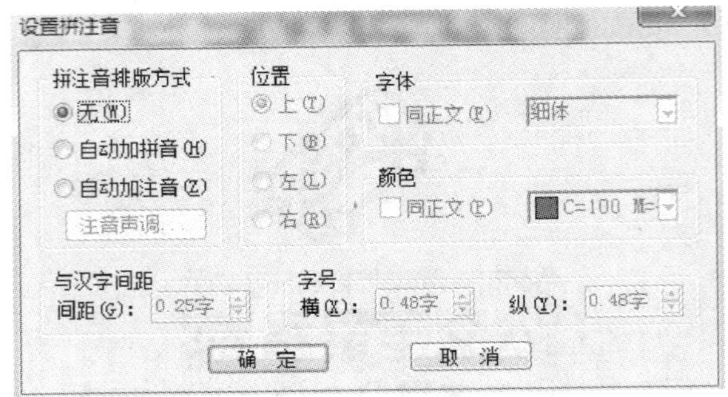

图 3—3—36 添加拼音

图 3—3—37 效果图

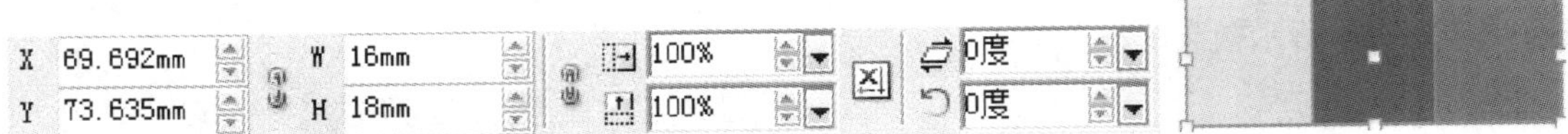

图 3—3—38 建立色块

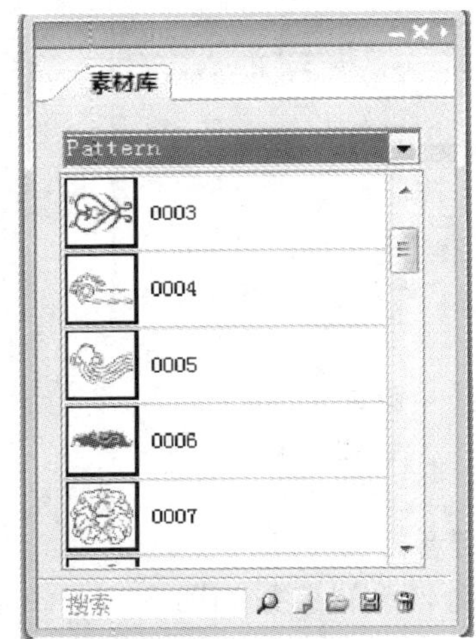

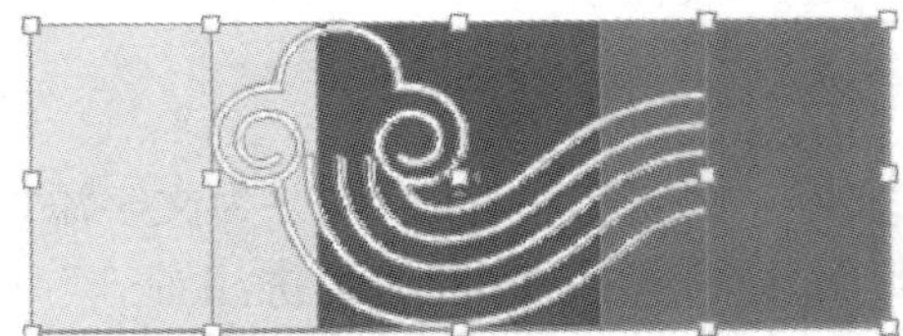

图 3—3—39 选择并放置图案

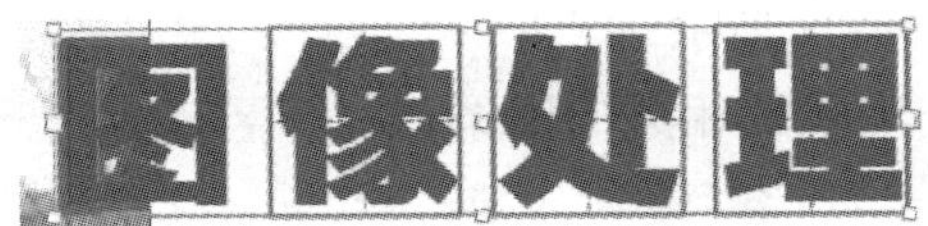

图 3—3—40 标题

1）输入文字“图像处理（小初，方正超粗黑简体）”，文字设置参数如图 3—3—41 所示。

图 3—3—41　文字参数设置

2）选中要添加田字格的文字“像处理”，菜单如图 3—3—42 所示；制作效果如图 3—3—43 所示。

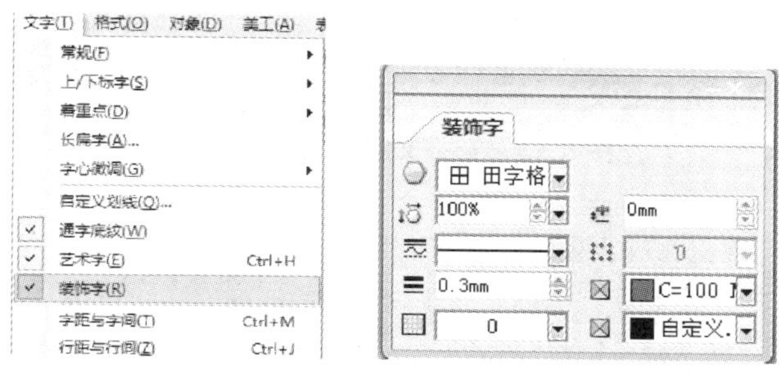

图 3—3—42　田字格装饰

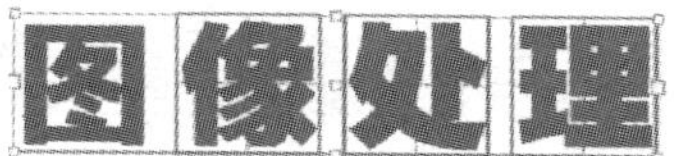

图 3—3—43　效果图

3）执行“美工/裁剪勾边/文字裁剪勾边”菜单命令，选择“压图像时裁剪勾边（G）”选项，如图 3—3—44 所示；最终效果如图 3—3—40 所示。

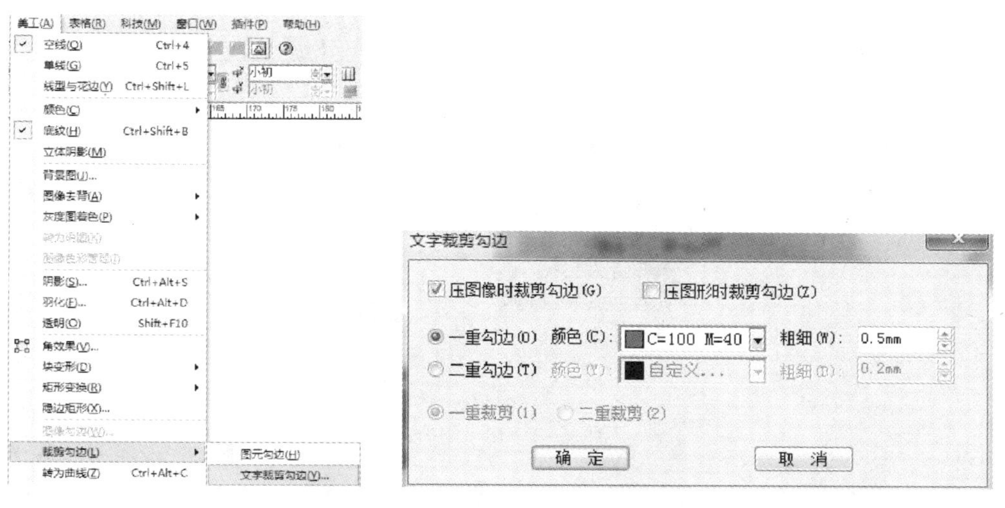

图 3—3—44　文字裁剪勾边命令

（10）制作标题“世博会中国馆外景”，完成如图 3—3—45 所示效果。

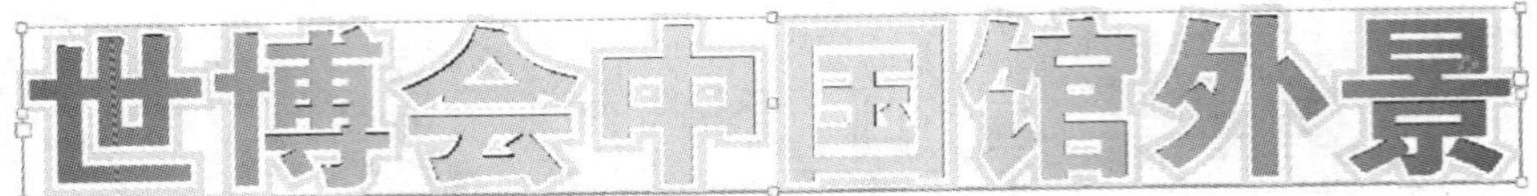

图 3—3—45　标题

输入文字“世博会中国馆外景（特号，方正大黑）”，文字参数设定如图 3—3—46、4—3—47 所示；最终效果如图 3—3—45 所示。

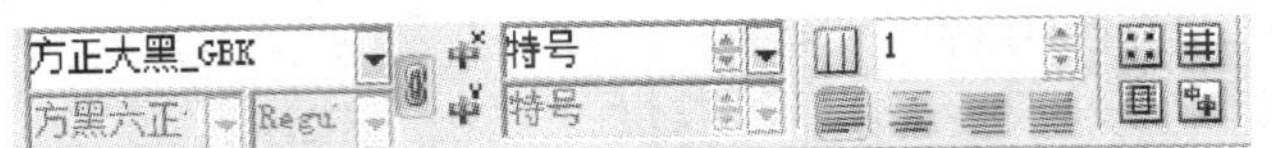

图 3—3—46　文字参数设置（1）

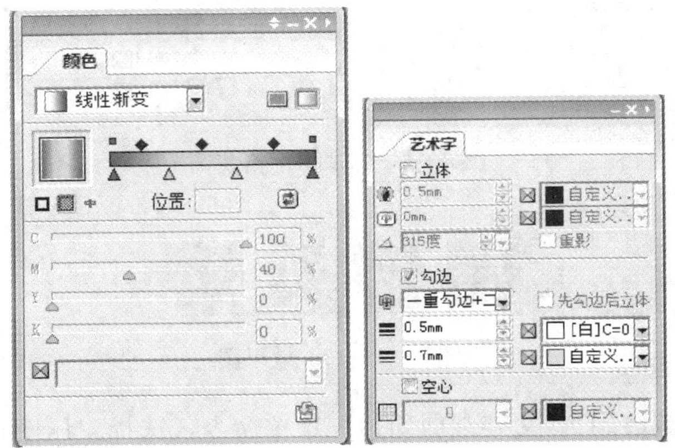

图 3—3—47　文字参数设置（2）

（11）制作文字块和艺术字“图”组合块，如图 3—3—48 所示。

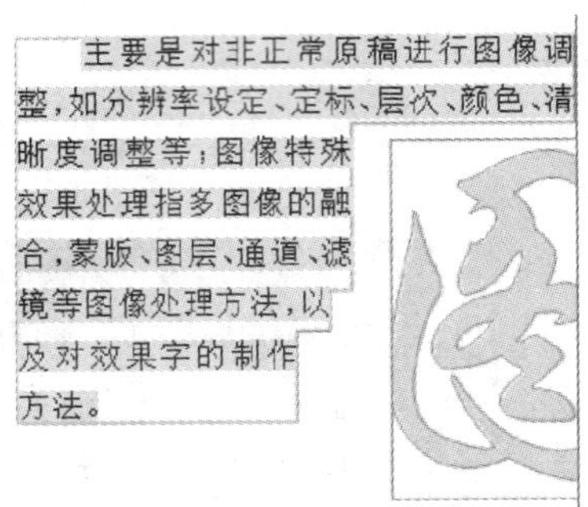

图 3—3—48　组合块

1）输入文字“图”，然后执行“文字/文字打散”菜单命令，如图 3—3—49 所示；建立一个矩形，然后按住 F4 键，执行成组命令，如图 3—3—50 所示。

图 3—3—49 文字打散命令

图 3—3—50 成组命令

2）排入绕图文字（见图 3—3—51），依次按图 3—3—52、4—3—53 所示设置参数，最终效果如图 3—3—48 所示。

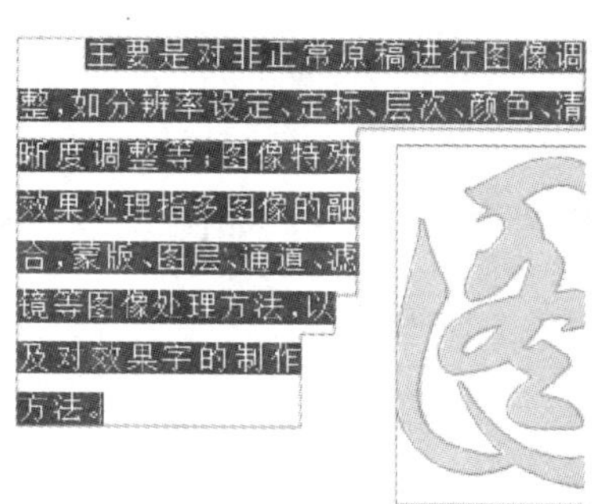

图 3—3—51

排入绕图文字

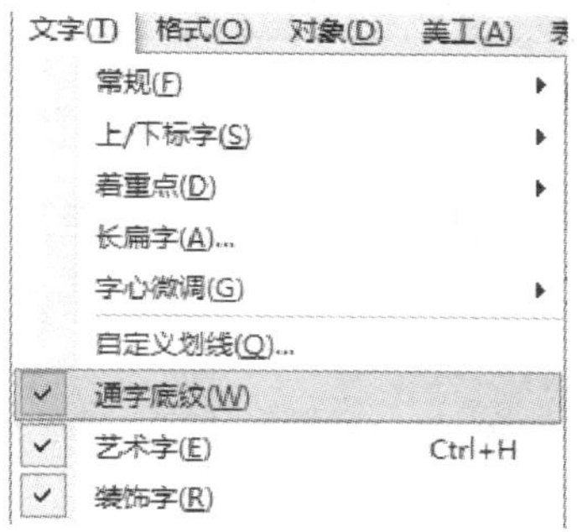

图 3—3—52

文字参数设置（1）

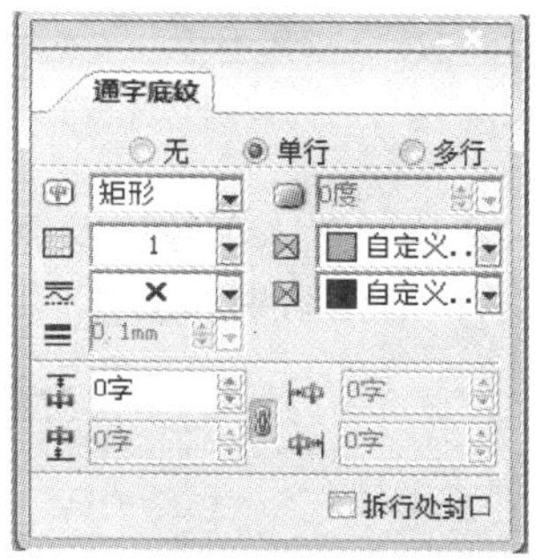

图 3—3—53

文字参数设置（2）

提示：标题“八月”的制作方法，可参考上述“图”字的做法。

（12）制作月历。执行“版面/日历插件”菜单命令，如图 3—3—54 所示。

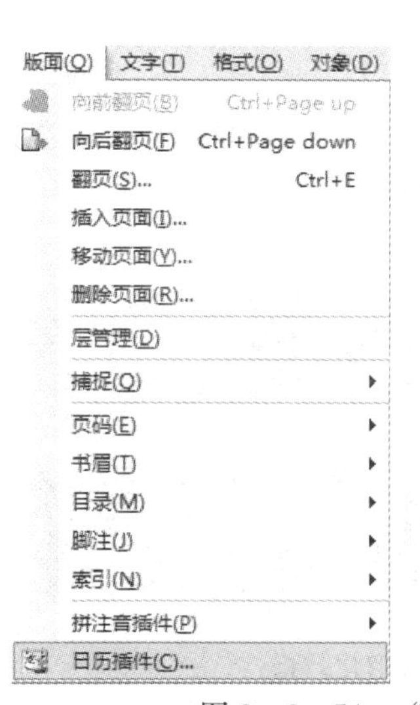

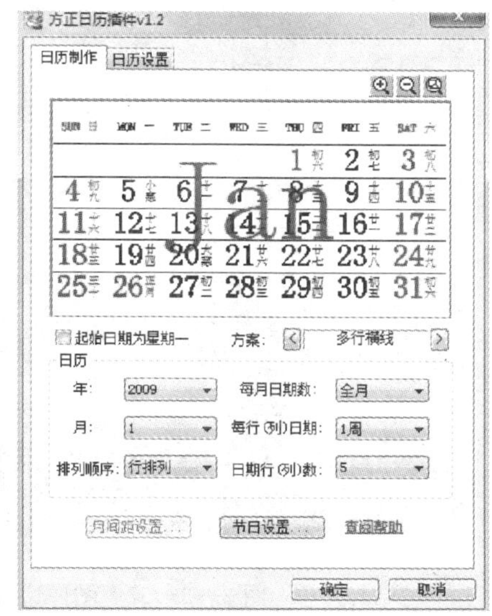

图 3—3—54 “版面/日历插件”菜单命令

具体的月历制作按要求更改即可，结果参照图 3—3—55。

MON 一	TUE 二	WED 三	THU 四	FRI 五	SAT 六	SUN 日
						1 廿一
2 廿二	3 廿三	4 廿四	5 廿五	6 廿六	7 立秋	8 廿八
9 廿九	10 七月	11 初二	12 初三	13 初四	14 初五	15 初六
16 初七	17 初八	18 初九	19 初十	20 十一	21 十二	22 十三
23 处暑 / 30 廿一	24 十五 / 31 廿二	25 十六	26 十七	27 十八	28 十九	29 二十

图 3—3—55　更改设置

（13）置入图像以及制作羽化边缘效果。执行“美工/羽化”菜单命令，如图 3—3—56 所示；最终结果如图 3—3—57 所示。

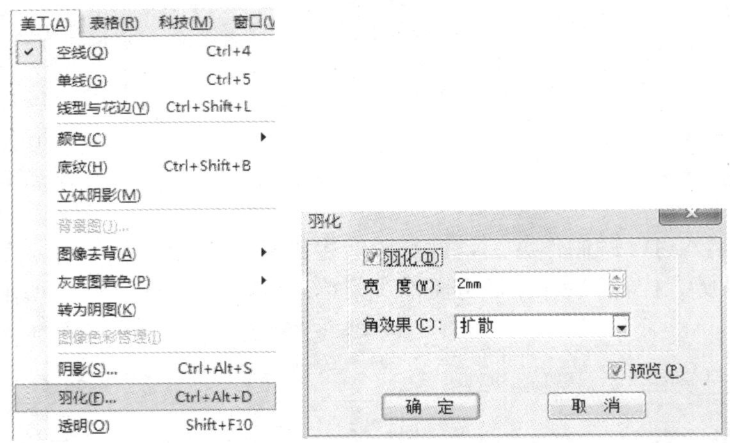

图 3—3—56　“美工/羽化”菜单命令

图 3—3—57　图像边缘羽化效果

（14）制作花边。用“钢笔工具”绘制一条直线，然后更改它的样式，如图 3—3—58 所示。

图 3—3—58　制作花边

（15）制作含公式的文字块，完成如图 3—3—59 所示效果。

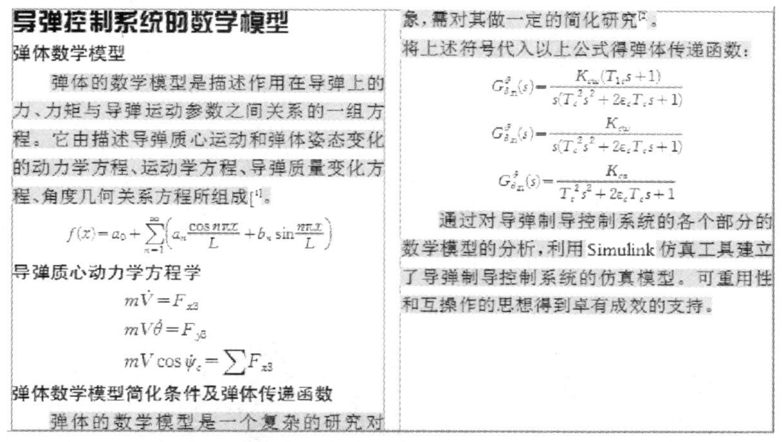

导弹控制系统的数学模型

弹体数学模型

弹体的数学模型是描述作用在导弹上的力、力矩与导弹运动参数之间关系的一组方程。它由描述导弹质心运动和弹体姿态变化的动力学方程、运动学方程、导弹质量变化方程、角度几何关系方程所组成[1]。

$$f(x)=a_0+\sum_{n=1}^{\infty}\left(a_n\frac{\cos n\pi x}{L}+b_n\sin\frac{n\pi x}{L}\right)$$

导弹质心动力学方程学

$$m\dot{V}=F_{x3}$$

$$mV\dot{\theta}=F_{y3}$$

$$mV\cos\dot{\psi}_c=\sum F_{z3}$$

弹体数学模型简化条件及弹体传递函数

弹体的数学模型是一个复杂的研究对象，需对其做一定的简化研究[2]。

将上述符号代入以上公式得弹体传递函数：

$$G^{\vartheta}_{\delta_z}(s)=\frac{K_{cu}(T_{1c}s+1)}{s(T_c^2s^2+2\varepsilon_cT_cs+1)}$$

$$G^{\vartheta}_{\delta_z}(s)=\frac{K_{cu}}{s(T_c^2s^2+2\varepsilon_cT_cs+1)}$$

$$G^{\vartheta}_{\delta_z}(s)=\frac{K_{cu}}{T_c^2s^2+2\varepsilon_cT_cs+1}$$

通过对导弹制导控制系统的各个部分的数学模型的分析，利用 Simulink 仿真工具建立了导弹制导控制系统的仿真模型。可重用性和互操作的思想得到卓有成效的支持。

图 3—3—59　制作含公式的文字块

1）用“文本工具”建立文本框，按“Alt+=”键调出如图 3—3—60 所示公式输入框。

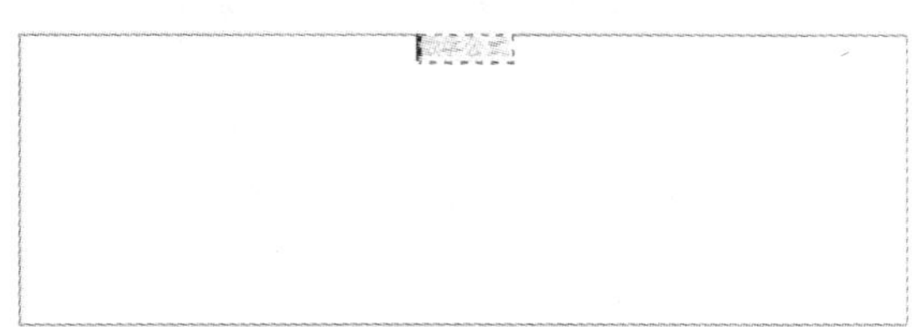

图 3—3—60　公式输入框

2）按照排版要求制作公式，公式素材可在工具属性栏里获取，如图 3—3—61、4—3—62 所示。

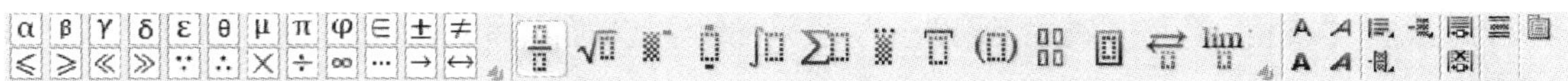

图 3—3—61　公式属性栏（1）

（16）制作渐变底纹标题，完成如图 3—3—63 所示效果。

1）输入文字“数学·排版（小一，方正粗宋简体）”，如图 3—3—64 所示；“数学·”用黑色填充，“排版”用红色填充。

2）设置圆角渐变背景。利用“矩形工具”创建一个矩形，执行“美工/角效果…”

图 3—3—62　公式属性栏（2）

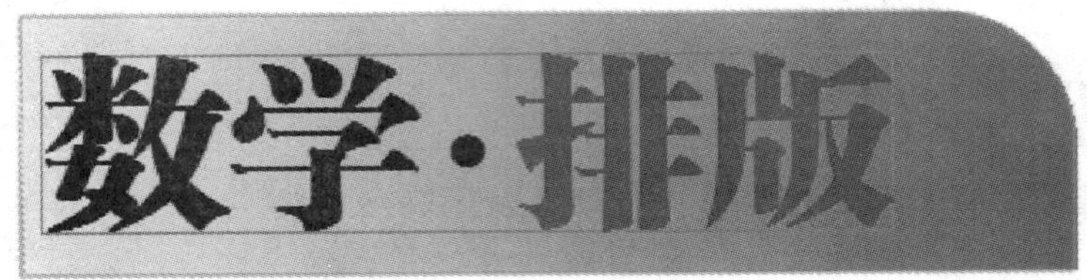

图 3—3—63　制作渐变底纹标题

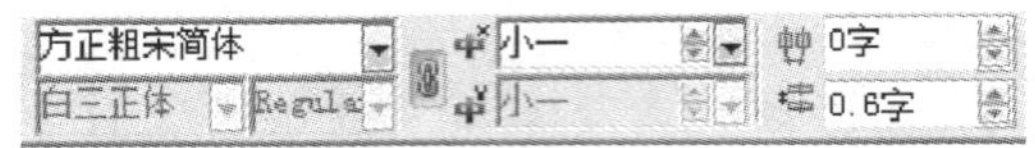

图 3—3—64　文字设置

命令，参数设置如图 3—3—65、4—3—66、4—3—67 所示。最终效果如图 3—3—63 所示。

（17）制作梯形表格。

1）执行“表格/阶梯表…”菜单命令，按图 3—3—68 所示参数设置阶梯表。

2）执行“表格/单元格属性/线型…”菜单命令，设置阶梯表格的线型，如图 3—3—69 所示。

3）最后输入文字即可得到最终想要的阶梯表格，如图 3—3—70 所示。

2. 利用方正飞翔 2011 生成单页报纸文件的 PDF 文件

（1）执行“文件/输出（快捷键 Ctrl＋Shift＋J）”菜单命令，弹出输出对话框，设定输出文件名，文件类型选择 PDF，单击“高级”按钮，进入“输出 PDF 选项”对话框，如图 3—3—71 所示。

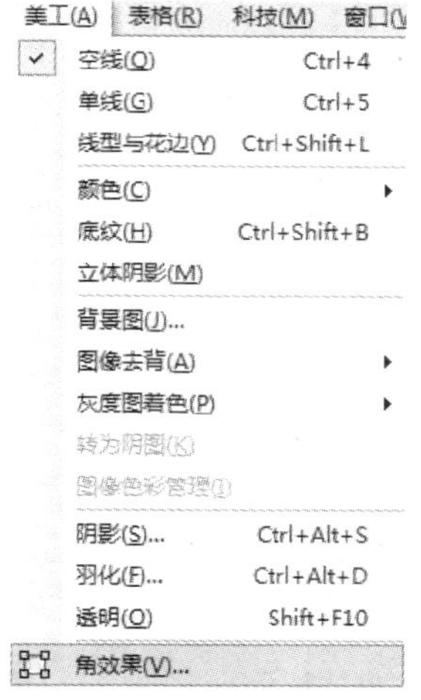

图 3—3—65　参数设置（1）

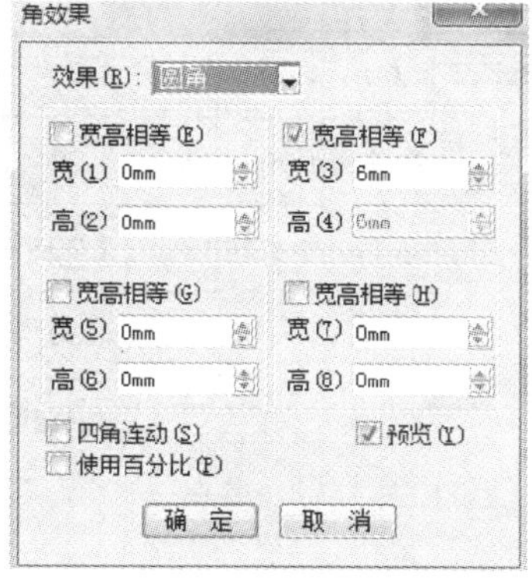

图 3—3—66　参数设置（2）

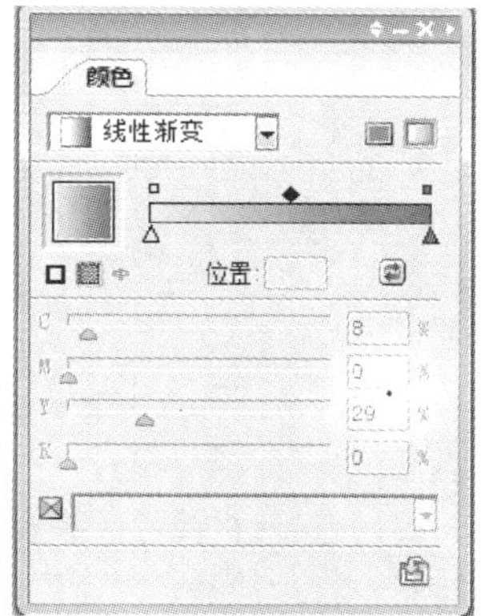

图 3—3—67　参数设置（3）

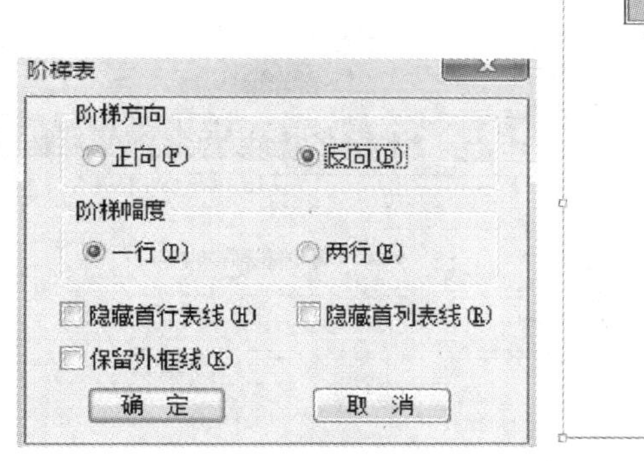

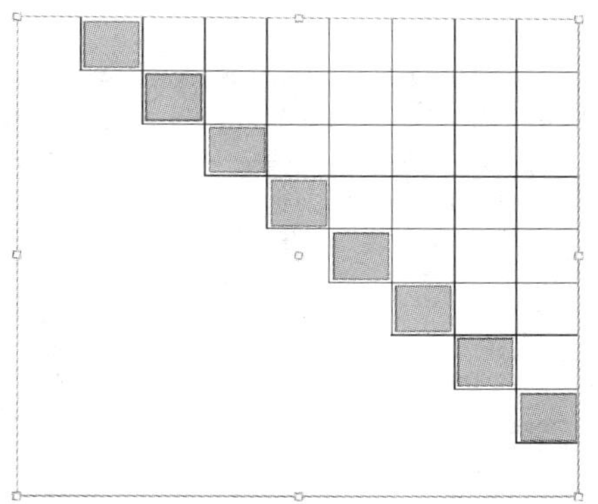

图 3—3—68　阶梯表

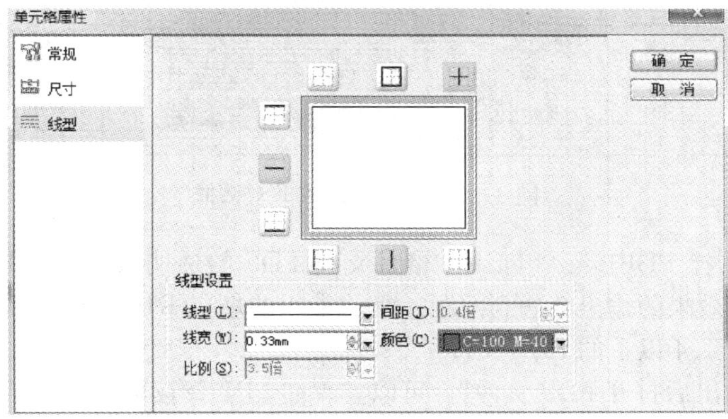

图 3—3—69　单元格属性

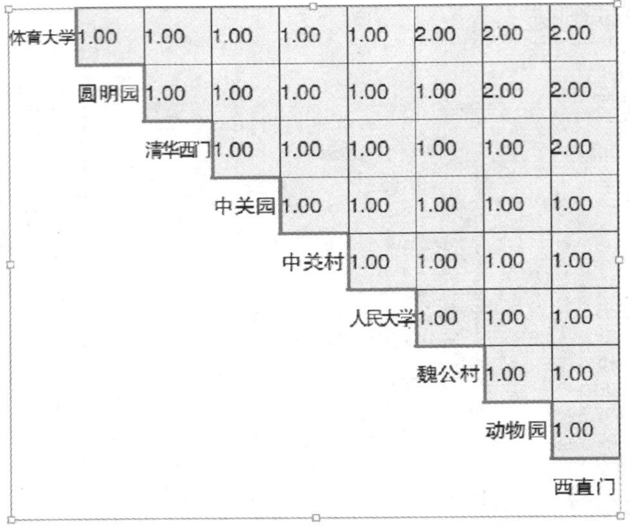

图 3—3—70　阶梯表效果

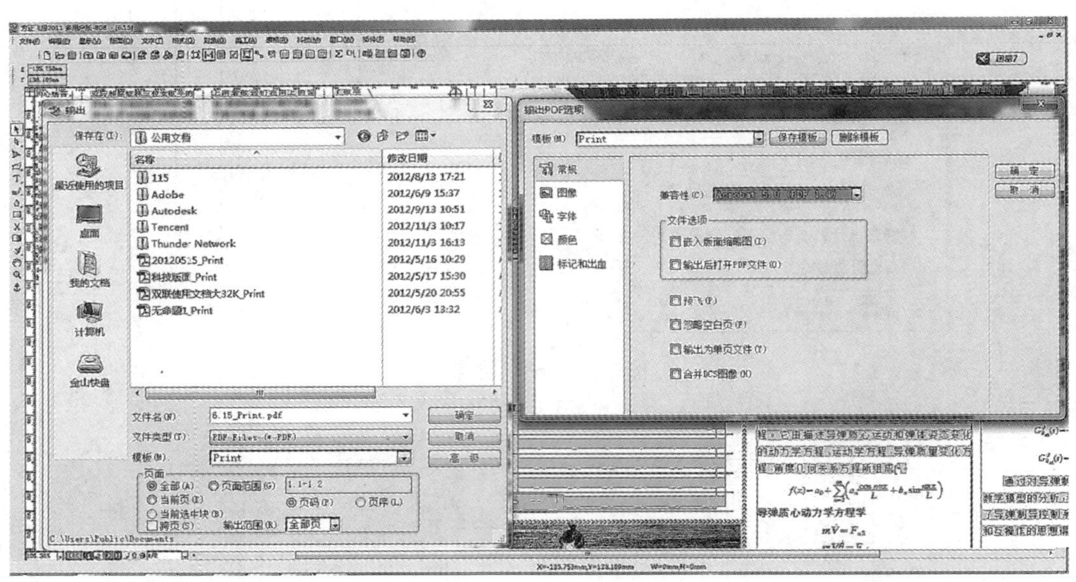

图 3—3—71　输出 PDF 对话框

兼容性设置选择 PDF1.4。PDF1.4 格式支持 PDF 的透明效果，但是在一些老版本的 RIP 软件中，透明效果的输出会遇到问题。目前常用的新版 RIP 软件或者 CTP 流程，均已能较好地支持 PDF1.4 以上的 PDF 文件了。

（2）勾选“输出后打开 PDF 文件”，可以实现在 PDF 阅读器中预览结果。

1）选择“图像”，编辑图像窗口里的各个设置，如图 3—3—72 所示。

2）选择“字体”，编辑字体设置，如图 3—3—73 所示。

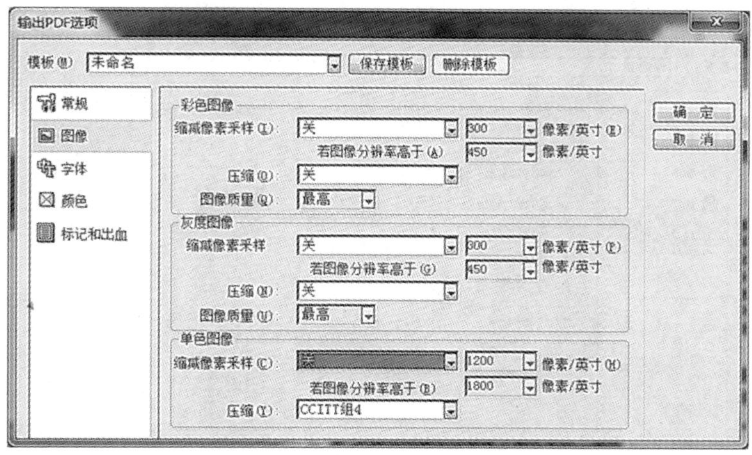

图 3—3—72　图像窗口

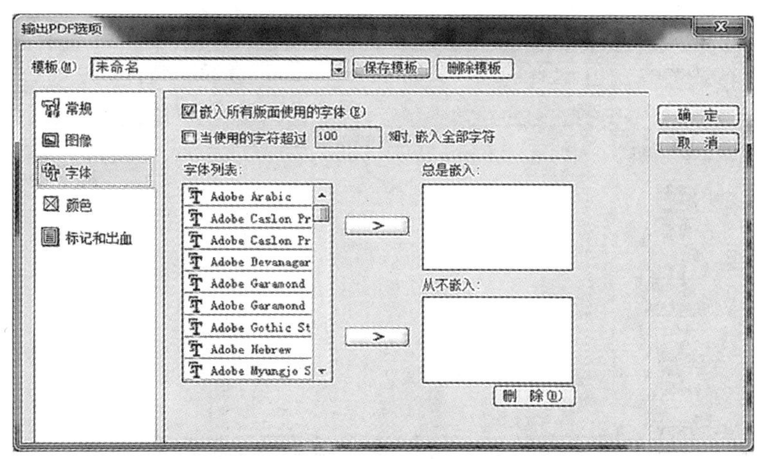

图 3—3—73　字体窗口

在这一步，如果确定后端输出服务器的字体安装齐全，不建议在 PDF 里嵌入字体，因为服务器端的字体输出效果更佳；如果不确定输出服务器中是否安装齐全字体，则嵌入全部字体，以保证文档能够正常输出。

3）选择“标记和出血”，编辑标记和出血选项，如图 3—3—74 所示。

线长一般设为 3 mm，出血空一般设为 3 mm。如果在版面中设置了标记和出血，则选中“使用文件设置”。

4）保存 PDF 选项模板。单击“确定”按钮，完成 PDF 输出模板的设置，单击确定输出 PDF 文件。

（3）选择“文件/打包”命令，弹出“打包”对话框，将文件进行打包，如图 3—3—75 所示。

在文件夹名称里使用默认值或者指定文件夹名称，单击“打包”按钮，即可将排版文

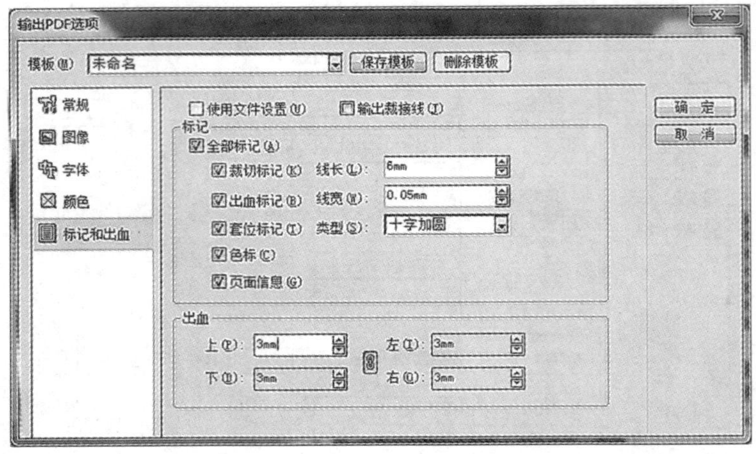

图 3—3—74　标记和出血窗口

图 3—3—75　文件打包

件、图片文件、ICC 色彩特性文件等放入打包指定的文件夹中，完成打包输出过程。

思考练习题

1. 方正软件和 InDesign 软件相比较，有哪些优势与劣势？
2. 方正飞翔软件和其他软件相比，在保存 PDF 文件方面有什么不同？

单元四 拼 版

在制版工艺流程中，由于激光照排机输出的胶片规格尺寸多种多样，不一定能满足印刷机幅面（对开或全张）的要求。特别是在书刊印刷过程，一般的书刊幅面都为 32 开或 16 开大小。因此，必须通过拼大版的方式来完成符合印刷机幅面的印版。

拼大版实际上就是将客户或排版人员设计制作的成品版面按照印刷时实际使用的印刷机和印后加工方法的要求进行拼版制版，完成一套印刷用印版的过程。目前常用的拼大版方式有两种：一种是手工拼大版，一种是利用组版软件进行自动折手拼大版（如 Preps）。

本单元分三个课题来学习，先从手工拼大版入手，通过对手工拼大版的学习和实践，理解折手软件自动拼大版的原理，从而掌握正确的拼版操作步骤和拼版方法。

课题一 彩色期刊画册手工拼版

学习目标

1. 了解拼版的基本知识
2. 掌握彩色期刊拼对开上机印版的具体操作步骤
3. 完成彩色期刊画册的手工拼版

在手工拼版过程中，必须根据印刷和装订要求，将小幅面的阳图底片拼贴为满足上机印刷要求的印版（比如对开、全张等幅面）。

本课题以大 16 开（210 mm×285 mm）拼对开版为例，学习拼版的基本知识以及彩色期刊拼对开上机印版的具体操作步骤，最终完成彩色期刊拼大版的实际操作。

一、拼版的基本知识

1. 装订知识

（1）书刊折页方法

将印刷好的书刊大幅面印张，按照页码顺序折成书贴的工作，称为折页。折页是装订工作中的第一道工序，也是一项非常重要的工序。折页分手工折页和机械折页。在正常折页的时候，一定要牢记：无论怎么折，右下角始终为第一页。

下面介绍一些常见的折页方法。

1）垂直交叉折页法。第一折和第二折的折缝互相垂直，其相邻两折的折缝各相互垂直并交叉的折页方式，称为垂直交叉折页法，如图 4—1—1 所示。

垂直交叉折页法常用于书刊的内页折页。

2）平行折页法（翻身折）。平行折页法是相邻两折的折缝互为平行的折页方法。平行折页的第一折的操作与垂直交叉折页法相同，当折完第一折后，将书页继续按同方向或反方向对齐页码或对齐折线来折叠，如图 4—1—2 所示。

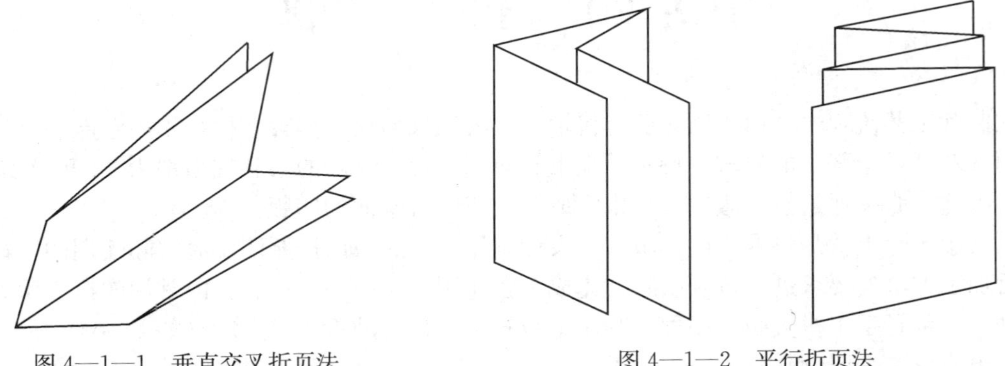

图 4—1—1　垂直交叉折页法　　图 4—1—2　平行折页法

平行折页法常用于产品宣传说明书的折页。

在这两种基本折页方法的基础上，衍生出许多常见的折页方法，各种常见折页方法如图 4—1—3 所示。

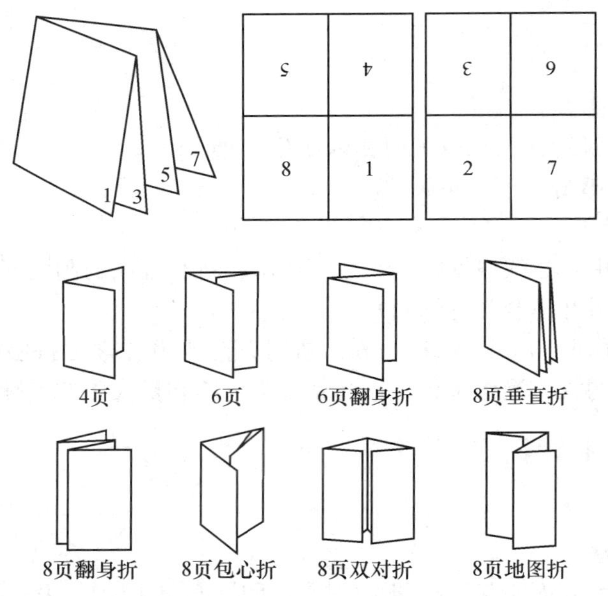

图 4—1—3　各种常见折页方法

（2）装订方法

常用的装订方法有骑马订、平订、锁线订和胶订。

1）骑马订又称骑缝订。是将每一贴书贴按页码顺序套到另一贴书贴的里面或外面，使其成为一本书刊的书芯，并在书芯上套上封面，然后在订书机上从书脊（书背）折缝处从外向里用铁线订扣，最后裁切成书，如图 4—1—4 所示。

骑马订常用于书刊、练习本或纸张虽然较厚但页数较少的产品说明书等的装订。

2）平订又称铁线平订。把书贴一贴一贴叠起来（这种配贴方式叫叠贴），将经过浆背、批本的书芯正面朝上，在距书脊背 3～5 mm 处并与书脊平行，用铁线穿订两个钉子，最后在书芯上套上封面，经裁切后便成为书籍，如图 4—1—5 所示。

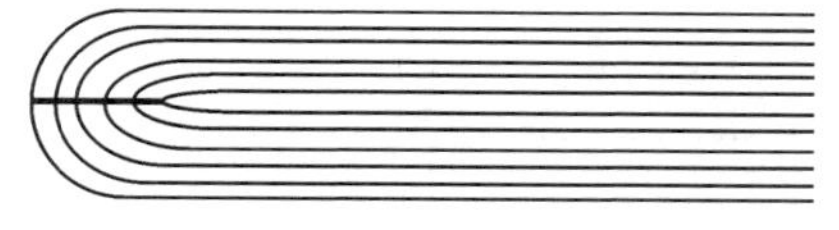
图 4—1—4 骑马订示意图

图 4—1—5 平订示意图

平订常用于纸张定量为 60 g 左右，约 200 页左右的书籍的装订。

3）锁线订又称穿线订或索线订。将配好的书贴按页码顺序，在折缝处用线一贴一贴穿锁成册，然后粘上布带或纱布，压平捆紧，在书脊背上刷胶、贴纸，待胶干燥后割成单本，即可包封面，如图 4—1—6 所示。

锁线订常用于较厚书籍或精装书籍的装订。

4）胶订又称无线胶订。其基本特点是每一个印张经过折页后形成单贴，前后单贴对齐后使用胶黏剂把书贴粘牢，在书脊背上再贴上纱布和卡纸，包上封面，烫背，配上封面，经裁切后即成书籍，如图 4—1—7 所示。胶黏剂一般用聚醋酸乙烯胶液，俗称白乳胶，更多的是用热熔胶。

图 4—1—6 锁线订示意图

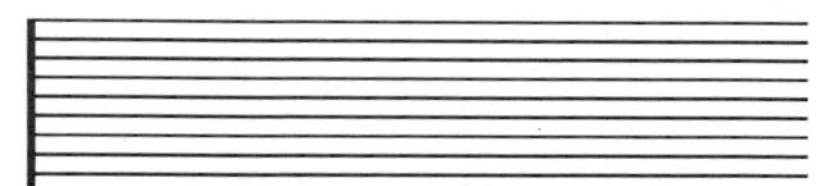
图 4—1—7 无线胶订示意图

胶订常用于厚本书或软皮抄本的装订。

2. 常用术语

（1）正版、反版

书刊内页及广告类画册，通常是两面印刷，对于同一贴书，最大和最小页码所在面称为正版（也称 A 版、A 面）；正版对应的一面则称为反版。

（2）套版

正版与反版各自拼版、晒版。印刷时，印完一面，将纸反转套准后，再印对应一面。对于拼版来讲，叫做套版拼版；对于印刷来讲，叫做套版印刷。

（3）自反版

正版和反版同时拼在一件大版上，或经过套晒，正版和反版同时晒在一件印版上，称为自反版拼版或自反版晒版。用这种版印刷，叫做自反版印刷。

（4）陷印

假设底色是青色，当套印红色文字或图案时，蓝色必须在套印红色文字或图案的部位反白；否则，青色加红色则呈紫色。在青底色上套印上红色文字或图案，叫做踏印或陷印。

（5）漏白

底色版是青色，踏印上的红色文字或图案，因套不准青底色的反白位置，就会露出纸张的原白色，这叫做漏白。

(6) 规格线

印版上常见规格线的名称及其作用如图 4—1—8 所示。

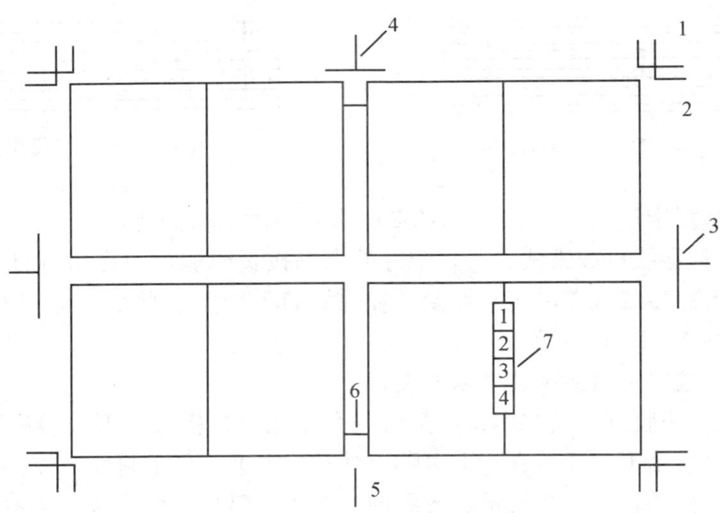

图 4—1—8 印版上常见规格线

1—外角线 2—内角线 3—校版十字 4—版尾（拖梢）十字线 5—咬口（叼口）中线 6—折线（折标） 7—脊标

1) 外角线。此外角线便是印刷时用纸长宽的最低限度尺寸数，又作为晒版时咬口的标准横线。

2) 内角线。内角线即成品尺寸。

3) 校版十字。印刷套色版时用来校对前一个印色与现印色是否套正，若两面印刷的产品，则用来校对已印一面与印背面的正、反版是否重合。

4) 版尾（拖梢）十字线。版尾（拖梢）十字线用于印刷装版时分清咬口与版尾，便于装版，也是校版规线之一。

5) 咬口（叼口）中线。咬口（叼口）中线即晒版时的中线。

6) 折线（折标）。印刷版中间的两条短线，及右边中间的两条短线，均是书刊折页时用的折线。

7) 脊标。常用反白字作脊标。

3. 印张的计算

印张计算的一般公式为：

$$总页码 \div 开数 = 印张$$

一张全张纸正反两面印刷为 2 个印张，对开纸正反两面印刷为 1 个印张。

实例：大 16 开（210 mm×285 mm），内文 40 页，对开印刷，按照印刷要求，一个印张可拼贴正反共 16 页，则 40 页一共需要 40÷16=2.5 个印张。

二、拼版方法、 辅助材料及工具

1. 粘贴阳图原版的方法

（1）非出血版

非出血版是指版心尺寸小于版面尺寸，即有白纸边的印件的原版。由于原版四边有空白，利用空白位置，用单面透明黏胶纸粘贴，既方便成本又低。黏胶纸粘在空白部位，不要粘在图文内，因为黏胶纸的边缘脏黑，晒版时挡光，容易造成脏版。

（2）出血版

出血版是指版心尺寸等于版面尺寸，但版心有大实地或空白区域的原版。可用双面黏胶纸粘在大实地或空白区域内把原版粘牢。注意不要粘在图文内，因黏胶纸有一定的厚度，晒版时会造成透光不均，影响晒版质量。

（3）满版网点出血版

满版网点出血版是指版心尺寸等于版面尺寸，而且整个版面都是由网点组成的原版，可用喷胶粘贴。喷胶的组成是生橡胶及有机溶剂，其商品名是压敏胶，一般为铁圆柱罐装，圆顶部中央有凸出的小圆柱，按下此小圆柱则喷出雾状胶液，将胶液均匀地喷在原版背面，然后，将原版对准大版的规线进行粘贴。

2. 辅助材料及工具

（1）拼版薄膜

拼版薄膜是涤纶薄膜的一种，在常温下其几何尺寸稳定，耐酸性、耐碱性、耐溶剂性能良好，主要用于拼贴大版。拼版薄膜多为卷筒形，厚度一般为 0.1 mm，宽度有 1 000 mm、1 200 mm 等多种规格。宽度为 1 000 mm，用于拼大度纸规格的大版；宽度为 1 200 mm，用于拼正度纸规格的大版，从而减少拼版薄膜的边角料。

（2）毫米格胶片

毫米格胶片用于拼大版，规格为 600 mm×1 000 mm，500 mm×600 mm 各一张，使用时，可在毫米格宽的中线及长的中线用红色圆珠笔画出中轴线，拼版时按中轴线左右上下延伸。拼好的大版，按规格在中轴线贴（画）上规线，如校版线、版尾线、晒版中线等。使用毫米胶版时，须小心防止曲折，防止用利器割破；存放时，注意放在干燥的地方。

（3）折叠式放大镜

拼版、套版时可以使用五倍放大镜。如果观测网点大小、网线角度时，可以选用 8～10 倍放大镜。

（4）刻刀及刻刀片

可先用小号刻刀，刻柄选用铁柄。

三、彩色期刊画册的手工拼版

1. 印件要求

《职业》彩色期刊杂志，大 16 开（210 mm×285 mm）规格，内文 1—40 页，客户提供全部分色单页阳图，128 克铜版纸对开印刷、骑马订装订。

2. 设备和材料

修版台、书刊内页阳图片、157 克胶版纸（说明：此纸为拼版用台纸，非生产任务单中的用纸）、白片基、胶带纸、双面喷胶、放大镜、剪刀、刻刀、相关的规格线和标志阳图（控制条）。

3. 操作步骤

首先，根据实际生产通知单了解所拼印版的幅面和装订方法，然后编排出版面页码排放次序，最后准备台版纸进行拼大版。

拼大版工艺流程如图 4—1—9 所示。

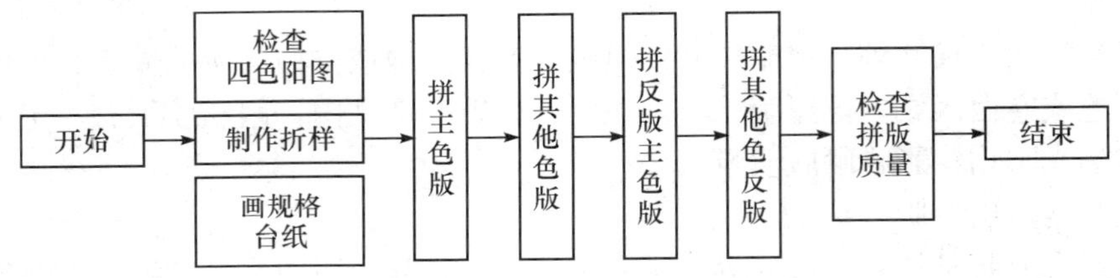

图 4—1—9　拼大版工艺流程

（1）阅读生产通知单

根据如图 4—1—10 所示的实际生产通知单，可以归纳出拼版有以下几点要求：

1）期刊成品规格：大 16 开（210 mm×285 mm）。

2）印张数：2.5 个。

3）页码：1～40 页。

4）地脚：15 mm，切口：20 mm。

（2）检查原片质量及数量

1）晒版时由于使用阳图 PS 版晒版，要求阳图原版的图文药膜面必须是反文字、反图像。

2）图文实地密度在 3.0 以上。

3）单页阳图片，图文完整、无划痕、无脏点。

4）按生产通知单清查各色版阳图数量，做到无短缺、无错误。

（3）做好拼版前准备工作

1）制作折样。折样是书刊的模型。根据书刊的装订要求制作折样是组版前的一道必经工序，是装订工序的模拟。因此，折样必须做得准确无误，才能保证装订作业的顺利进行。

做折样时，首先先弄清楚装订中折页和配页是平订还是骑马订。订法不同，折样制作就完全不同。平订要求每贴相叠在一起，而骑马订则要求每贴书贴相套在一起。

本课题所制作的期刊页数较少，适宜采用骑马订，因此在编排页码时，第一印张页码为 1～8、33～40；第二印张页码为 9～16、25～32；中间 0.5 个印张，页码为 17～24。

制作折样的基本操作步骤为：

①取一张白色的 8 开纸。

②按照垂直交叉法折三折页。

北京××印刷有限公司生产通知单

编号：2012—7—11　　　　　　　　　　　　　　　　　　接洽人：

委印单位：中国劳动社会保障出版社　　　　　　　　　　电话：

<table>
<tr><td>印品名称</td><td colspan="3">《职业》8月刊</td><td>数量：1 000</td><td>成品规格：大16开 210 mm×285 mm</td></tr>
<tr><td>项目</td><td>页数</td><td>开数</td><td>色次</td><td colspan="2" rowspan="6">晒版、印刷说明
裁纸尺寸：　　　　　　　　mm</td></tr>
<tr><td>彩色封面</td><td>4</td><td>16</td><td>正背8色</td></tr>
<tr><td></td><td></td><td></td><td></td></tr>
<tr><td>内文</td><td>40</td><td>16</td><td>4色</td></tr>
<tr><td></td><td></td><td></td><td></td></tr>
<tr><td colspan="4"></td></tr>
<tr><td colspan="4">共计　　　　2.5印张</td><td colspan="2" rowspan="4">正文印装顺序：
封面、封二、内文1—40、封三、封底</td></tr>
<tr><td colspan="4">色样　　　张、付印样1份</td></tr>
<tr><td colspan="4">装订加放：90本</td></tr>
<tr><td colspan="4">月　　日</td></tr>
<tr><td colspan="4" rowspan="5">说明：
拼版要求：各版均有出血</td><td colspan="2">每版用纸　封一、封二、封三、封四157铜，125张</td></tr>
<tr><td colspan="2">内文128铜，1 250张</td></tr>
<tr><td colspan="2"></td></tr>
<tr><td colspan="2"></td></tr>
<tr><td colspan="2">计价</td></tr>
</table>

<table>
<tr><td>编号：200—</td><td colspan="4">材料单</td><td>发料人：</td></tr>
<tr><td>委印单位</td><td colspan="4">印品名称</td><td>机种</td></tr>
<tr><td>用料项目</td><td>规格及名称</td><td>材料来源</td><td>正用数</td><td>加放</td><td>共计数</td></tr>
<tr><td></td><td>880 mm×1230 mm　157 g</td><td>自备</td><td>令 125 张</td><td>张</td><td>令　张</td></tr>
<tr><td></td><td>880 mm×1230 mm　128 g</td><td>自备</td><td>2 令 250 张</td><td>张</td><td>令　张</td></tr>
<tr><td></td><td>×　　g</td><td>自备</td><td>令　张</td><td>张</td><td>令　张</td></tr>
<tr><td></td><td>×　　g</td><td>自备</td><td>令　张</td><td>张</td><td>令　张</td></tr>
</table>

第四联　交晒版　　　　　　　　制单人：××　　　　　　　　2012年7月5日

图4—1—10　生产通知单

③采用折地脚方式按照页码编排顺序在右下角写好页码。

④将其展开即得到该印件的拼版折样，如图4—1—11所示。

2）绘制拼版台纸。根据期刊的成品尺寸和印刷纸张的开度，画出整个印刷版面的各种示意图。具体操作步骤如下：

①在对开白纸（157～210 g）上画出十字中心线。

②沿中心线两侧画出切口，切口尺寸为3 mm。

③以切口线为基准画出大16开成品尺寸（210 mm×285 mm）。

④计算画出整个版面的8个页面。

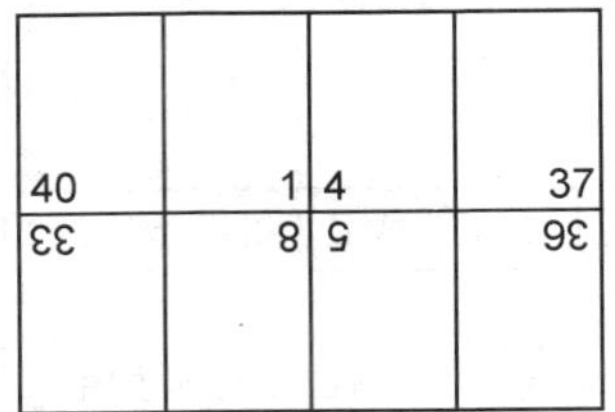

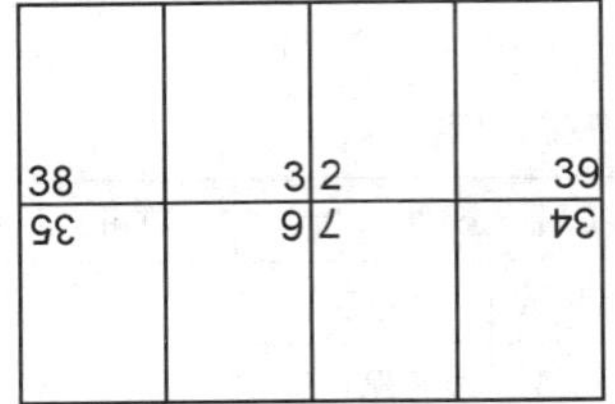

图 4—1—11　第一印张示意图

⑤在对开版面成品线外画出十字线、角线和咬口。

⑥按折样在每个小版上标注页码。

⑦在对开版面最大码和最小码之间画出脊标。

⑧检查核对，如图 4—1—12 所示。

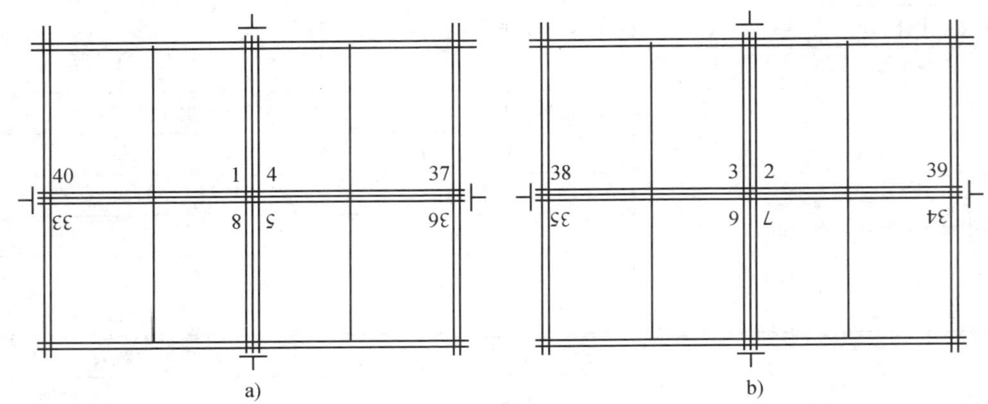

图 4—1—12　拼版台纸示意图

a）正版　b）反版

3）裁减并整理。按版面裁减原片，并按色版和页码顺序整理好，把脚线十字线准备好。

（4）拼对开期刊大版

彩色书刊、广告画册的拼版，按台纸先拼正版主色版，把有关规矩线拼贴好，然后不用台纸，以此色大版为标准，拼出余下三个色版，特别注意反白字、踏印套准不漏白。然后将任何一色的大版翻转，作标准大版，铺上拼版薄膜，拼出某一色反版大版，最后将反版第一件大版作标准，拼出余下三个色版。拼反版时，以正版为标准，背靠背拼出反版，这样可以防止左右方向拼错或头脚颠倒，并且校版规矩线能正反两面重合，有利于印刷校版。

具体操作步骤如下：

1）按版面尺寸裁剪原片，并按顺序整理好。

2）识别小版药膜，将药膜朝上放置，呈反字、反图像。

3）按大版尺寸裁剪适量白片基，将其打孔，并把十字线、角线准备好。

4）粘贴台纸和透明片基。

5）按折手页码顺序摆设阳图。

6）参照主色版页码按台纸先拼正主色版，其他各色版以主色版为母版拼版，按生产通知单要求进行拼版。

7）按台纸拼好十字线、角线，十字线放在外切口 2 mm 处。

8）制作该版色标，并将其色标序号涂黑。

9）检查拼版质量，无误后取下。

10）以正版为标准，背靠背按上述方法拼制反版。

拼贴小版时，有两种方法。

①第一种方法是先不管原版胶片边的大小，不预先裁割胶片边，而是按照台格规格拼版，整套版拼完成后，才将多余的胶片边裁割去掉，裁割时宜用薄膜条垫底，以免割伤大版的拼版薄膜。

②第二种方法是当原版没有页码时，将每套小版用蓝色油性笔写上色别、页码，逐色套准，用双面胶纸把色版贴牢，然后裁割胶片边，即四个色套准后一起裁割多余的胶片边。裁割时，一定要在非药膜面裁割，以防划损图文。裁割前，书口和书脊要认真分清，书口应在成品线之外约 2.5 mm 处裁割胶片边，书脊应在成品线之内约 0.5 mm 处裁割胶片边。裁割完后，用刻刀拖去有网点的出血版上因裁割时凸出的痕迹，再按台格拼版。

（5）检查拼版质量

1）拼完的大版必须自检，自检内容包括。

①规格尺寸及规矩线正确完整。

②图文为反字、反图。

③彩色版时，特别注意陷印的位置是否套正。

④确保原版胶片没有踏入左右相邻的图文内。

2）拼版质量要求。

①规格尺寸符合通知单指令。

②图像、线条、文字完整。

③原版色别不能拼错。

④不能翻转原版拼版。

⑤拼彩色大版时，各色要套准。

⑥单页纸的彩色广告或招贴类印刷品，拼版时尽可能顺拼，不宜掉头拼。若印件里有的部位墨量大，有的部位墨量小，则在可能的情况下，尽量将墨量大的一边作为咬口。

⑦各种规矩线要完整齐全，如：校版线、角线、裁切线、书刊印刷版的折线、色标等。

⑧完工后，原版要用纸袋装好，并在纸袋口上写上印件名称、帖数，将阳图原版分类保存，以方便存取。

课题二　自翻版手工拼版

学习目标

掌握自翻版手工拼版的具体操作步骤

掌握运用排版软件制作单页报纸的方法

在彩色印刷业务中，有相当数量的印件是不足一张四开或对开的，如课题一的期刊封面、封二、封三、封底和多余的0.5个印张。印刷时为避免不必要的浪费，可以采用自翻版拼版工艺组版，即将双面内容分左右排在一个版面上，印版的正反内容完全一样，从而节省了一套版，成倍地减少了成本和工时。

根据生产通知单的实际情况，本课题可以分解为两步：第一步，将课题一中所做的期刊封面、封二、封三、封底做四开自翻版；第二步，将期刊剩余印张（即0.5印张）拼自翻版。

一、期刊封面、封二、封三、封底做四开自翻版

1. 操作分析

课题一中所做的期刊封面、封二、封三、封底，客户均提供了四色版单页阳图胶片，现要求组成四开自翻版上机印刷，也就是拼版完成后的四开自翻版大版，在印刷时分别印在一张四开纸的正反两个面上，裁切后形成两本书的封面、封二、封三、封底。

工艺流程如图4—2—1所示。

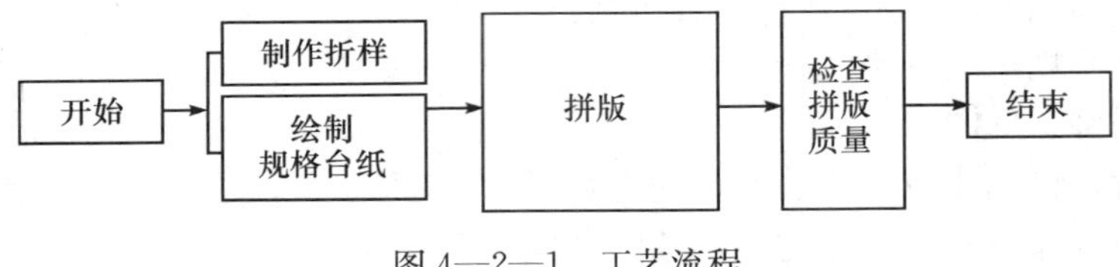

图4—2—1　工艺流程

2. 设备和材料

修版台、书刊内页阳图片、157克胶版纸、白片基、胶带纸、双面喷胶、放大镜、剪刀、刻刀、相关的规格线和标志阳图（控制条）。

3. 操作步骤

（1）制作折样

1）取一张白色16开纸，将其对折两次，即为16开折样，该书贴共有8个页面。

2）按照顺序在第一页面页码处写上封面，在第四页面页码处写上封二，在第五页面页码处写上封三，在第八页面页码处写上封底。

3）将其展开后即得到该印件的四开拼版折样，如图4—2—2所示。

（2）绘制规格台纸

按照成品规格，把该印件的规格台纸画成大度四开版，如图4—2—3所示。

（3）拼版

按照折样的编排把这4页的四色阳图拼成一套四开四色自翻版大版。

（4）检查拼版质量

检查拼成后的这套自翻版是否符合以下要求：将其中一色的封面套合于另一色的封二上，即将其中一色的封底套合于另一色的封三上，两个色版的成品必须符合一致。

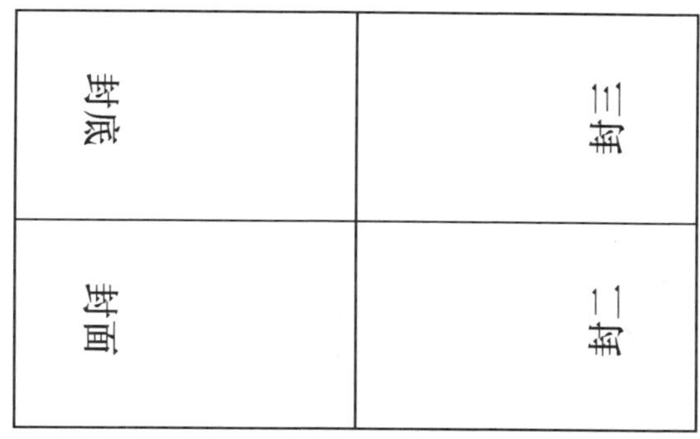

图 4—2—2 自翻版四开拼版折样

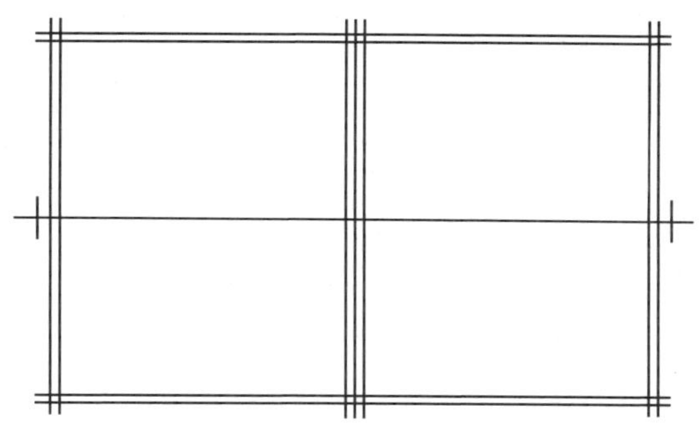

图 4—2—3 四开自翻版规格台纸

二、 期刊剩余印张（即 0.5 印张） 拼自翻版

1. 操作分析

在本单元的课题一中，期刊采用骑马订装订，剩余的 0.5 个印张应该在中心页，即页码为 17～24 页，客户提供四色版单页阳图，现要求组成对开自翻版上机印刷。即拼成的对开自翻版大版在印刷时分别印在一张对开纸的正反两个面上，裁切后形成两套书的 17～24 页。

2. 设备和材料

修版台、书刊内页阳图片、157 克胶版纸、白片基、胶带纸、双面喷胶、放大镜、剪刀、刻刀、相关的规格线和标志阳图（控制条）。

3. 操作步骤

（1）制作折样

1）取一张 16 开白纸，将其两折后为 16 开折样 1。

2）按页码顺序编排 17～24 页。

3）按步骤 1）、2）再做一个折样 2。

4）将两个折样一个取正面，一个取反面拼合在一起。

5）拼合的折样即为该印件的拼版折样，如图 4—2—4 所示。

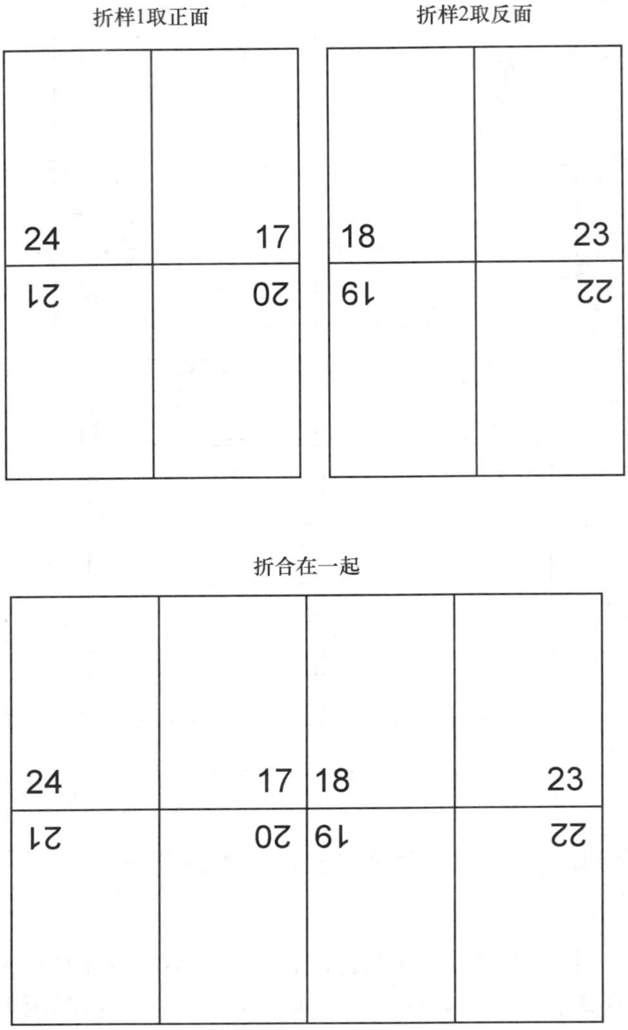

折样1取正面

24	17
21	20

折样2取反面

18	23
19	22

折合在一起

24	17	18	23
21	20	19	22

图 4—2—4　对开自翻版折样

这样的拼版折样正反两面内容完全一样，印刷对折后得到两个完全一样的印张。

(2) 绘制规格台纸

按照成品规格和印刷用纸，结合该印件的拼版折样，绘制出对开自翻版规范台纸，如图4—2—5 所示。

(3) 拼版

按照折样的编排把这 8 页的四色阳图拼成一套对开的四色自翻版大版。

(4) 检查拼版质量

1) 将其中一色的 17 页套合于另一色的 18 页，即将其中一色的 23 页套合于另一色的 24 页上，二色版的成品必须符合一致。

2) 按照本单元课题一中的要求，检查拼版质量。

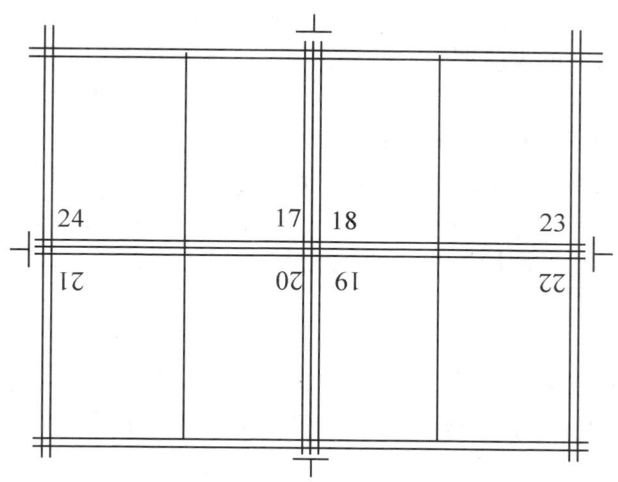

图 4—2—5 对开自翻版规格台纸

思考练习题

1. 现有标准 32 开的书刊内文阳图共 200 页，要求组成对开版上机印刷，平订装订。

(1) 画出工艺流程图。

(2) 计算内文所需的印张数。

(3) 制作第一印张折样并画出正反版的折样示意图。

(4) 画出拼版台纸的示意图。

2. 现有一彩色期刊，开本为 16 开（即规格为 210 mm×285 mm)，内文共 72 页，四色阳图，现要求将其拼为对开版上机印刷，骑马订装订。

(1) 制作此期刊折样，并画出第二印张的折样示意图。

(2) 画出对开版拼版台纸。

(3) 写出拼版的基本操作过程。

(4) 若内文中某些页为满版底纹并出血，写出拼版时的注意事项。

3. 在练习题 2 中，中间印张（即 0.5 印张）采用对开自翻版印刷，画出对开自翻版的折样示意图。

课题三 计算机拼版（Preps）

学习目标

掌握计算机拼版（Preps）软件的一般操作方法

Preps 是商业印刷中理想的计算机拼大版工具，允许用户混用不同的文件类型，页面尺寸及方向，并针对各种页面分别进行裁切记号与十字线的设定，也可以让用户在同一张台纸上放入多种不同的印件；Preps 可以将组合的 PostScript、PDF、EPS、DCS、TIFF 拼成大版，无须手工作业；拼完的大版能输出到任何和 PostScript 兼容的设备中，如激光照排机、CTP 设备、按需打印的打印机、数字打印机、大幅面拼版打样机或激光打印机；而且 Preps 是一款可以使用 RIP 过的页面直接进行拼大版的软件。

无论是计算机拼大版还是手工拼大版，其操作方法虽然不同，但基本的原理和概念是一致的。本课题以大 16 开（210 mm×285 mm）拼对开版为例，学习运用 preps 来新建模板、导入文件进行拼大版，以及调用各种已建立模板的方法。

一、操作要求

完成书刊——《高考冲刺・数学》的计算机拼版。开本尺寸为大 16 开（210 mm×285 mm），206 页，单色书刊，用 55 g 胶版纸印刷，装订方式为胶订。

二、操作分析

计算机拼大版工艺流程如图 4—3—1 所示。

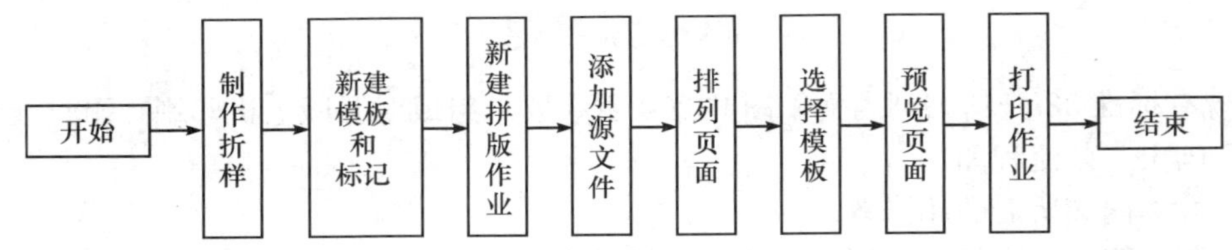

图 4—3—1　计算机拼大版工艺流程

三、操作过程

1. 阅读生产通知单

根据如图 4—3—2 所示的实际生产通知单，可以归纳出拼版要求有以下几点：

（1）纸张、书刊规格

大 16 开（210 mm×285 mm）。

（2）印张

13.25 印张。

（3）正文印装顺序

前言、背白、目录、背白、文 1～206、后白页。

（4）其他

底脚 11 mm，切口 16 mm。

2. 制作折样

为了计算机拼大版时不会出错，首先需要根据工艺要求制作出折样。

（1）明确装订要求

底脚 11 mm，切口 16 mm、左翻本、胶订。

（2）编排页码顺序

北京××印刷有限公司生产通知单

编号：2012－9－16　　　　接洽人：

委印单位：××××有限公司　　　　地址：　　　　电话：

印品名称	高考冲刺·数学			数量：10 000	成品规格：大16开210 mm×285 mm胶
项目	页数	开数	色次	晒版、印刷说明 ①两套版8开印刷 ②拼晒对开版26块，两页版2块 裁纸尺寸：①437 mm×306 mm ②874 mm×612 mm	
①扉页背版权	1	16	双色		
			扉页天蓝色		
②正文	106	16	双黑		
共计　13.25印张				正文印装顺序： 前言背白，目录背白，文1—206，后白页。	
色样　张、付印样　1份					
装订加放：90本					
月　日					
说明： 拼版要求： 页码下：11 mm 切口：16 mm				每版用纸　10令125张×13 两页　2令300印	
				计价	

编号：200—		材料单			发料人：
委印单位		印品名称			机种
用料项目	规格及名称	材料来源	正用数	加放	共计数
①	880 mm×1230 mm　55 g	自备	1令125张	25张	令　张
②	880 mm×1230 mm　55 g	自备	132令250张	1 675张	令　张
	×　g	自备	令　张	张	令　张
	×　g	自备	令　张	张	令　张

第四联　交晒版　　　　制单人：××　　　　2012年9月5日

图4—3—2　生产通知单

页数：共212页，包括前言、背白、目录、背白、内文1～206页、后白页。

（3）计算印张尺寸信息

印张数：216÷16＝13.25印张

书刊规格：210 mm×285 mm（大16开）

印张宽：10（大版边空）＋［2（铣背）＋210＋3（出血）］×4＋10（大版边空）＝880 mm

印张高：10＋（3＋285＋3）×2＋10＝602 mm

（4）基本操作步骤

1）取一张白色的 8 开纸，按照垂直交叉折三折页。

2）采用折地脚方式按照页码编排顺序在右下角写好页码。

3）将其展开即得该印件的拼版折样，如图 4—3—3a 所示；

4）按上面方法，制作第二印张折样，展开后如图 4—3—3b 所示。

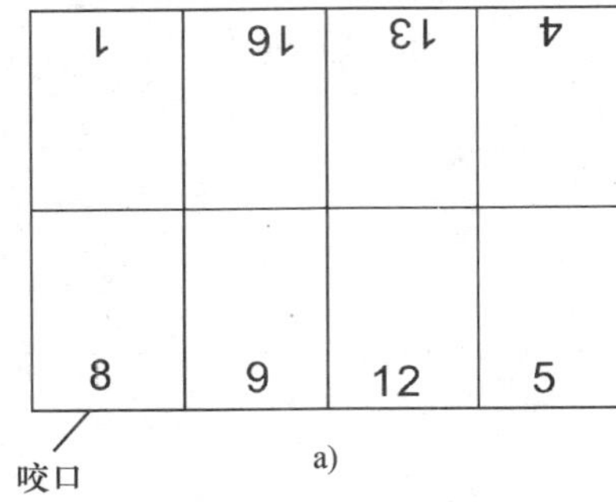

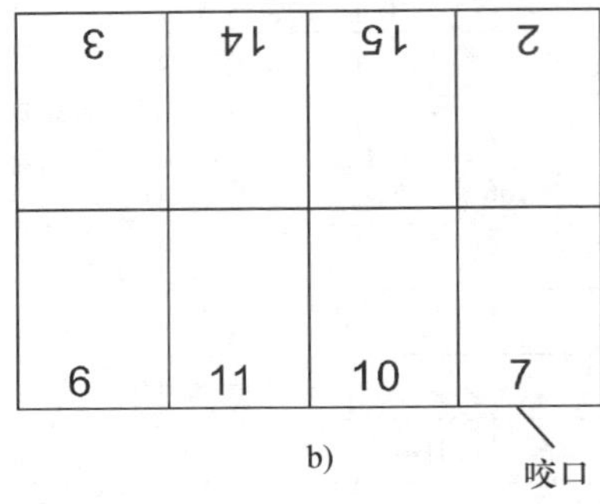

图 4—3—3　Preps 软件拼对开大版折样

a）正面　b）反面

3. 新建模板和标记

（1）启动 Preps 软件（见图 4—3—4）

图 4—3—4　Preps 软件启动界面

（2）新建模板

Preps 软件中，任何拼版作业都要有相应的模板，每一种模板代表了一种印刷幅面、印刷方式、装订方式等大版的信息，是可重复使用的版式。因此，在进行计算机拼大版前，要准备模板，就如同手工拼大前需版绘制拼版台纸，是一样的道理。

执行菜单命令："文件" → "新建模板…"，如图 4—3—5 所示。

将模板名称命名为：大 16 开（285×210）胶订，如图 4—3—6 所示。

通常模板的命名以简单明了为原则，即看到该大版模板名称，就可以知道其基本信息，比如开本幅面、印刷、装订方式等情况，并在设置界面中输入装订方式。

在确定后弹出的"添加贴"对话框中输入此大版的其他信息，如图 4—3—7 所示。

根据前面制作折样时的计算，在"印张信息"中设置如下：

印刷方式：套版印刷；印张宽度和高度：宽度 880 mm，高度 602 mm；印张边到打孔

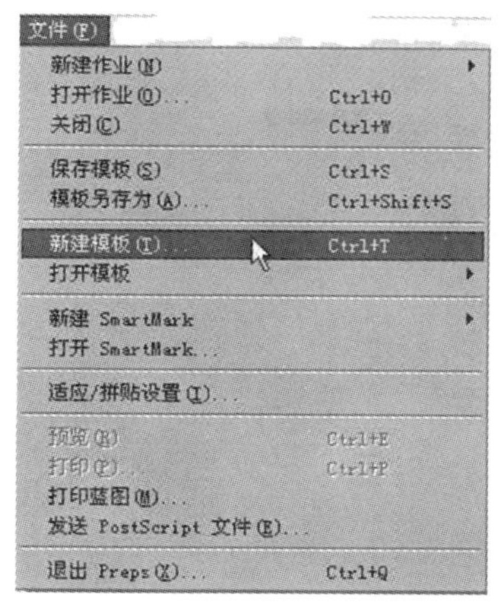

图 4—3—5 Preps 软件中新建模板命令

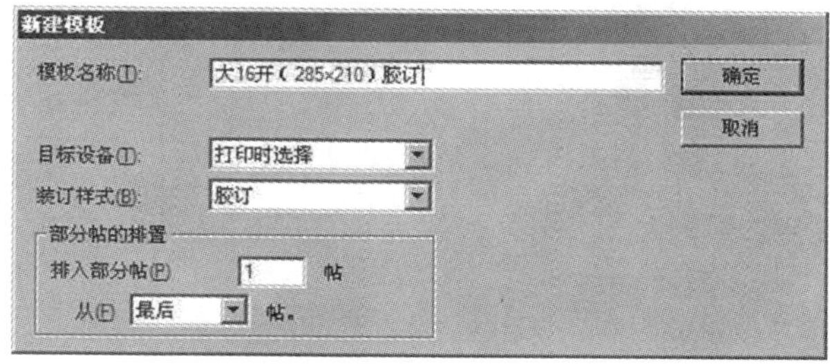

图 4—3—6 “新建模板”对话框

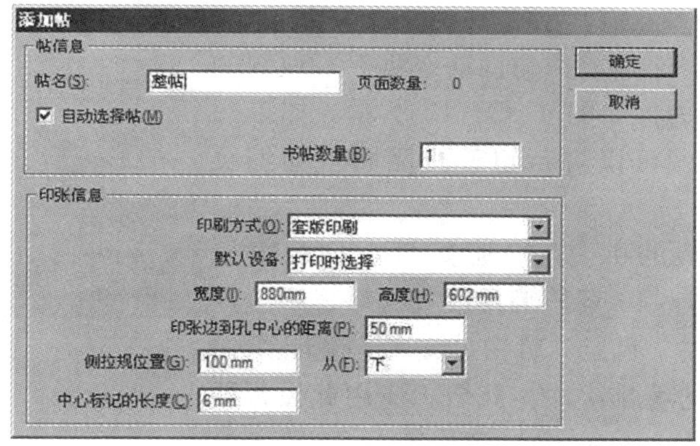

图 4—3—7 “添加贴”对话框

中心距离：50 mm（这种方式的特点是使用两张印版分别印刷纸张的正反两面。如果选择了其他印刷方式，比如自翻、对翻等，则印刷时使用的印版和纸张的咬口以及纸张的翻转方式则不同）。

有关大版的设置信息输入完毕并确定后进入拼大版的台版版面，如图 4—3—8 所示。从图中看出，此大版页面分为正反两面，印刷时制成两块印版，分别印刷在纸张的正反两面。

（3）编排大版版面并设置页面编号

1）执行菜单命令：“模板”→“创建拼版…”，如图 4—3—9 所示。

成品大小：285 mm×210 mm；拼版布局：水平（版的宽度方向 880 mm）可以放 4 个页面（4×210=840 mm），垂直方向（版的高度方向 602 mm）只能放 2 个页面（2×285=570 mm）；页面方向是页面之间正反位置的安排，包括头对头、头对尾、尾对尾、尾对头四种类型，具体的选择与折页和裁切等后续工序有关。这里选择头对头方式。

2）创建拼版确定后进入 Preps 台版版面，如图 4—3—10 所示。

接下来选取编码工具编排页码，根据前面折出来的大版折样（见图 4—3—3）编上页

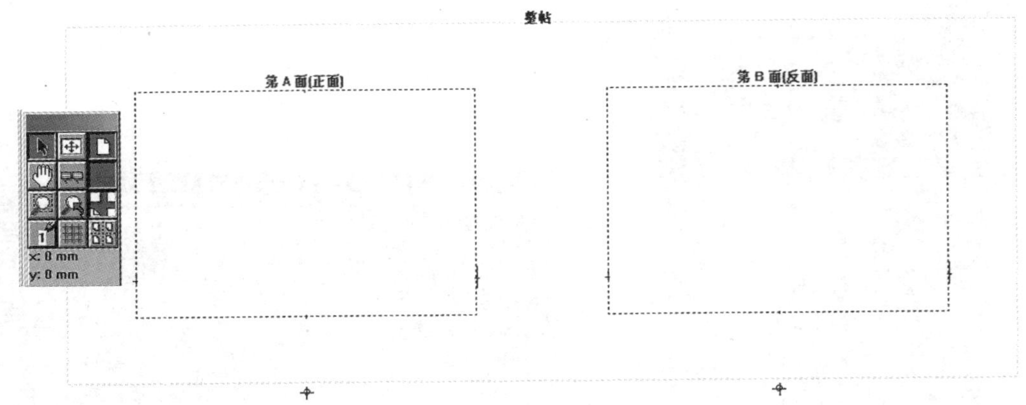

图 4—3—8　台版版面

码，注意咬口在下方。具体操作步骤是：在 Preps 台版（印张）上的相应位置点一下，如图 4—3—11 所示。

点击一个页面后，编码工具会自动变成下一位置的页码，依次继续点下去，如图 4—3—12 所示。如果想更改，双击编码工具就可以进行更改。反面自动编页码，不用再进行设置。

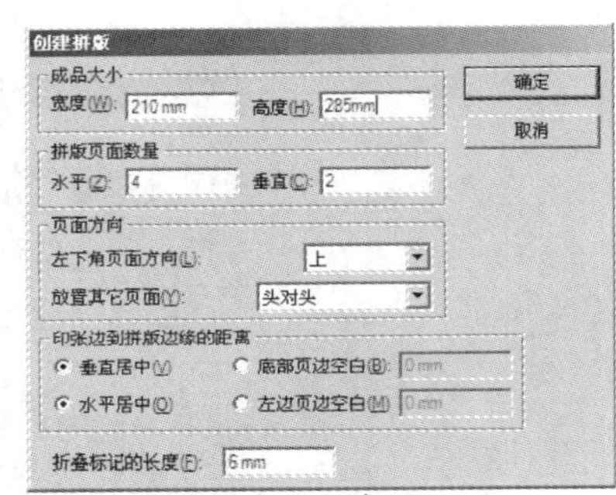

图 4—3—9　创建拼版窗口

页码编完后，生成的拼大版台版如图 4—3—13 所示，这时显示的是第 1～16 页的编排放置次序。即生产通知单中的前言、背白、目录、背白、文 1～206、后白页，共 212 页的大版的编排次序。此后，应用此模板即可生成 26 个正反面版面，即完成 13 个印张的印刷。

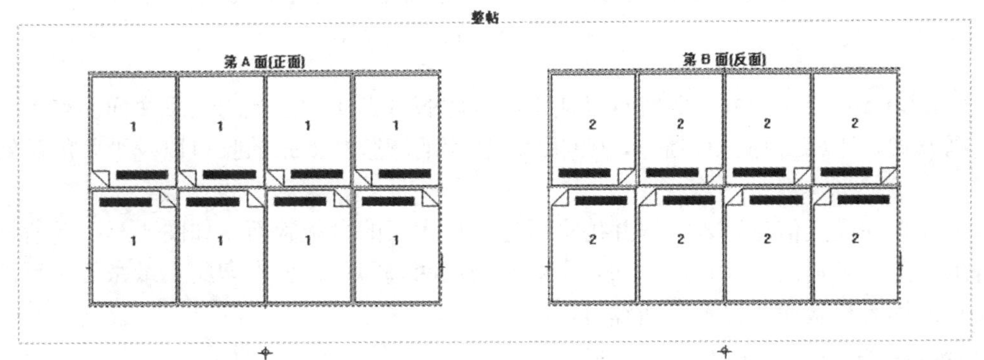

图 4—3—10　创建拼版后的拼大版台版版面

（4）设置大版的边界信息

从编码工具切换到“选择工具”，开始设置边空。

在 P1 和 P16 之间点击选中订口边空线，单击右键调出对话框，如图 4—3—14 所示，

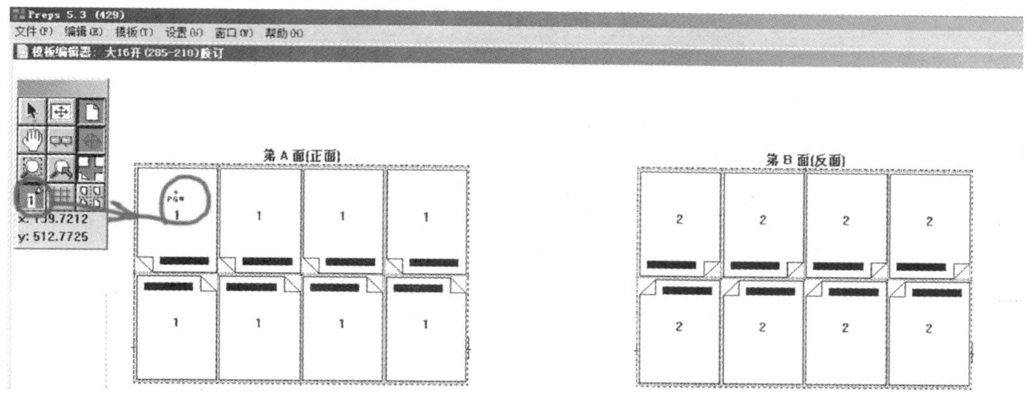

图 4—3—11　页面编码

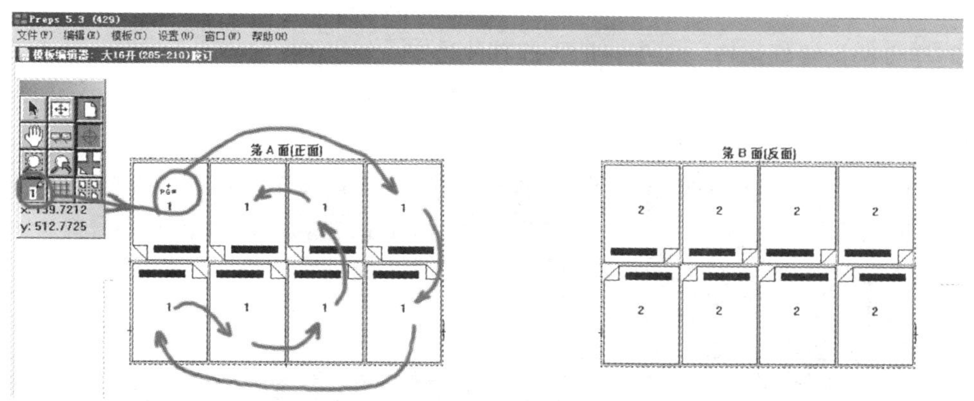

图 4—3—12　编码工具点击顺序

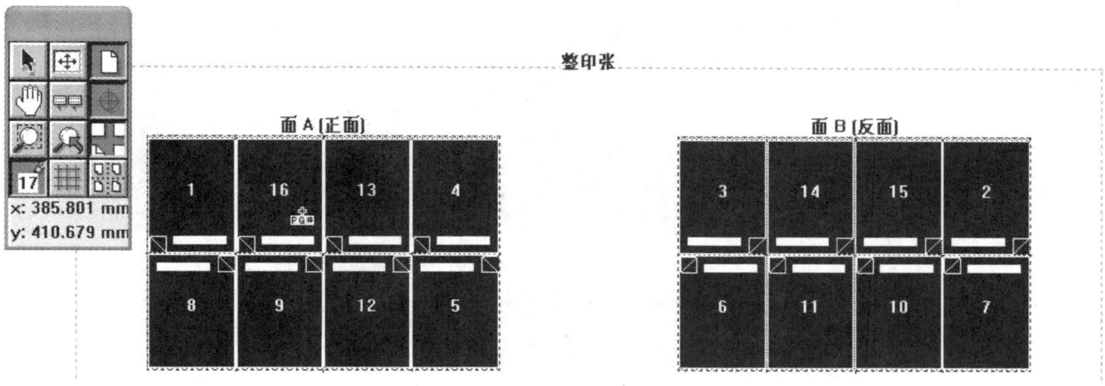

图 4—3—13　编完页码后的拼大版台版

按要求更改。这里设胶订铣背量 2 mm（有时纸张不够大，也可设 1 mm，也可设 0 mm，骑马订时设为 0 mm），其他裁切量可设置为 3 mm。

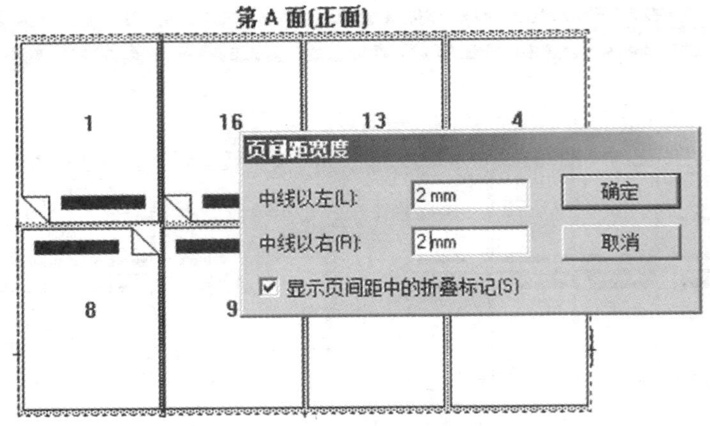

图 4—3—14　设置边空窗口

按同样方法设置好切口、天头、地脚等其他边空。

执行菜单命令："模板"→"修改拼版…"，设置使得拼版版心在印张中居中；同样，反面不用设置，如图 4—3—15 所示。

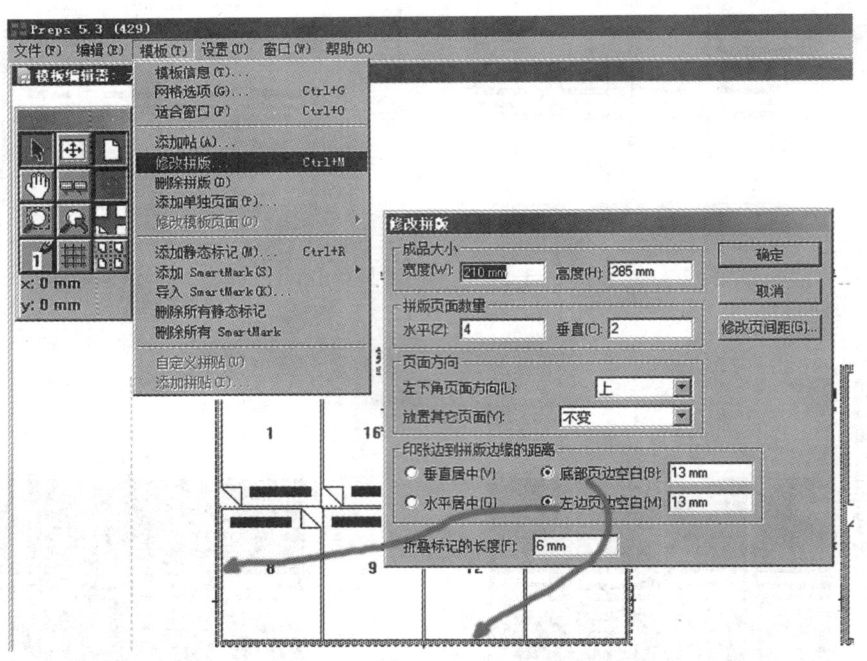

图 4—3—15　设置底部和左边边空

（5）添加各种静态标记

1）添加角线和套准标记。用"选取工具"拉框全选页面，执行菜单命令："模板"→"修改模板页面"→"添加裁切标记"，打开"添加裁切标记"窗口，如图 4—3—16 所示。

添加后的裁切标记如图 4—3—17 所示。

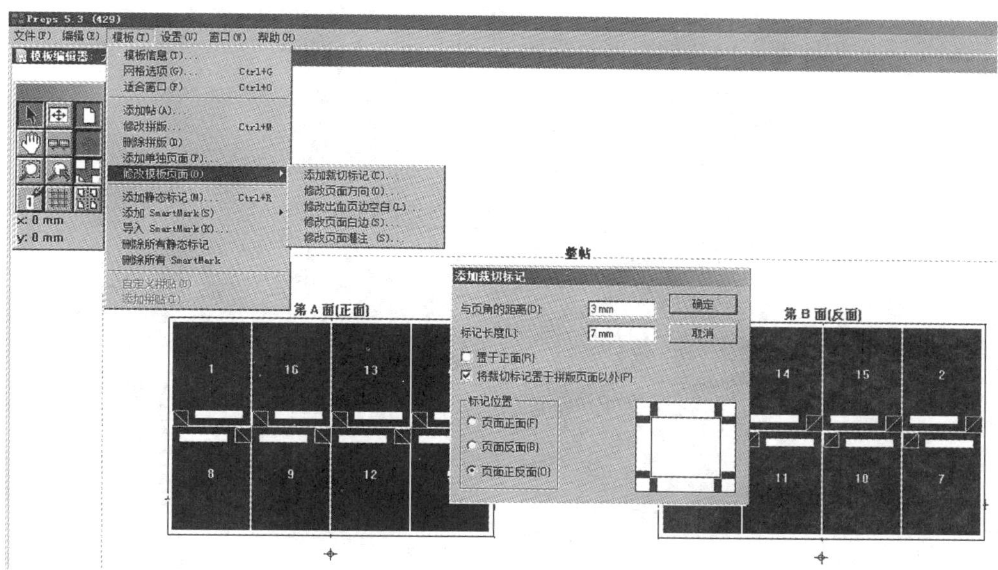

图 4—3—16 添加裁切标记

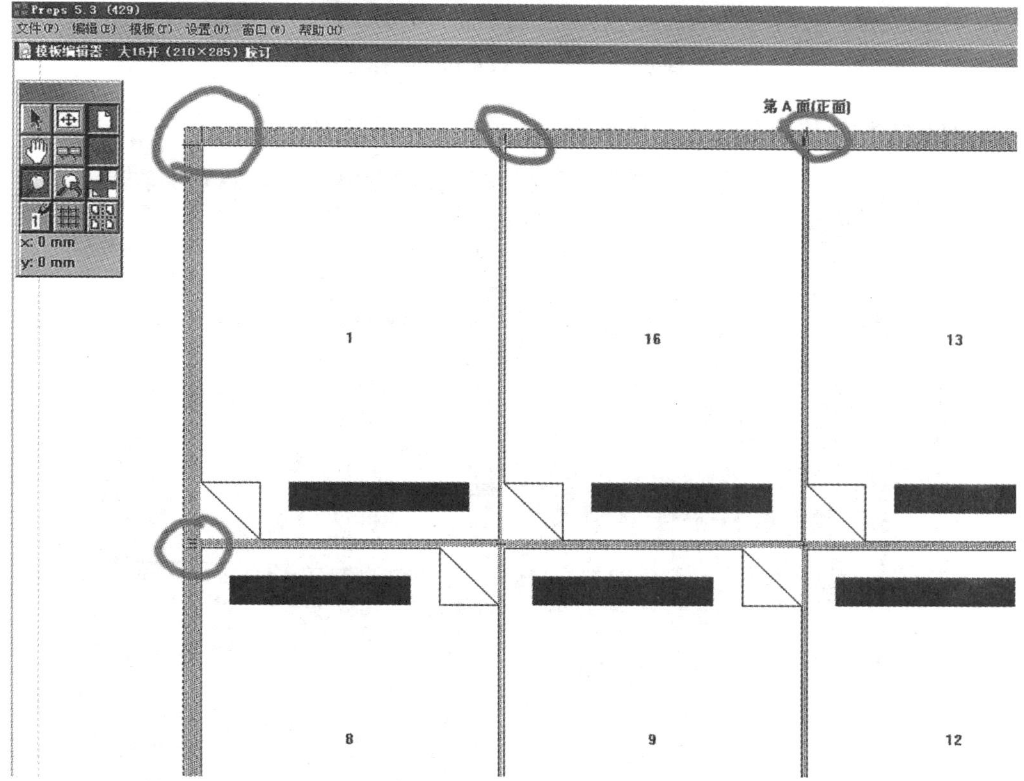

图 4—3—17 添加后的裁切标记

2）添加套准标记。执行菜单命令：“模板”→“添加 SmartMark”→“自定义标记…”，添加大版左边套准标记，参数设置如图 4—3—18 所示。

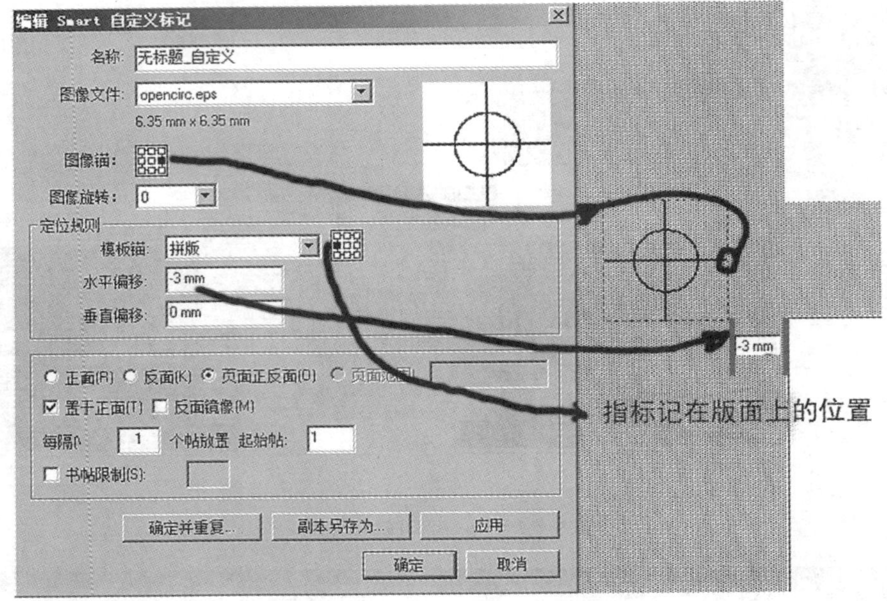

图 4—3—18　大版左边套准标记

用同样的方法设置大版右边的套准标记，如图 4—3—19 所示。

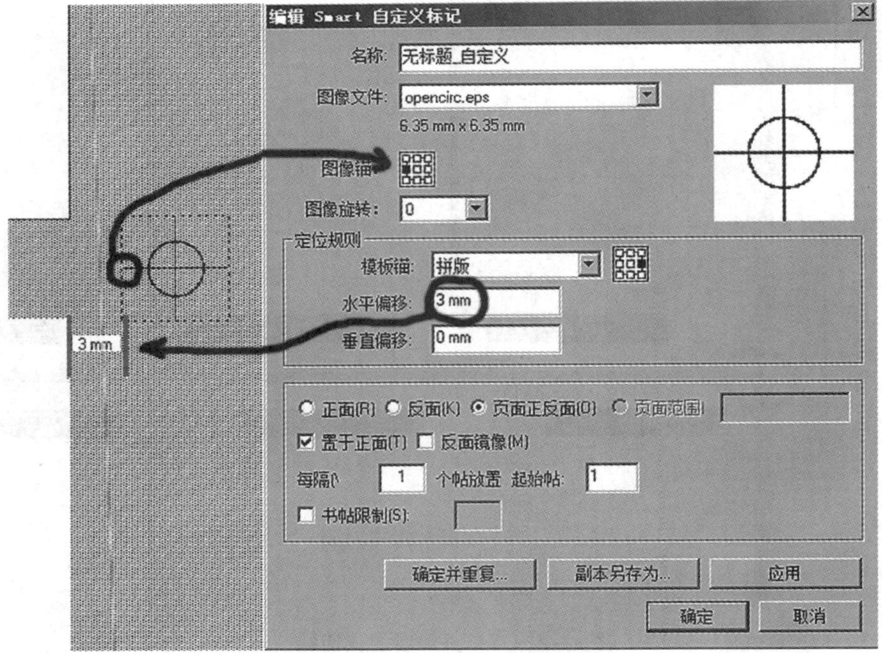

图 4—3—19　大版右边套准标记

（6）添加灰阶梯尺

执行菜单命令："模板"→"添加静态标记…"，在大版的左边添加灰梯尺和色版标记颜色，如图 4—3—20 所示。

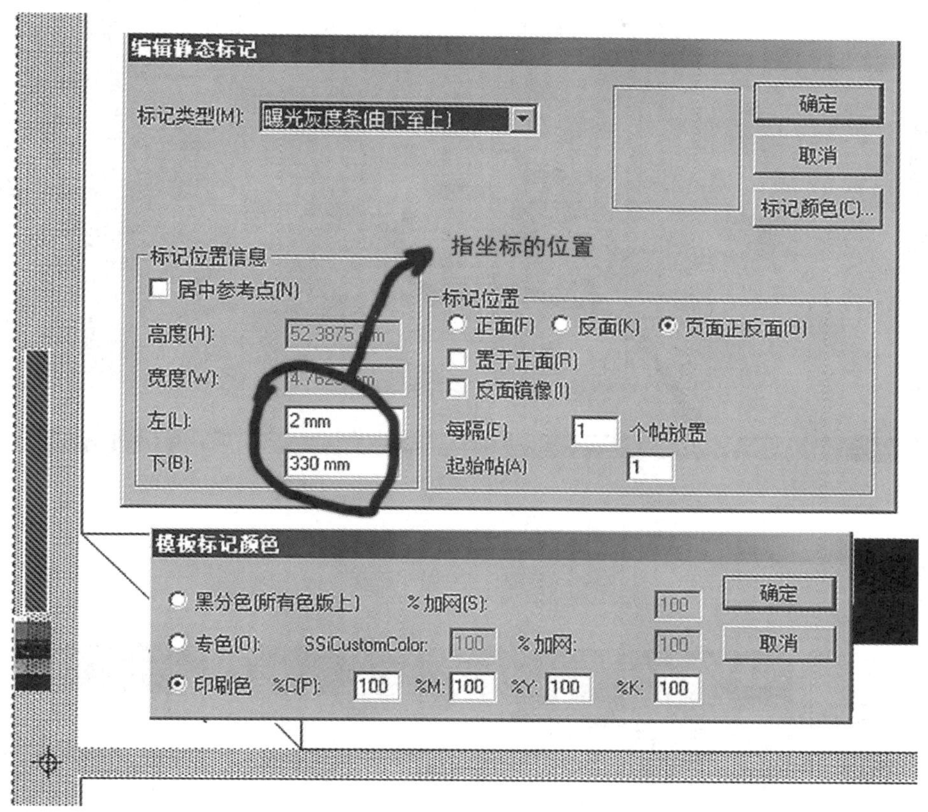

图 4—3—20　添加灰梯尺和色版标记

执行菜单命令："编辑"→"多重拼贴…"，复制四份，并分别修改标记颜色。这样在大版的左边裁切线之外排列多组 C、M、Y、K 不同颜色的灰梯尺。再选中四个梯尺，同样用多重粘贴的方式拷贝一份放置于大版的右边。

（7）添加印刷测控条

执行菜单命令："模板"→"添加静态标记…"，选中印刷测控条界面，设置如图 4—3—21 所示的测控条。

（8）添加其他标记

1）添加日期时间等标记，如图 4—3—22 所示。

2）添加色版标记，如图 4—3—23 所示。

3）添加书贴折标，如图 4—3—24 所示。

常用正规折手用智能标记很方便，但一些特殊情况的贴标，可以使用"编辑贴标"来添加。

在设计模板时可能还会有其他内容需要添加，设计人员可根据实际需要添加其他标记。

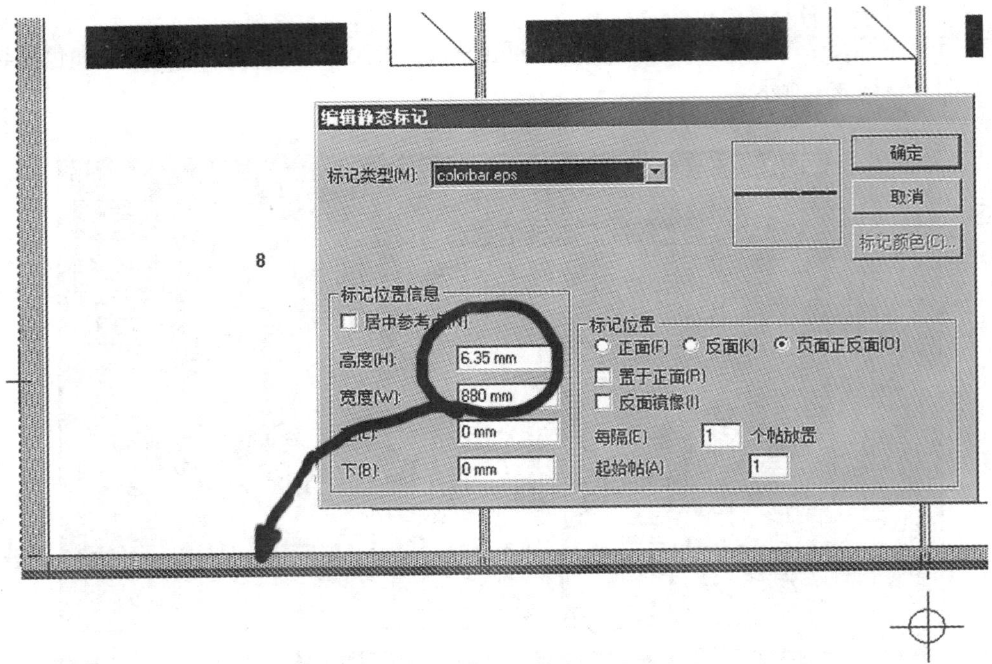

图 4—3—21　添加印刷测控条

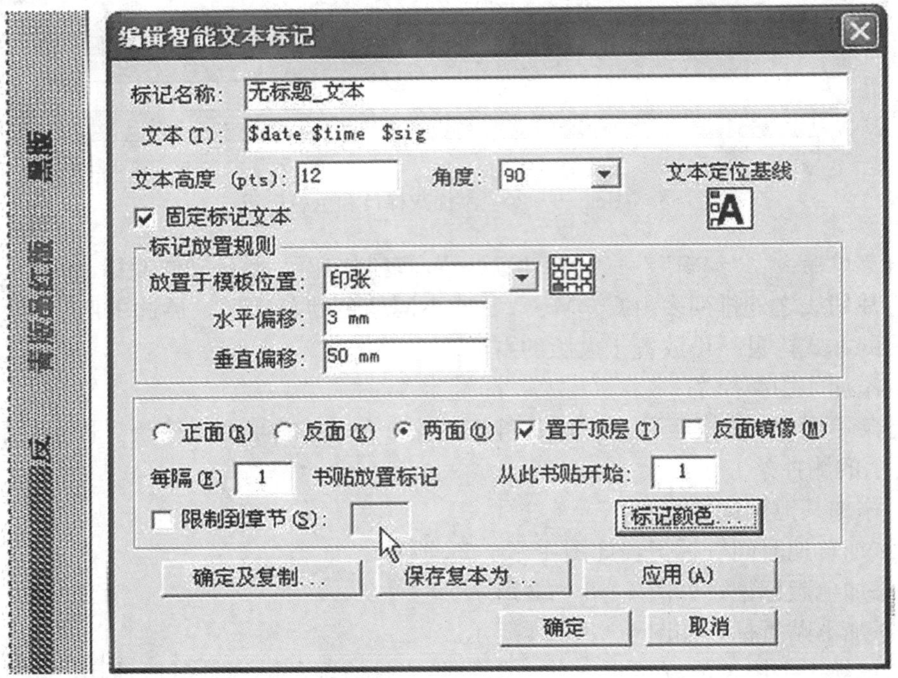

图 4—3—22　添加日期时间等标记

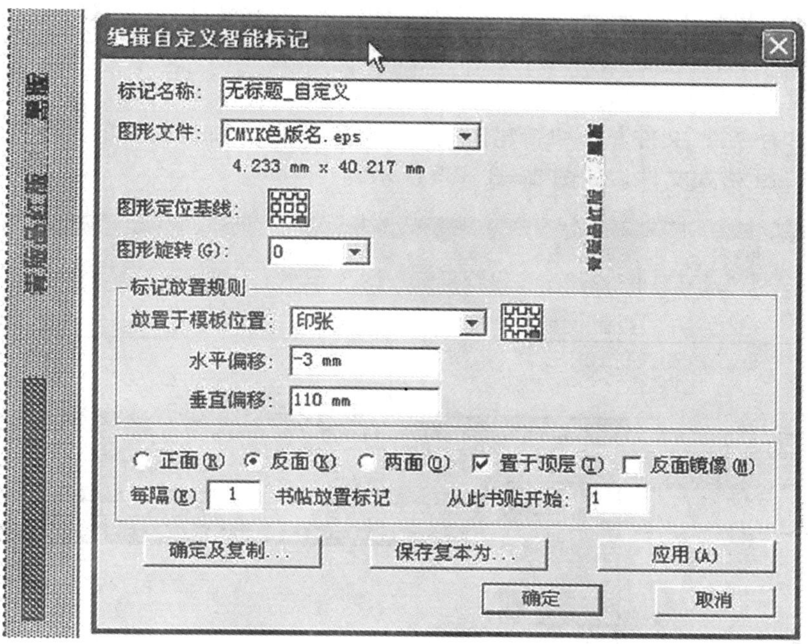

图 4—3—23 添加色版标记

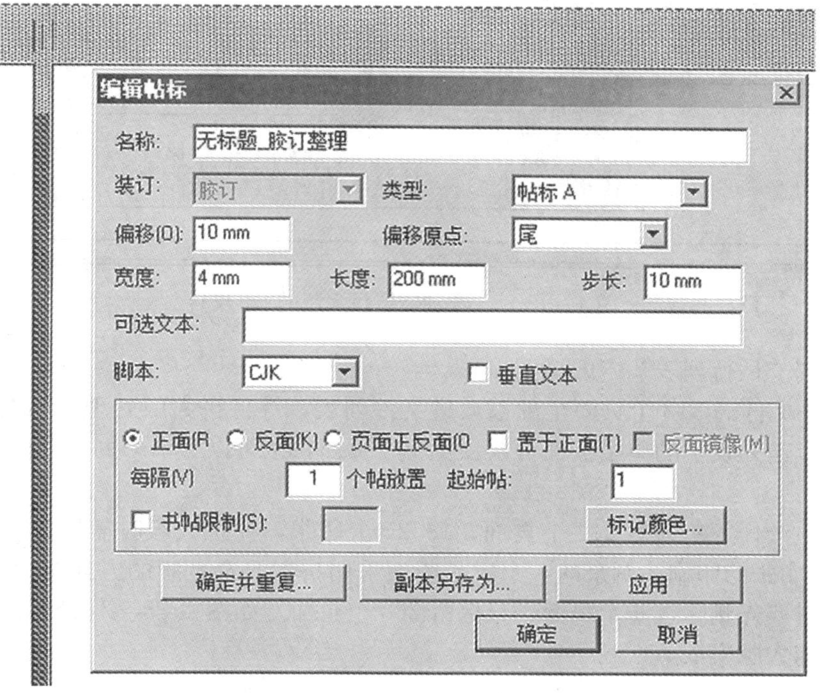

图 4—3—24 添加书贴折标

至此，拼大版模板制作完成，可以把此模板保存起来便于以后调用。

4. 在 Preps 软件中创建拼版作业

(1) 新建拼版作业并添加拼版文件

执行菜单命令："文件" → "新建作业" → "PDF"，添加已排好的文件《高考冲刺·数学》大 16 开 pdf 格式文件，如图 4—3—25 所示。

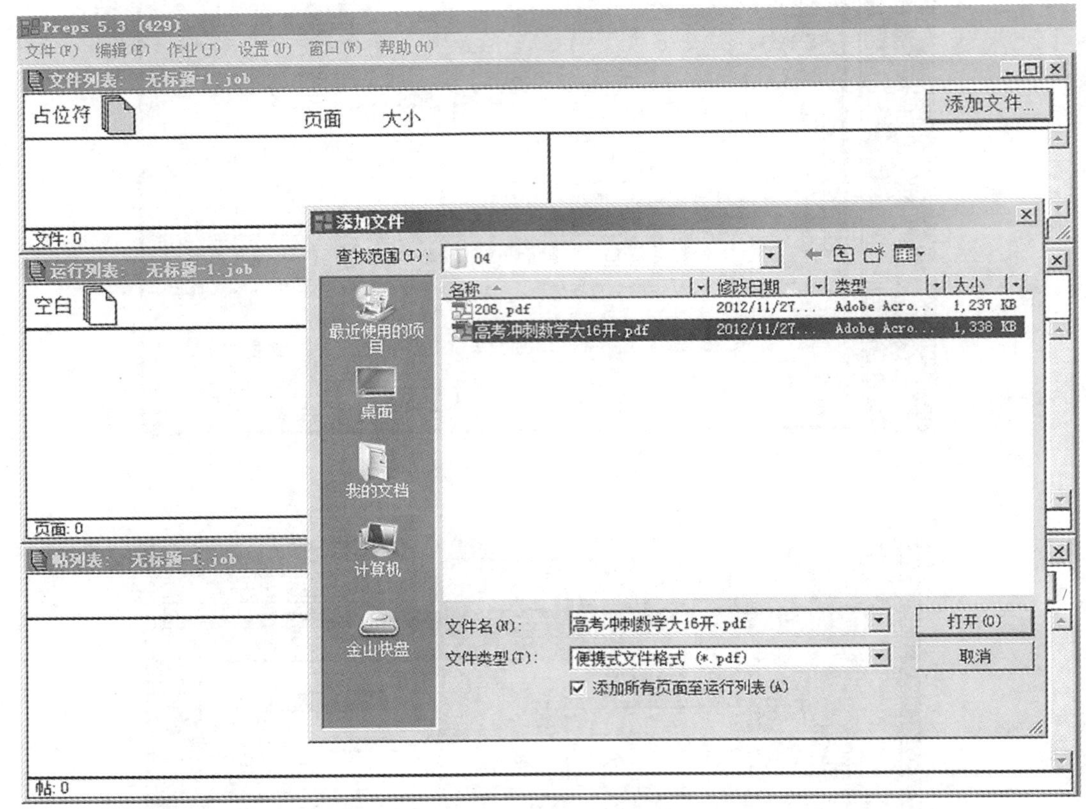

图 4—3—25 添加需要拼大版的 pdf 文件

(2) 排列"运行列表"中的页面

整个 pdf 文件的 212 个页面全部被放进文件列表，等待拼大版处理，如图 4—3—26 所示。此时，点击列表中的单个页面可以预览单个页面，也可以对单个页面进行删除、移动等操作。

由于此生产任务单共有 212 个页面，13.25 个印张，在拼大版时需拼成 26 块对开印版来完成 13 个印张的印刷。剩余的 4 个成品版面采用拼四开自翻版的方式拼大版。因此，在此次拼大版时要先删除这 4 个页面，只保留 208 个页面。如图 4—3—27 所示。

(3) 添加大版模板

点击"贴"按钮，选择已建好的模板文件名：大 16 开（210×285）胶订，如图 4—3—28 所示。可选自动选择，将全部 208 页全部拼入大版。

点击确定后，在贴列表中会有 13 个正反面的大版版面，如图 4—3—29 所示。

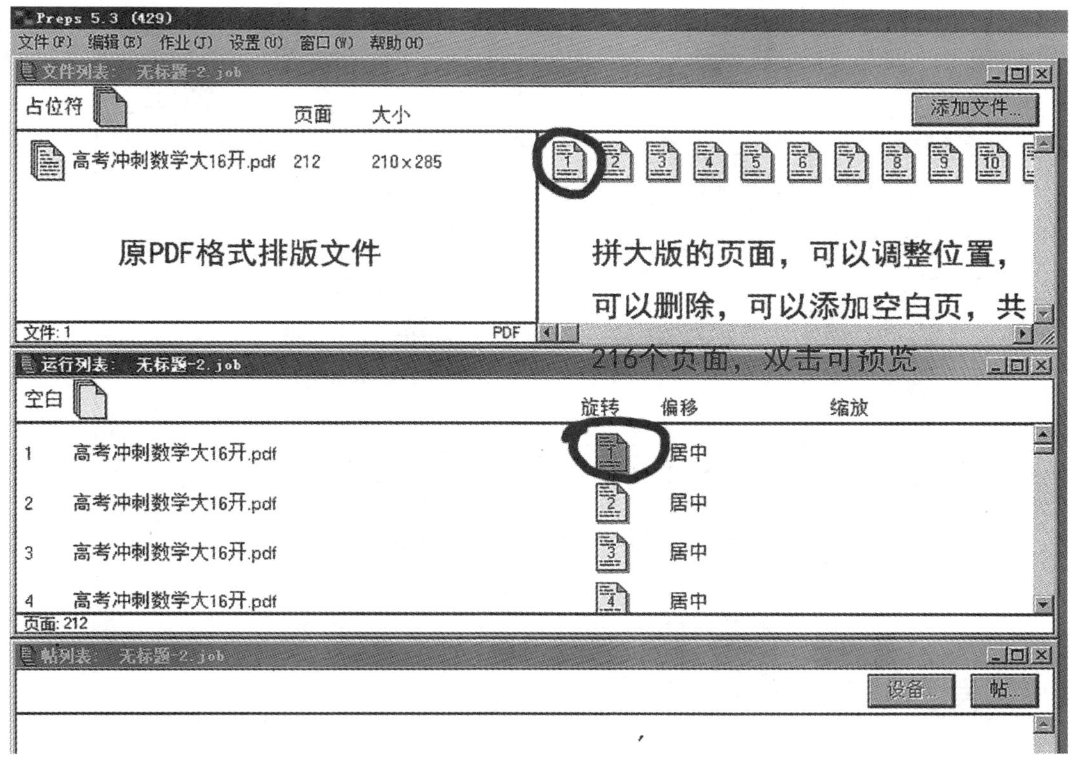

图 4—3—26 添加 pdf 文件后的界面

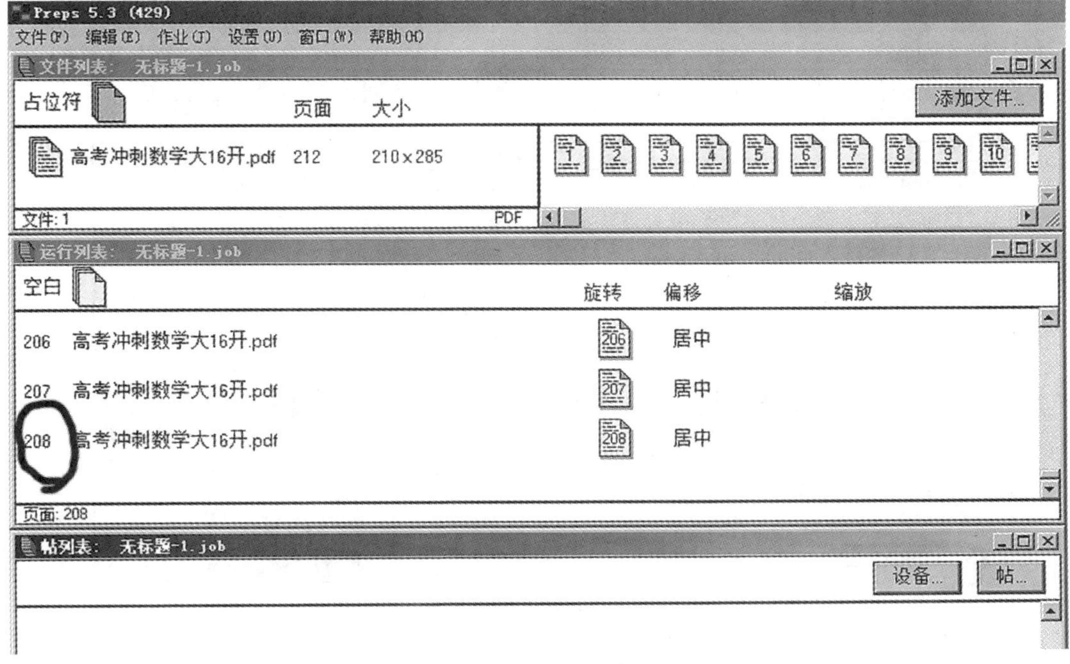

图 4—3—27 保留使用此模板的页面

图 4—3—28　调取拼大版模板

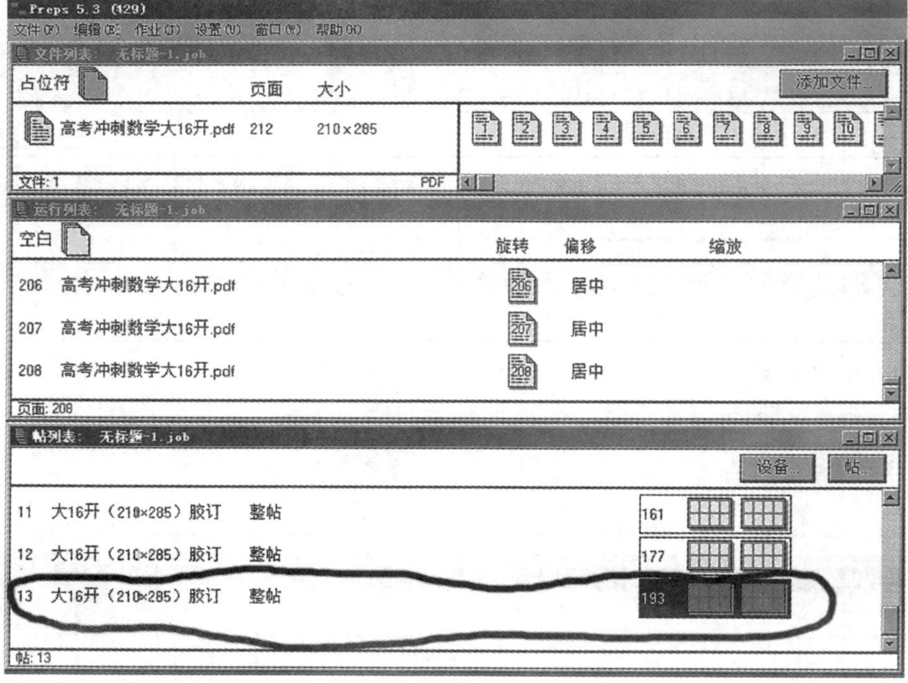

图 4—3—29　拼成的 13 个正反面（AB 面）模板

（4）预览页面

双击鼠标可预览大版版面分布情况。例如，第 13 印张的正面（A 面）大版预览，如图 4—3—30 所示。

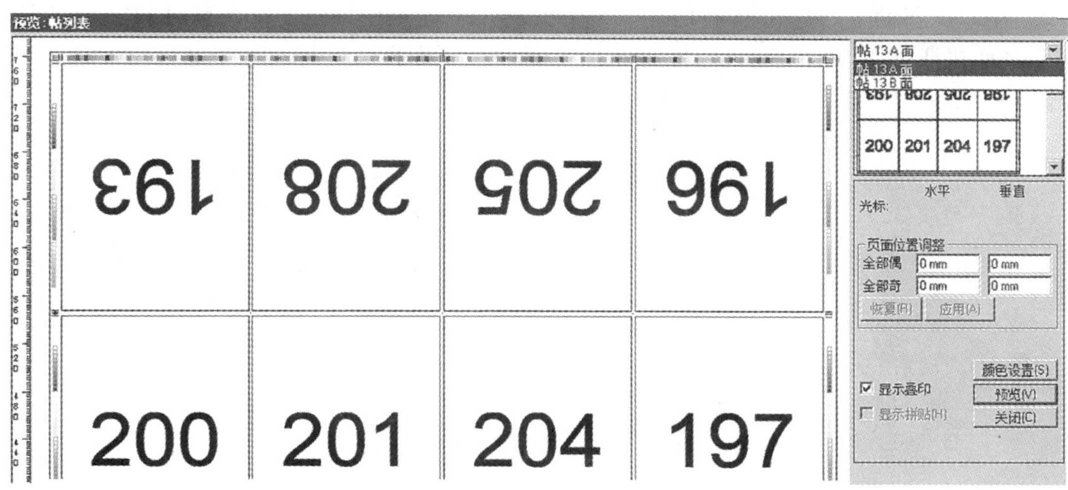

图 4—3—30　第 13 印张正（A）面大版预览

第 13 印张的反面（B 面）大版预览，如图 4—3—31 所示。

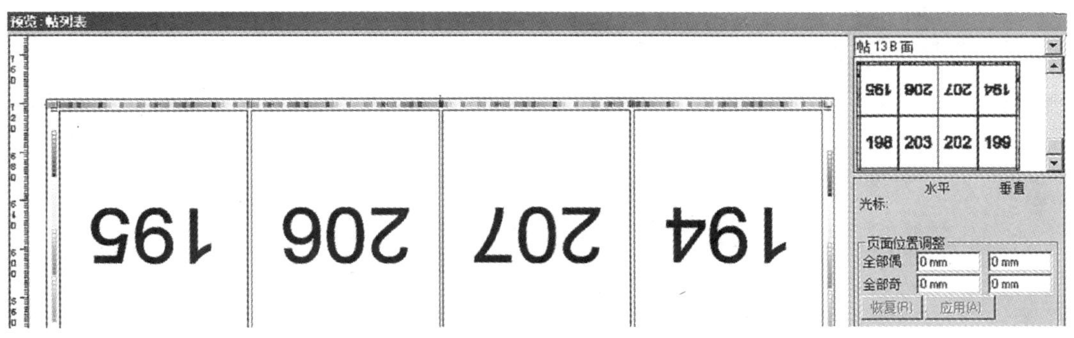

图 4—3—31　第 13 印张反（B）面大版预览

（5）打印和输出作业

最后，拼版完成后的文件可以选择打印输出。

至此完成了《高考冲刺·数学》大 16 开，208 页的拼大版任务，剩余的 4 页内容可另外设置四开自翻版大版模板进行拼大版印刷，操作方法与本课题的套版印刷品大版模板基本相同。

思考练习题

1. 现有标准 32 开的书刊内文阳图共 200 页，要求组成对开版上机印刷，装订方式采用胶订。

（1）画出工艺流程图。

（2）计算内文所需的印张数。

（3）制作第一印张折样，并画出正反版的折样示意图。

（4）使用 Preps 软件完成拼大版模板。

2. 在本课题的生产通知单中共有 212 个页面，本任务中使用 Preps 软件只完成了其中 208 个页面拼成的 13 个正反面大版（即 13 个印张），要求把剩余的 4 个页面（0.25 印张）使用 Preps 软件拼成四开自翻版大版。

单元五　CTP 输出实例

现代印刷复制技术就是颜色的再现过程，随着 CTP（计算机直接制版）技术的广泛应用，色彩管理和数码打样在数字化印前工作流程中起着越来越重要的作用，熟悉掌握数字化工作流程，了解颜色传递流程和色彩管理的基本设置，掌握结合基于 PJTF 或者 JDF 数据流的计算机拼大版操作，是印前输出工作人员必备的能力。

本单元将针对这几方面内容展开论述，并结合企业中主流的几个数字化工作流程进行实际操作输出，从而了解基本的色彩管理理念，掌握印前数字化工作流程的概念及基本操作。

课题一　印前数字化工作流程的颜色传递

学习目标

1. 了解印刷色彩信息的传递流程
2. 了解色彩管理的基本过程
3. 理解印前数字化工作流程的基本概念和工作过程

印前数字化工作流程发展到今天，基本形成了以 CTP 为基础，集成 PDF 文件输出、拼大版、RIP、数码打样等功能模块的应用软件系统，如图 5—1—1 所示。

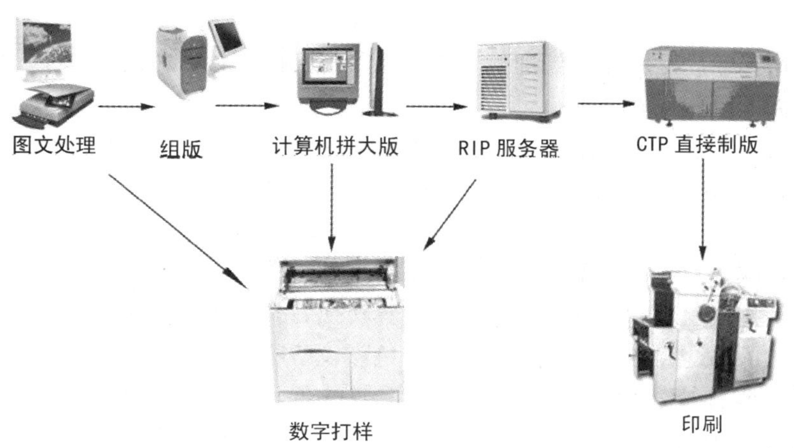

图 5—1—1　印前数字化工作流程

由于 CTP 数字化工作流程的集成性特点，数码打样及全流程的色彩管理技术就成为了一种必需，否则将无法达到生产要求。

一、颜色传递流程与色彩管理设置

进行整个印前制作输出之前，对于软件进行合理的色彩设置是必要的。进行色彩管理设置的逻辑要清晰，明确处理的对象，理解处理对象的来源，了解处理对象要经过哪些处理步骤，最终的输出目的是什么，这是做好色彩管理的第一步。

色彩复制的流程如图 5—1—2 所示。

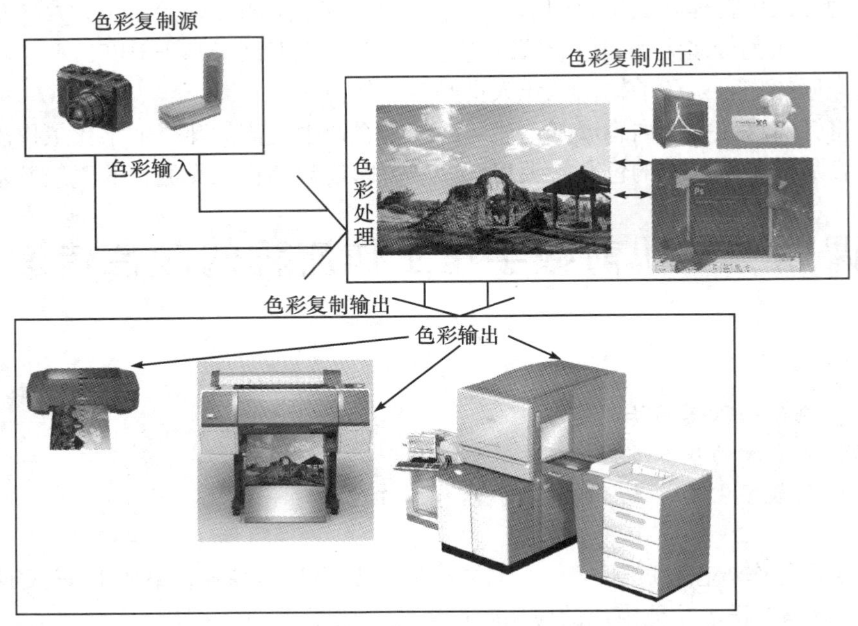

图 5—1—2　色彩复制的流程

目前，应用比较广泛的印前处理的软硬件设备都支持色彩管理设置，印前数字化工作流程更有较为全面的色彩设置选项。

色彩管理实施的步骤就是通常所说的 3C 过程：设备校准（Calibration）、设备特性化（Characterization）和颜色转换（Conversion），如图 5—1—3 所示。

设备校准的目的是保证设备稳定，是进行色彩管理的基础。

设备特性化就是建立和标定设备颜色特性状况的过程。

颜色转换是实现色彩管理的手段，通过计算转换后具体实施色彩的复制。

简单来说，可以这样理解这个过程，每个色彩设备所使用的色彩语言不同，无法直接进行沟通和交流。通过特性化的过程，可以将它们的色彩语言统一到一种表达色彩的语言（如：CIE－XYZ）中去，交流时（即颜色转换时）就可以参照这个词典（ICC 特性文件）通过翻译实现相互交流。

在 CTP 输出工作流程中，处理文件时尤其要明确颜色的来源、颜色输出的目的和选择正确的特性文件。如果色彩源或目的搞错了或者选择了错误的特性文件，颜色的复制就会出现偏差。

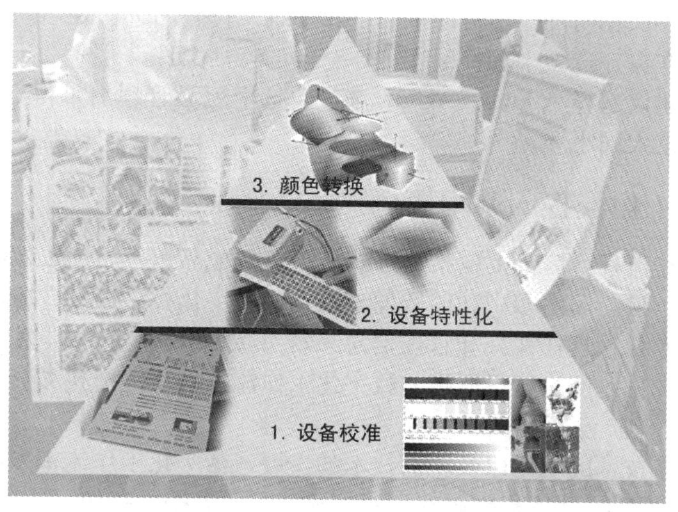

图 5—1—3　色彩管理的 3C 过程

在印前软件制作过程中，要合理地设置颜色管理，确保整个工艺流程的统一。以 Photoshop 为例，特别要注意如图 5—1—4 所示的相关选项的设置。

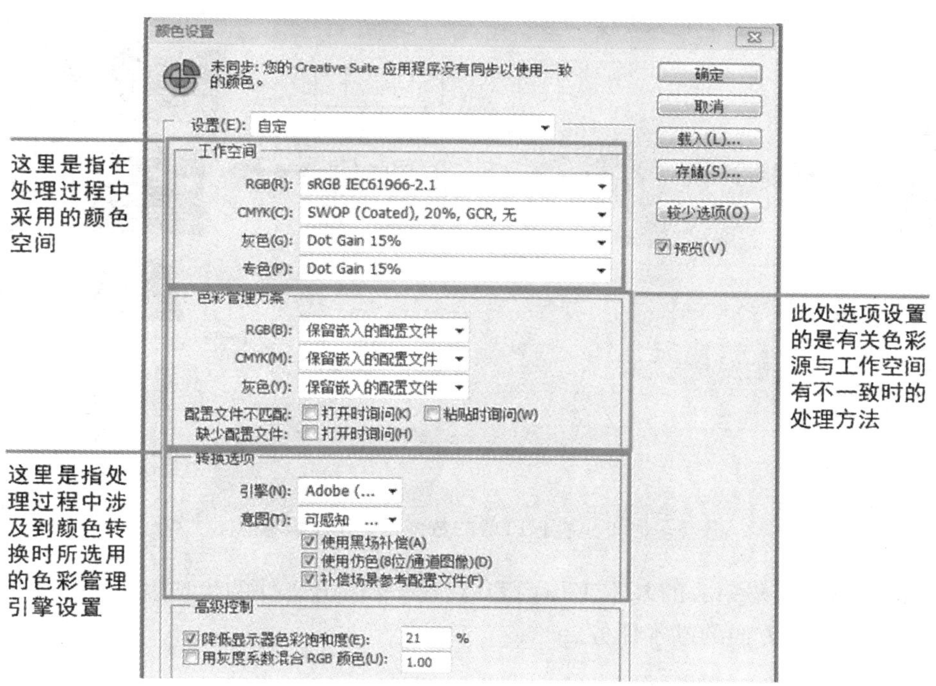

图 5—1—4　色彩管理过程中相关选项的设置

在图像处理过程中，对于不同色彩来源的图像，如果很清楚其来源和输出目的，建议工作空间按照输出目的进行设置；如果对于输出目的不是很明确，则工作空间设置为较大的颜色空间，便于保留源文件中较多的色彩信息。

色彩管理方案建议在明确输出目的状态下，转到工作空间进行处理。在工作空间处理完后，保存文件时，在保存选项中选择嵌入工作空间的特性文件。

色彩管理引擎建议选择 Adobe（ACE）选项，这个色彩管理引擎得到的结果比较理想。其他软件的设置也是大同小异。

二、数字化工作流程的基本概念

印刷数字化工作流程，广义上应指从接到订单直到成品出厂，都以数字化的方式控制管理和生产实施。由于目前国内印刷和印后加工设备的数字化控制还没有应用得很好，前端的订单、生产安排、库存管理往往又和管理信息系统（或者 ERP 系统）紧密相联，全流程的数字化应用还比较少见，所以这里所指的数字化工作流程，往往指狭义上的，也就是印前的数字化工作流程。

随着计算机网络技术的应用以及印前技术的发展，数字化工作流程发展到现在，主要采用基于 PDF 的工作流程，即用标准解释器对 PostScript 数据进行解释完成后，生成 PDF 文件。因为 PDF 文件是已经被解释过的，所以与原有解释的 PostScript 文件相比，随后的还原过程可以更快、更安全地进行。同时，PostScript 数据结构的设备无关性仍然保持。

基于 PDF 的数字化工作流程示意图如图 5—1—5 所示。

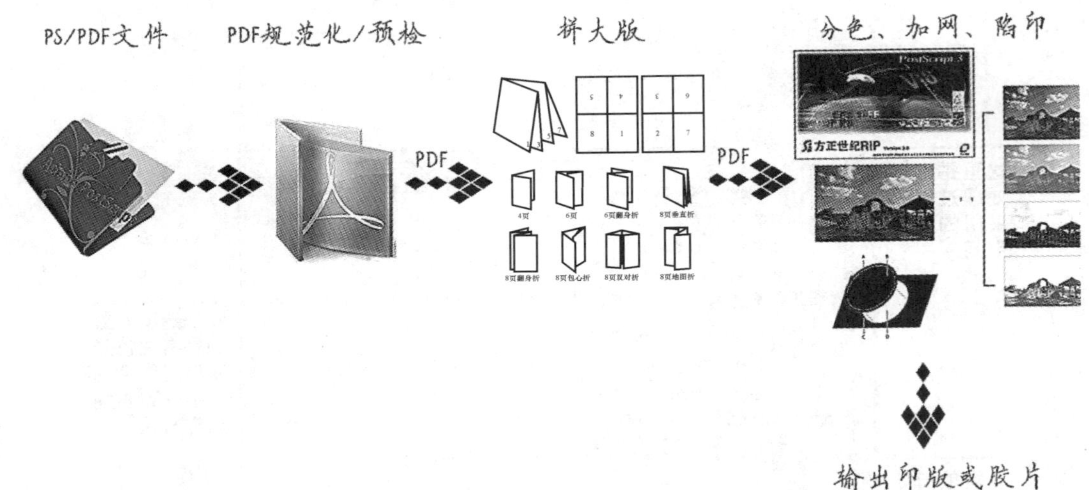

图 5—1—5　基于 PDF 的数字化工作流程示意图

数字化工作流程要完成的基本工作内容有：标准输出文件的生成及预检、补露白、折手、RIP、加网等几方面的基本任务。

三、数字化工作流程的优点

数字化工作流程的主要优点有：

1. 提高了生产质量

在传统的激光照排系统中，印版制作要经过软片激光照排和人工拼版、晒版两个过程。

首先，在这两个过程中，印版的完成要经过两次曝光处理，由于光的衍射现象容易导致印版图文信息的损失；其次，在晒版时，由于软片要与PS版密附在一起，容易造成密附不均匀；此外，由于曝光源的不稳定和人工掌握曝光时间的不准确等因素，也会造成制版质量的不稳定。

采用CTP系统的制版中则不存在上述的这些缺陷，它可制作出比普通PS版质量更高、清晰度更好的印版网点（可再现1%～99%网点）。CTP系统可在制版前期对网点的输出线性化进行先期预调控制，从而使网点扩大得到控制，清除了传统制版中网点因拷贝、晒版而导致的网点扩大，并能对由印刷过程导致的网点扩大进行合理的补偿。采用CTP系统能使网点密度在整版上保持一致，从而克服了传统激光照排软片因显影药液的温度、PH值、显影速度和时间及软片来源的不同而导致密度不同的缺点。消除传统制版过程中的若干人为或原材料及设备等影响印刷质量的不利因素，减少了制版工序，减少了制版过程中的积累错误和多次复制中造成的人为差错，从而提高了生产质量。

2. 缩短了生产周期

由于CTP系统在成品版上的网点密度均匀，上版时无须再经过繁琐的墨色调整即可印刷，因而可以缩短印刷机开机准备时间。CTP系统除了自身的高速度制版外，从生产工艺环节上看，因无须激光照排软片、冲洗等手工操作工序，因而节省了大量的处理时间。在制版车间省去了人工拼版、晒版等工序，用计算机工作站替代了人工拼版，因而缩短了生产周期。RIP后的数据可存储在硬盘上，方便快速复制PS版和使用卫星远程传版，对有多个代印点的情况更为适宜。从资料存储方面讲，可以百分之百地完成资料保存并为再次印刷提高出版速度和工效。

CTP系统对于报社缩短报纸印刷的生产周期更有价值。目前报纸出版时间要求越来越短，而版面量却在不断地增加，同时报纸的品种也在不断地增多，而且还要求向彩报方向发展。缩短出版周期是报纸发展的必然，而科学合理地引进CTP工艺流程可以很好地满足报纸的出版要求。

四、印前数字化工作流程的一般工作过程

印前数字化流程的一般工作过程包括以下6个方面。

1. 文件的输入

文件的输入通常采用手动处理或者热文件夹的自动化处理方式。热文件夹是指将输入文件自动提交给数字化工作流程处理的特定文件夹。它的作用就相当于处于生产状态的流水线上的原料输入口。能够被数字化流程处理的文件，在这里被迅速传递到流程中去处理。如果处理速度足够快，浏览这个文件夹时，看上去会是空的，如图5—1—6所示。

图5—1—6　热文件夹示意图

2. 文件的规范化

文件的规范化处理是指将输入的文件变为符合输出要求的PDF规范页面，包含定义页面尺寸、OPI和字体处理等相关功能。规范化处理通常要根据流程处理所支持的PDF版本

来处理，得到相应的 PDF 文件。

3. 文件的预检

文件的预检（Preflight）是对生成的 PDF 文件进行检查。检查规则可以自定义，也可以选用流程或其他软件内置的规则。在生成的 PDF 文件进入数字化工作流程前，用户可能会用其他软件（如 PitStop 软件）对文件进行过预检，如图 5—1—7 所示。但作为输出操作人员来说，在流程中还是要实施一次预检，以减少文件输出时出现错误的风险。

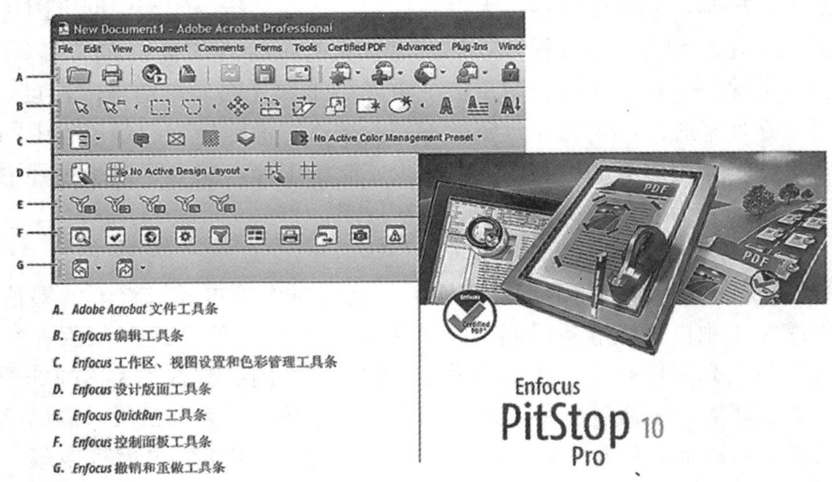

图 5—1—7　运行在 Acrobat 软件环境中的 PitStop 软件

印前数字化工作流程的预检模块，规定了对生成的 PDF 文件将进行哪些项目的检查。对照这些项目检查后，可以设置是否终止流程或者提示警告。

4. 拼版

印前数字化工作流程中的拼版，一般是加载拼版模板和其他相关的拼版信息，设置书贴数量等。所有拼大版的信息收集于 PJTF（Portable Job Ticket Format）文件中，它定义了整个作业的全部拼版信息。拼版模板可以在 Preps 拼大版软件中完成。拼版可以在印前数字化工作流程中完成，特别是页面数量很多的时候，利用流程中的拼版功能可以非常高效地完成拼版。对于页面数量不多的拼版，可以在印前制作时直接生成拼好大版的 PDF 文件，在数字化工作流程中只完成预检、分色和输出的工作。

5. RIP 分色和加网

RIP 分色加网功能模块是数字化工作流程中最为核心的部分。在出现数字化工作流程之前，RIP 作为单独的软件完成分色加网，生成 1－bit TIFF 文件，并驱动输出设备，记录在胶片或印版上，生成印刷机所需的四色印版。

印前数字化工作流程中的 RIP 功能模块，不仅仅只完成早期 RIP 软件的分色、加网功能，还能够完成自动陷印、色彩管理控制等功能，并将这些功能集成在流程中，用户无须逐个文件进行输出，使得整个输出过程更加流畅、高效。

6. 控制打样、胶片或印版输出

经过 RIP 后的文件，在流程的控制下，驱动输出设备（如数码打样机、激光照排机或直接制版机），准确地记录输出信息，形成打样稿、胶片或印版。

目前，市场上应用较多的印前数字化流程软件主要有：方正畅流数字化工作流程、Agfa Apogee PDF 数字化工作流程、Screen 汇智（Trueflow）数字化工作流程、印能捷（Prinergy Connect）数字化工作流程和 Heidelberg 满天星（Meta Dimension）数字化工作流程。

思考练习题

1. 在印刷复制过程中，色彩是怎样传递的？
2. 数字化工作流程的组成是怎样的？其核心处理模块是什么？

课题二 印能捷数字化流程输出实例

学习目标

1. 掌握印能捷数字化工作流程（PrinergyEvo）的基本操作
2. 在印能捷演化版（PrinergyEvo）中完成简单输出操作

印能捷是产品系列的名称，包括：印能捷 Connect、印能捷 Direct、印能捷 Powerpack、印能捷 Evo。它们各有各的功能，某些功能还取决于是否购买了相应的授权。印能捷主要由管理器和 Workshop 两个软件构成，其中 Workshop 是使用最频繁的组件，而管理器主要用于进行系统的配置和管理。

本课题学习印能捷生产工艺流程，并完成页面的新建及输出等任务。

一、印能捷（PrinergyEvo）简介

印能捷完成印前工艺的典型工作流程如图 5—2—1 所示，一般按照以下几个步骤进行。

1. 创建作业

在印能捷中创建作业时，同时也就设置了一个虚拟的目录结构（电子归档系统）。可以按组来组织作业。

2. 添加输入文件

添加输入文件到作业中，告知印能捷要处理的文件及其位置。

3. 精炼处理输入文件

精炼处理输入文件就是对每个页面创建稳定的 PDF 数字印刷页面，由流程中的精炼处理模板设置控制，可以执行以下任何一项或所有功能：预检文件、优化图像、转换 CT/LW 或 TIFF/IT、解析 OPI 注释、嵌入字体、重组分色文件、检查低分辨率的图像和缺少的字体、微调网点拷贝内容、管理颜色（以达到彩色打样设备和印刷机之间的一致）、陷印文件、生成缩略图等。

4. 管理页面顺序和拼版

将 PDF 页面分配到一个或多个页面顺序上的页面位置。可以选择在拼版决定好之前创

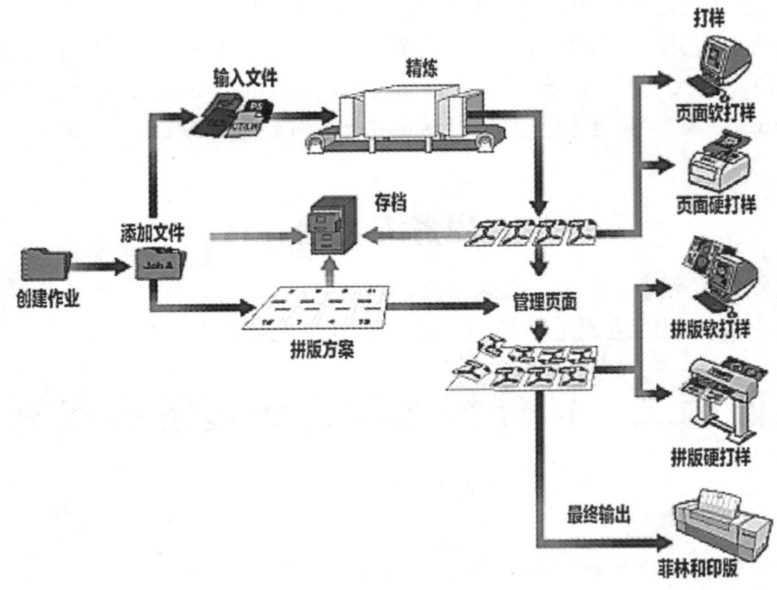

图 5—2—1　印能捷生产工艺流程图

建页面顺序，也可以在添加拼版方案到作业中时自动创建页面顺序。

在印能捷 Workshop 中，可以使用 Acrobat 查看和编辑 PDF 页面，以及使用集成拼版软件进行最后时刻的版式更改。

5. 输出打样

可以将单独的 PDF 页面和拼版方案输出至打样设备，也可以输出为软打样文件格式（TIFF 文件），打样由所选输出处理模板中设置的相关参数进行控制。

6. 输出印版或菲林

选择完整拼版或单独的帖，进行最终输出印版或菲林。

7. 存档

可以存储完整的作业或单独的文件（包括作业文件夹中的混合文件）。一个作业存档之后，可以从硬盘上清除整个作业或其部分文件，以便为其他用户腾出磁盘空间。存档由所选存档处理模板中设置的相关参数进行控制。

二、印能捷（PrinergyEvo）操作准备

1. 操作要求

使用 Indesign 或者 Illustrator 软件新建 64 个 210 mm×285 mm 的页面，分别在版心位置输入 01～64 的数字。

2. 环境要求

（1）安装印能捷演化版（PrinergyEvo）软件服务器和客户端。

（2）创建提交通道，附加默认的“精炼为 PDF”处理模板。

三、印能捷（PrinergyEvo）操作步骤

（1）首先打开制作好的素材文件，用 PitStop 软件中的预检和修改功能，将 PDF 文件中的文字转换为曲线，保存文件。

（2）运行 Workshop，执行“文件/新建作页…”菜单命令，如图 5—2—2 所示。

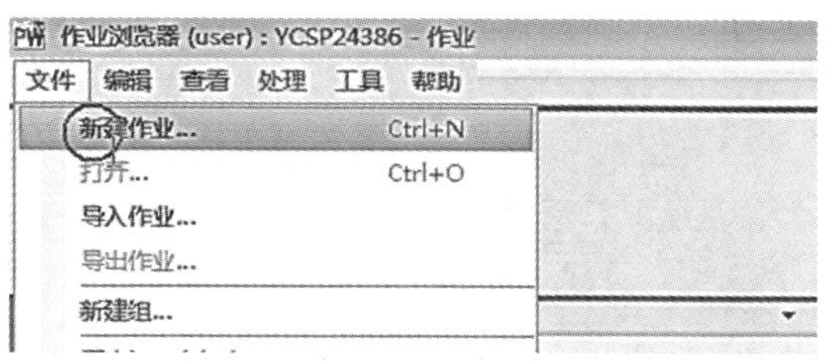

图 5—2—2 “文件/新建作页…”菜单命令

（3）输入相关自定义作业信息后，新工作流程操作界面如图 5—2—3 所示。

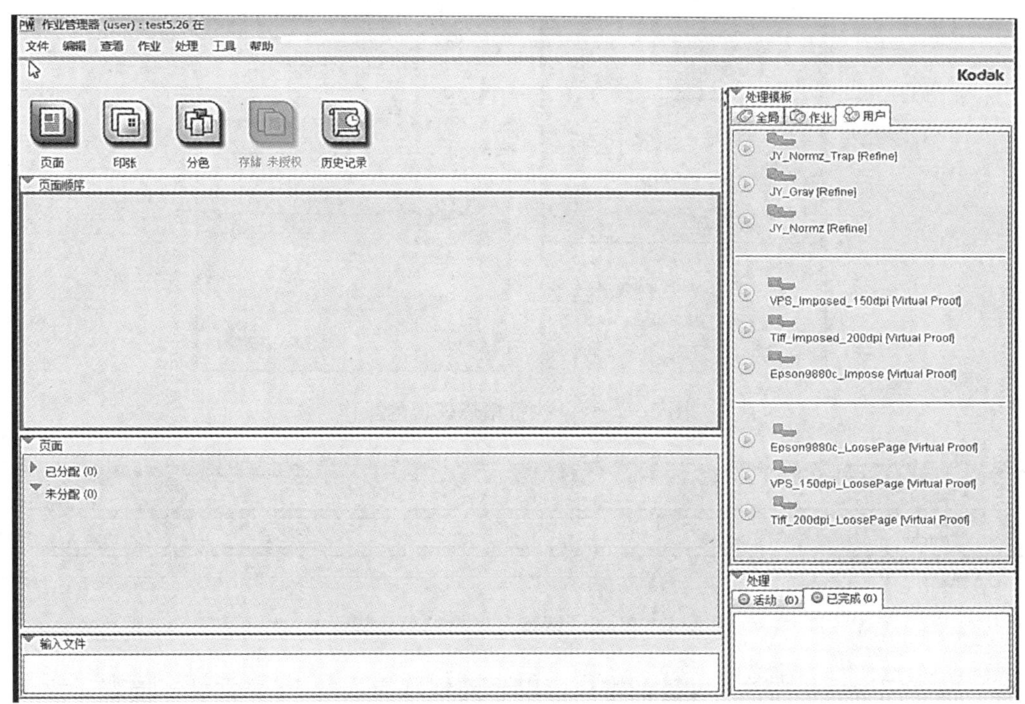

图 5—2—3 新工作流程操作界面

（4）执行“文件/从文件浏览器中打开作业文件夹…”菜单命令，将修改后的 PDF 文件添加到数字化工作流程中去，如图 5—2—4 所示。

（5）将添加到流程的 PDF 文件，执行精炼模板的操作，如图 5—2—5、6—2—6 所示。

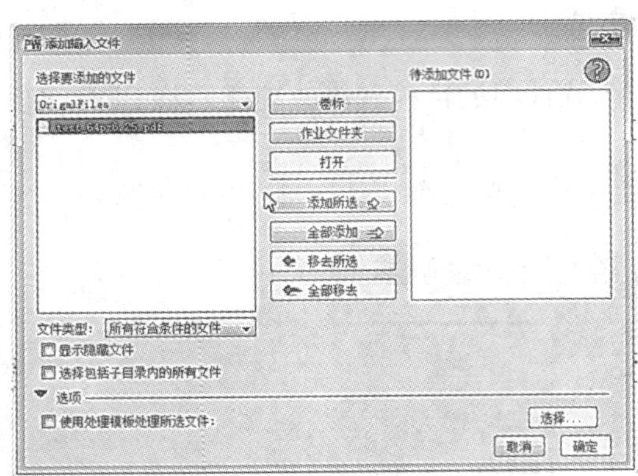

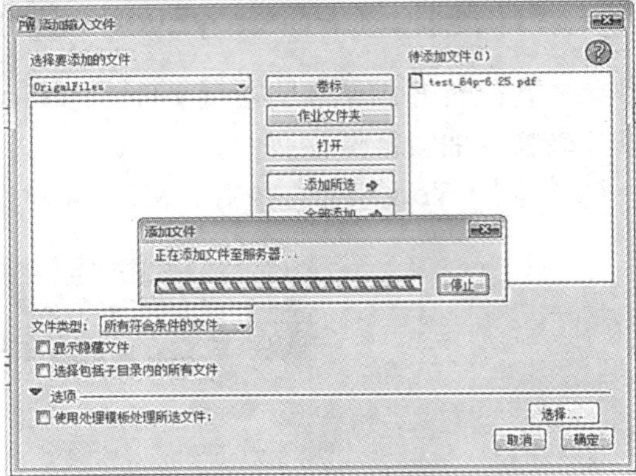

图 5—2—4　将 PDF 文件添加到数字化工作流程

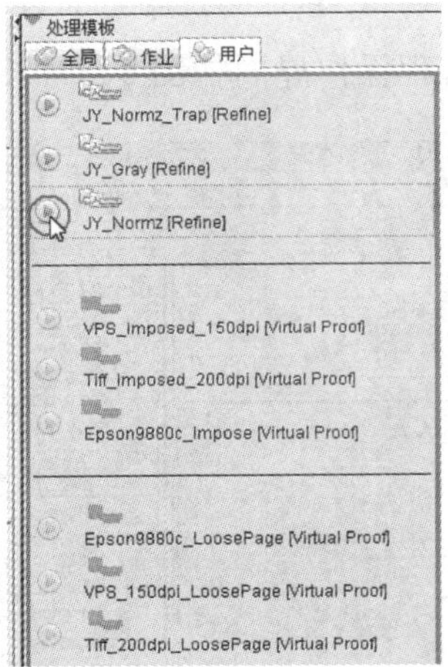

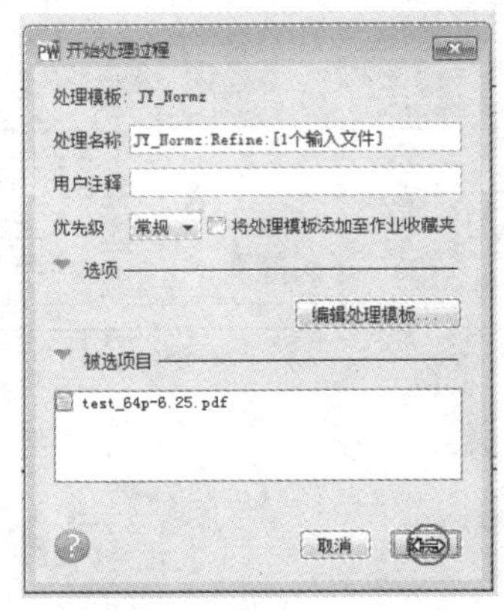

图 5—2—5　执行精炼模板的操作

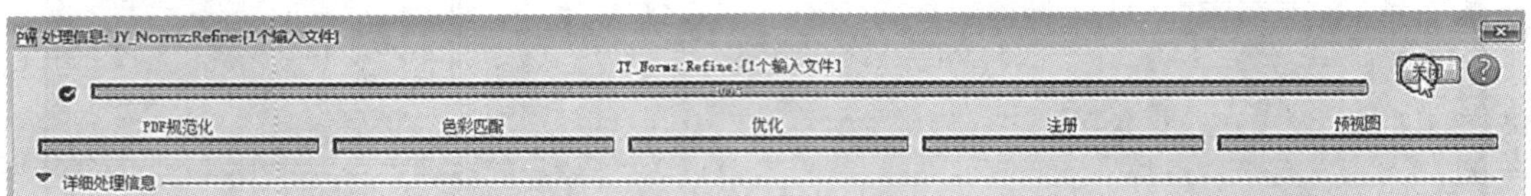

图 5—2—6　精炼完毕后的信息提示

（6）精炼完毕后，在输入文件的窗口可以看到精炼完成的 PDF 文件。接着，按照拼版要求进行设置拼版的操作。

1）建立混合文件的拼版，如图 5—2—7 所示。

2）插入 64 个空白页面，如图 5—2—8 所示。

3）新建拼版模板，并以胶订的装订样式进行拼版模板的设置，如图 5—2—9 所示。

4）按照套版印刷的方式，对 866 mm×596 mm 的幅面进行拼版设定，参数设置如图 5—2—10 所示。

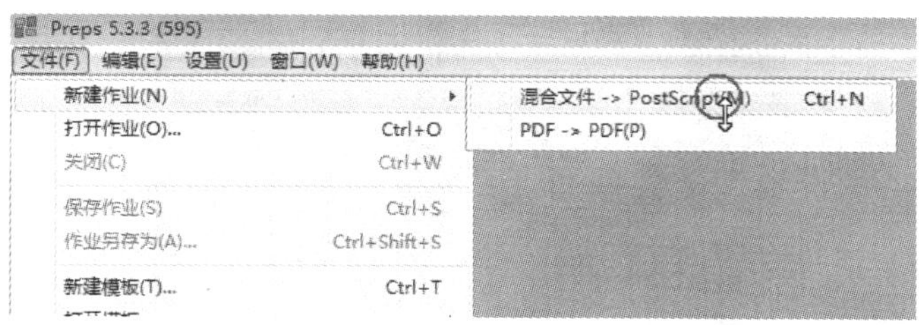

图 5—2—7　混合文件拼版

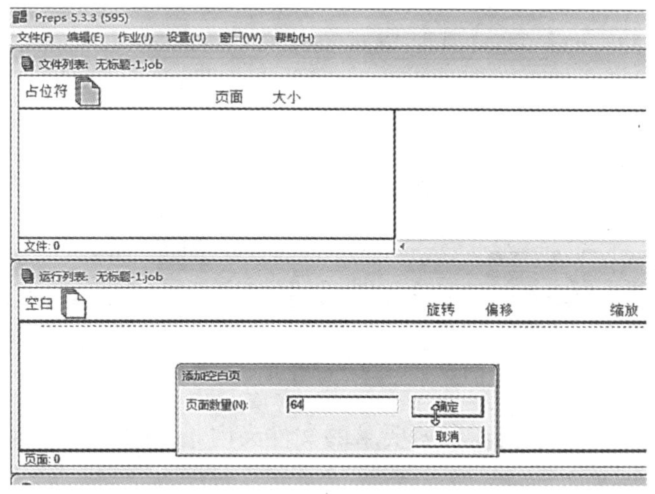

图 5—2—8　插入 64 个空白页面

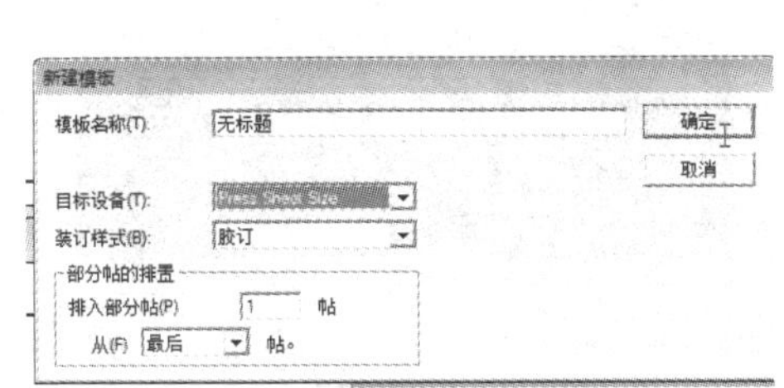

图 5—2—9　拼版模板设置

图 5—2—10　拼版参数设置

5）创建拼版，成品尺寸为 210 mm×285 mm；左下角页面方向设置为上，放置其他页面设置为头对头；底部页边空白设置为 10 mm，如图 5—2—11 所示。

6）页间距宽度设置，按照如图 5—2—12 所示分别设置页面之间的距离。

7）页码顺序可以参照图 5—2—13 设定，加入后端要求的标记（如颜色标记、裁切标记

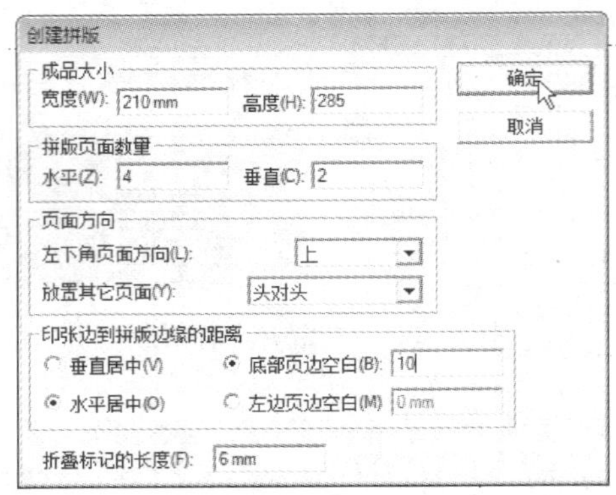

图 5—2—11　创建拼版

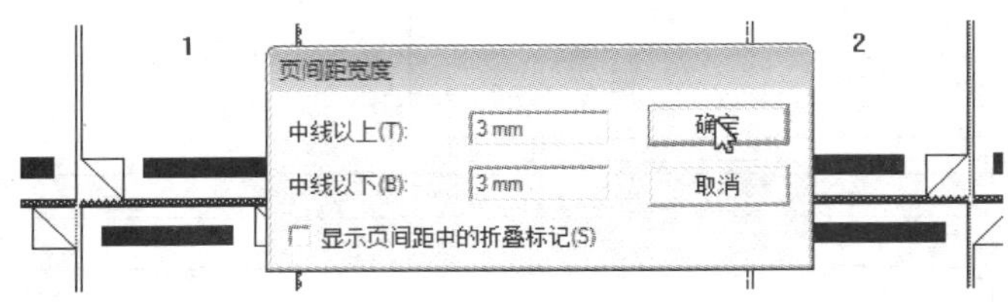

图 5—2—12　设置页间距宽度

等）后，保存拼版模板至印能捷流程所要求的文件夹内，如图 5—2—14 所示。至此，完成了拼版模板的设定。

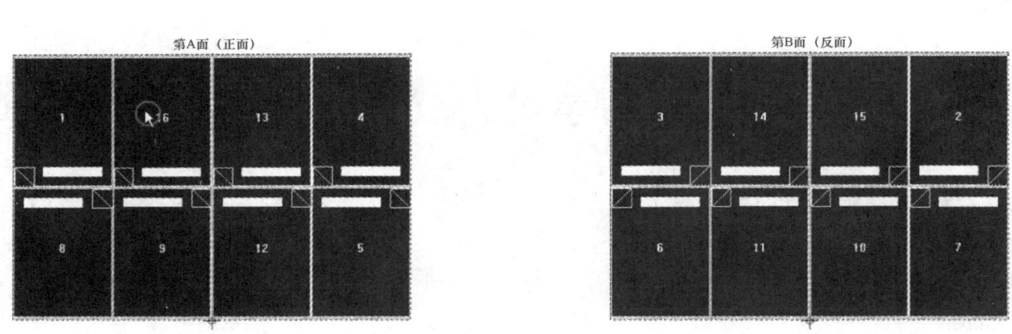

图 5—2—13　设置页码顺序

8）同时在 Preps 中也可以生成 JDF 拼版信息文件，保存在流程要求的相应 JDF 拼版文件夹中，如图 5—2—15 所示。

（7）将生成的拼版方案导入到印能捷流程中。激活工作窗口中的页面顺序窗口，导入拼版方案，如图 5—2—16、6—2—17 所示。

导入拼版完毕后，将页面分配至拼版位置，如图 5—2—18 所示。

流程会按照文件名自动将文件排列。如果有误，可以手动从页面窗口与页面顺序窗口拖

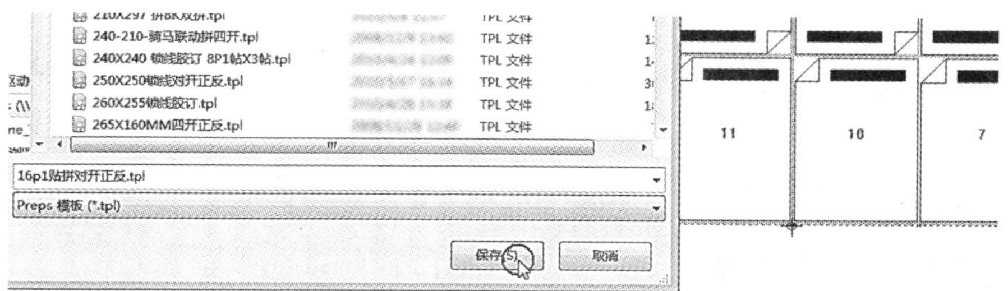

图 5—2—14　保存模板

图 5—2—15　保存拼版信息

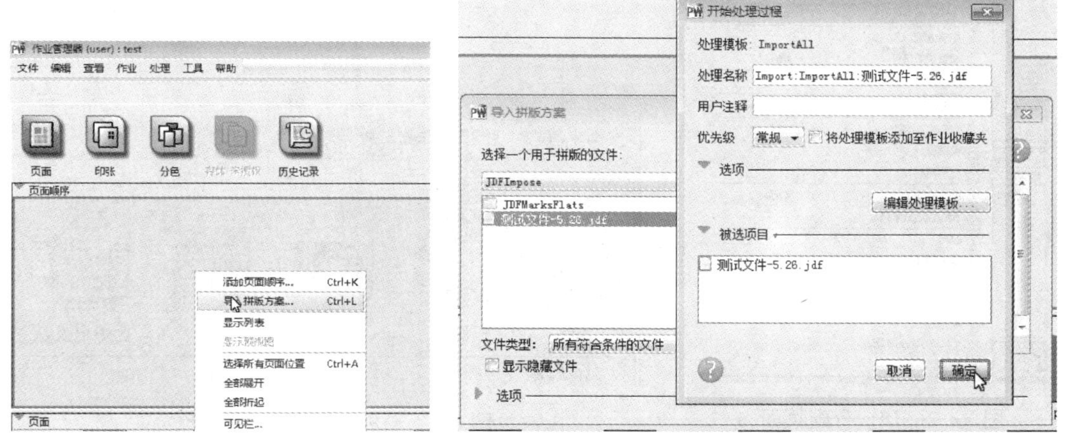

图 5—2—16　导入拼版方案（1）

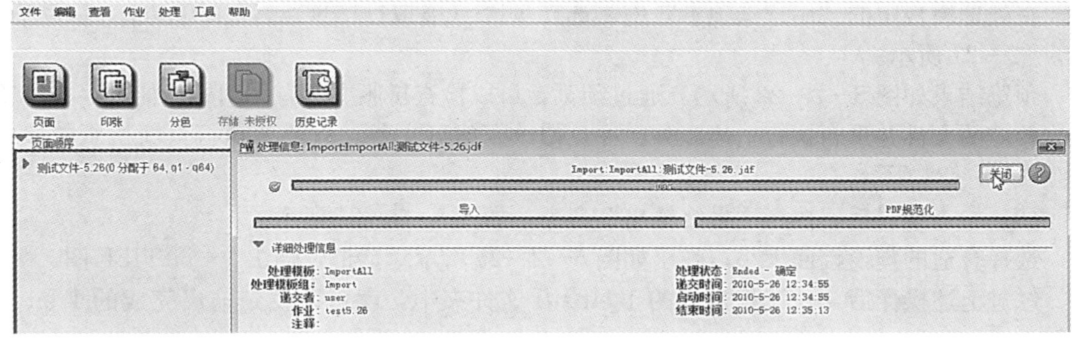

图 5—2—17　导入拼版方案（2）

动页面置匹配位置。

(8) 页面位置安排完之后，在主程序窗口单击“印张”按钮，进行印张的查看预览，如图 5—2—19 所示。

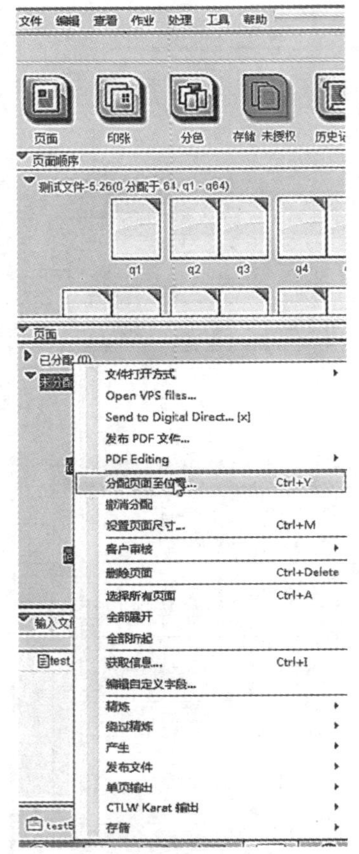

图 5—2—18　分配页面

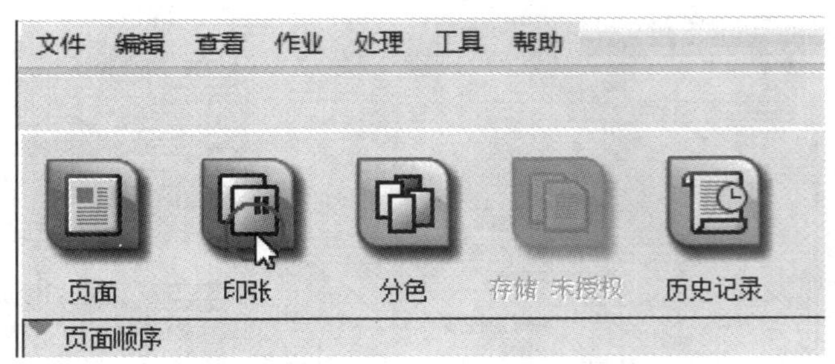

图 5—2—19　印张的查看与预览

在“拼版方案”窗口中，选择需要预览的印张，进行如图 5—2—20 所示的预览操作。

在处理模板中的“用户选项卡”中，选择 VPS（虚拟打样预览），预览印张，启动后如图 5—2—21 所示。

预览结果如图 5—2—22 所示。通过预览，可以检查拼版文件有无问题，如果存在问题，修改相应的文件并重新执行上述步骤。一旦修改了拼版文件，就需要执行更新拼版的操作，如图 5—2—23 所示。

(9) 检查无误后，执行“最终输出”命令，如图 5—2—24 所示。

选择合适的预设幅面大小，弹出如图 5—2—25 所示对话框，输出 1－bitTIFF 图。

经过上述操作后，在流程预设的 1 bit tiff 文件夹中，就可以找到输出完成的 1 bit tiff 文件。

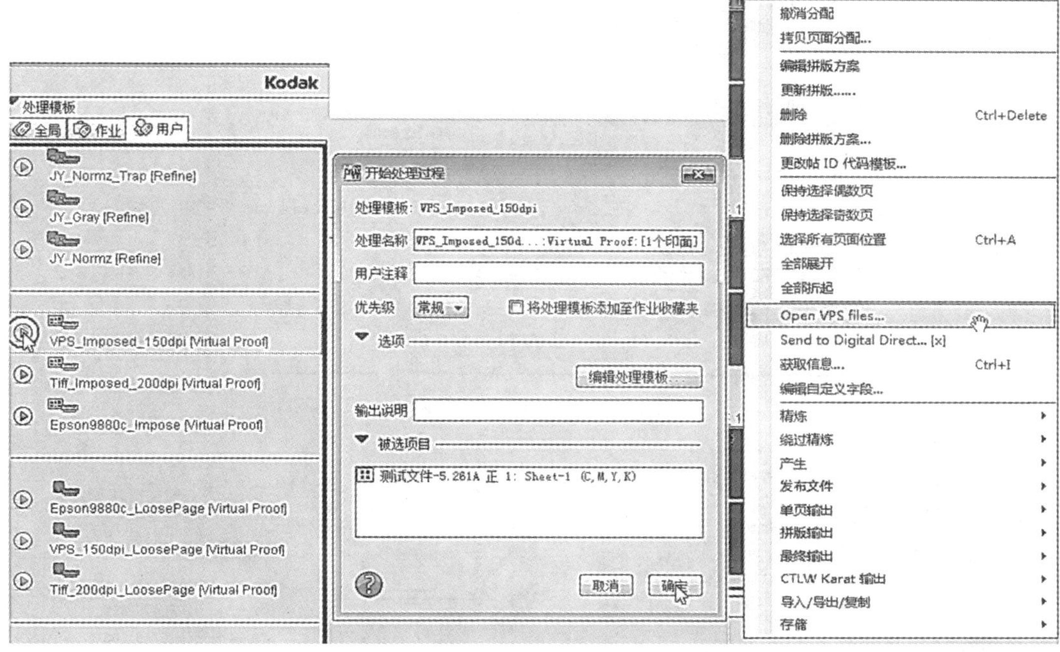

图 5—2—20 选择需要预览的印张

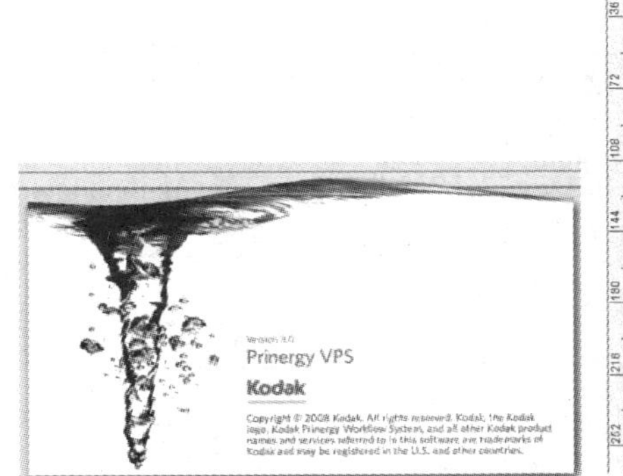

图 5—2—21 启动 VPS

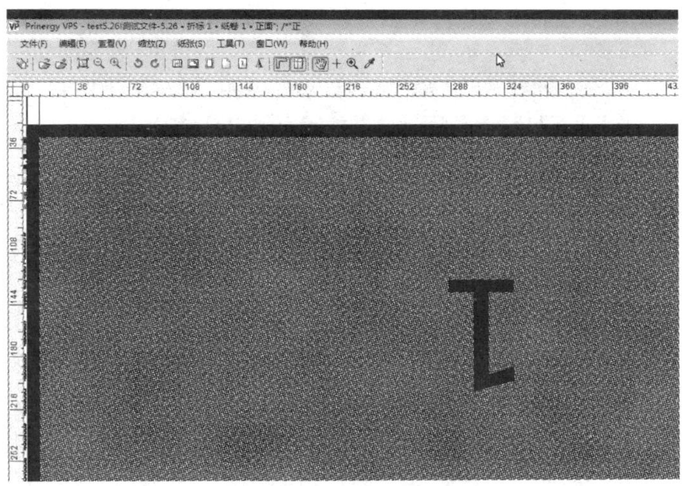

图 5—2—22 预览结果

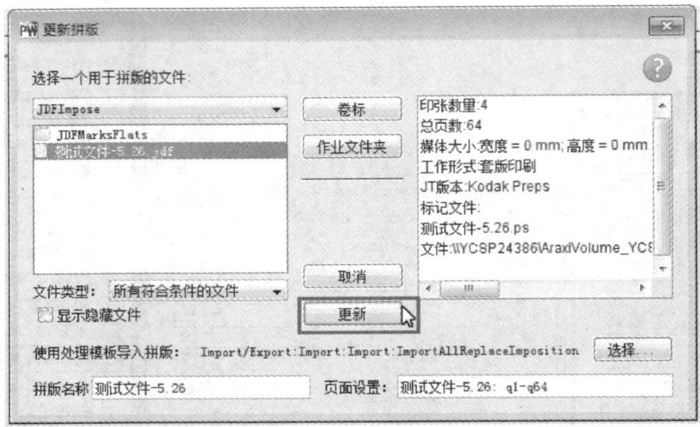

图 5—2—23　更新拼版

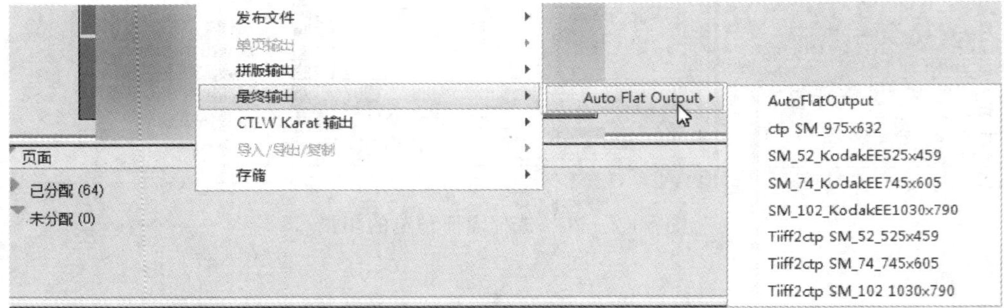

图 5—2—24　执行“最终输出”命令

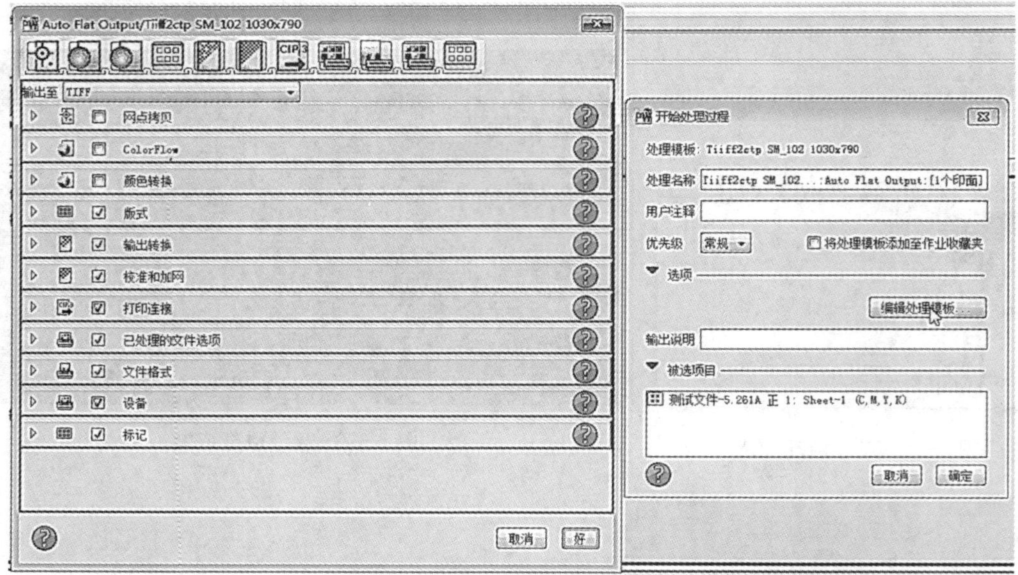

图 5—2—25　输出 1bittiff 文件

思考练习题

1. 印能捷数字化印前工作流程包含哪几个功能模块？各自的作用是什么？
2. 练习使用印能捷数字化印前工作流程输出文件。

课题三　方正畅流数字化工作流程输出实例

学习目标

1. 掌握（方正畅流）数字化工作流程的基本操作
2. 在方正畅流数字化工作流程中完成报纸版面的输出

方正畅流数字化工作流程，是北大方正电子有限公司自主研发的数字化工作流程，主要应用于各类大中型印刷企业、制版输出中心、出版社、杂志社，它采用业界标准的开放格式，采用了数据库和互联网技术，是一套可灵活扩展的数字化工作流程管理系统。目前在中文报业印刷及制版领域，占有最大的市场份额。

一、方正畅流数字化流程主要功能模块

方正畅流主要包含的功能模块有：JDF 工作传票解释调度器、规范化器（PDF 转换和检查功能模块）、屏幕预览、拼版和折手功能模块、文件/作业/账号管理模块、作业查询/追踪/审核模块、激光校样、数码打样和版式打样、数码印刷模块、CTF/CTP 输出模块、陷印处理模块、远程校样和传输模块、作业统计和存储模块、印刷油墨控制模块等。

前面所讲数字化工作流程的基本功能，在方正畅流中都有体现，而且针对中文报业印刷行业，方正畅流有其独特的优势，比如中文字体处理、与前端采编排版系统的兼容等，其工作基本流程如图 5—3—1 所示。

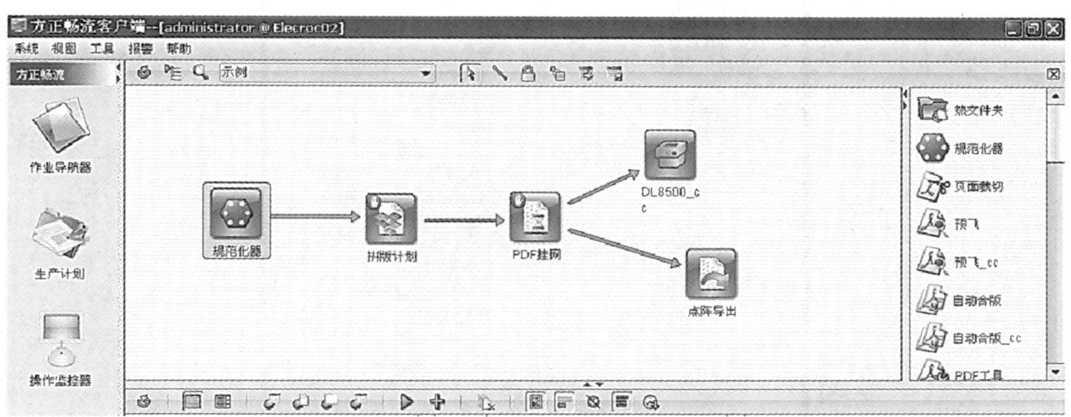

图 5—3—1　方正畅流数字化流程工作基本流程

二、方正畅流数字化流程操作准备

1. 要求

将单元四课题三中利用方正飞翔软件排好的单页报纸文件进行排版输出。

2. 操作环境

(1) 安装方正畅流服务器端和客户端。

(2) 系统管理员设置好出报的默认参数。

三、方正畅流数字化流程操作步骤

1. 软件的管理设置(须获取管理员权限)

在登陆方正畅流软件进行具体生产之前，应先以管理员身份登陆客户端，进行管理设置，主要是对软件进行全局性参数和资源的设置：用户管理、角色管理、处理器管理、专色管理、曲线管理、预飞管理、报纸目录监控管理等，如图 5—3—2 所示。

图 5—3—2 管理工具

(1)“用户管理、角色管理”选项

主要用于新建操作者的用户和密码，并设置相应权限，如图 5—3—3 所示。

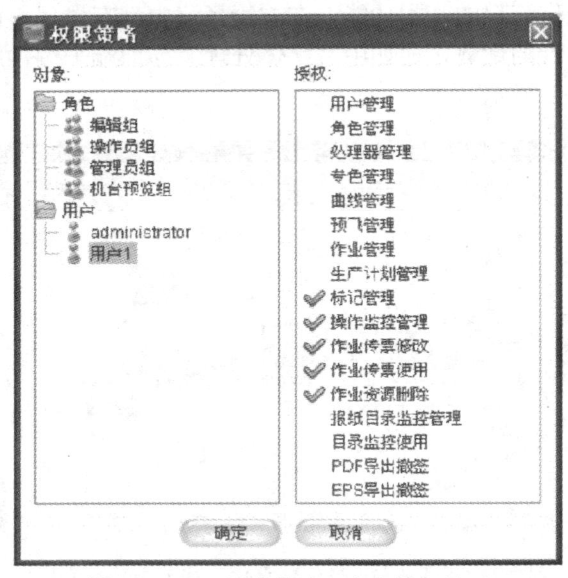

图 5—3—3 用户管理、角色管理界面

（2）“处理器管理”选项

主要对当前系统中已经安装的所有作业传票处理器进行授权管理，通过此操作，可以授予或撤销各用户或角色使用每个处理器的权限，如图 5—3—4 所示。

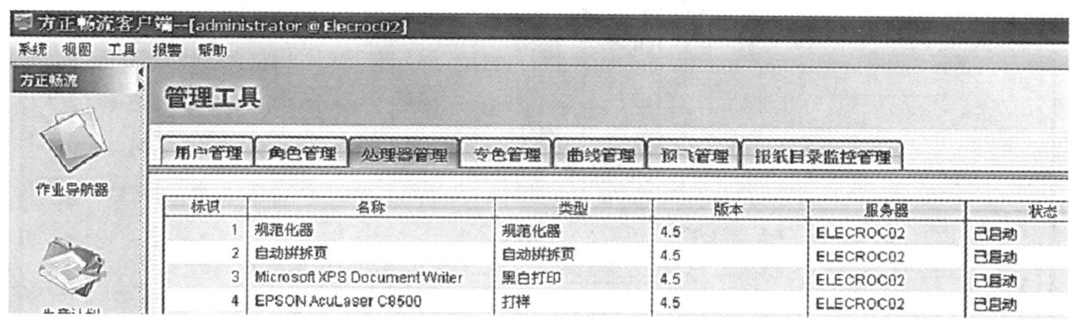

图 5—3—4　处理器管理界面

（3）“专色管理”选项

可以对文件中的专色进行新建、编辑、删除等操作，如图 5—3—5 所示。

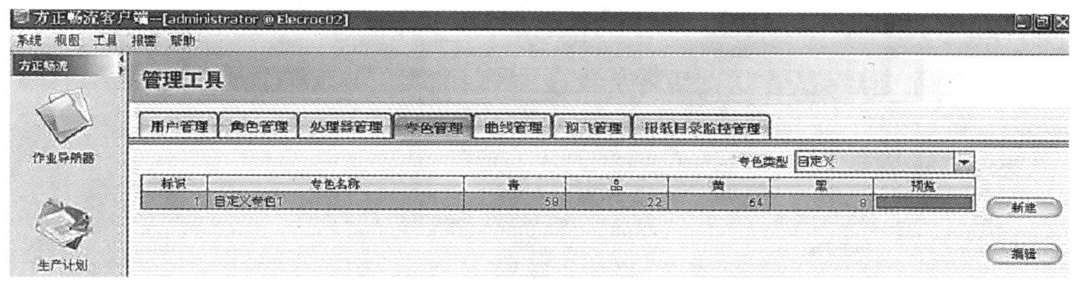

图 5—3—5　专色管理界面

（4）“曲线管理”选项

可以针对相关处理器（如挂网和打样）所能用到的各种曲线，包括挂网曲线、微调曲线和印刷曲线，进行添加、另存、编辑、二次校准、以及导入导出等操作，如图 5—3—6、6—3—7 所示。

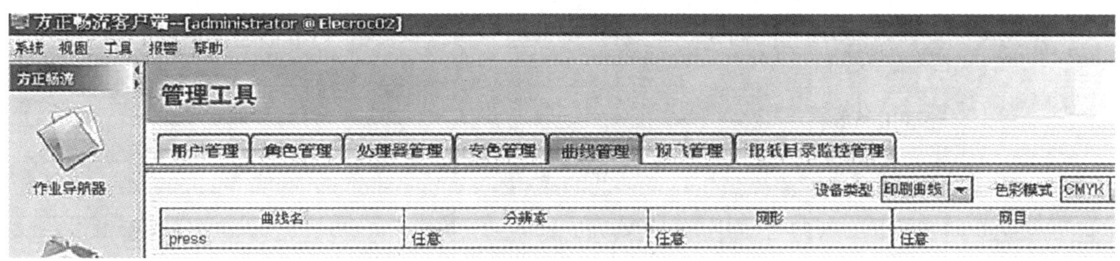

图 5—3—6　曲线管理界面（一）

（5）“预飞管理”选项

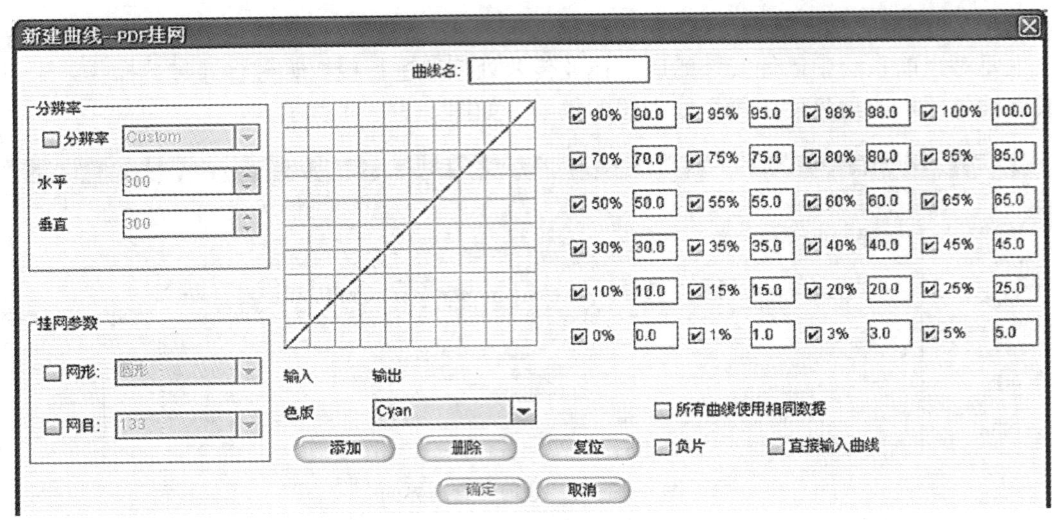

图 5—3—7　曲线管理界面（二）

可以分别对与预飞操作有关的 Profile 文件和 ActionList 文件，进行导入、导出及删除等管理操作，如 6—3—8 所示。

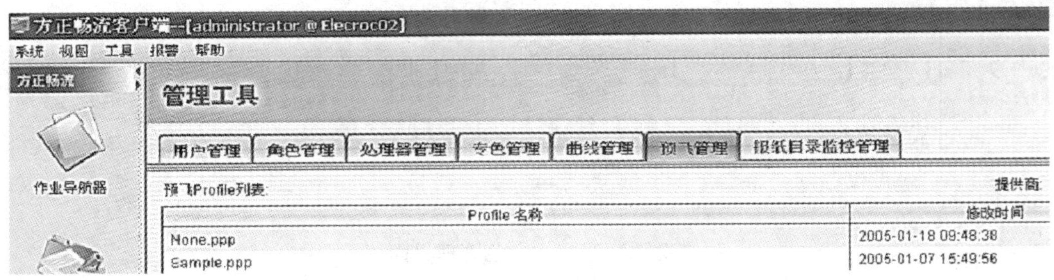

图 5—3—8　预飞管理界面

（6）“报纸目录监控管理”选项

可以导入或创建一个规则，设定可以应用此规则的用户和作业，从而实现对规则中指定纸目录下待处理文件的监控与管理，如图 5—3—9 所示。

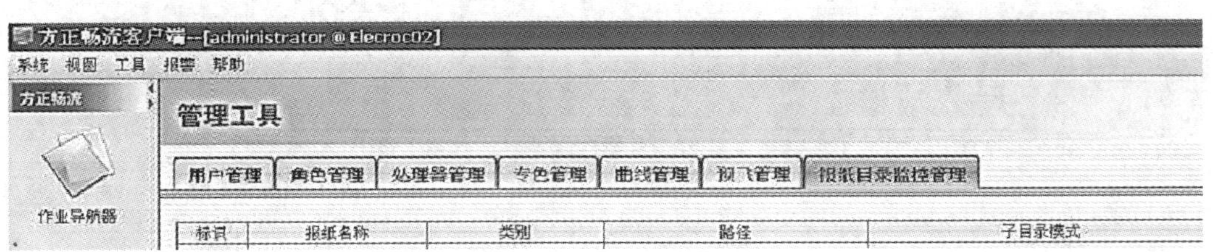

图 5—3—9　报纸目录监控管理界面

2. 生产计划及流程模板的设定

生产计划用于设定拼版计划，如图 5—3—10 所示。设定新拼版模板时，选择生产计划选项卡，执行新建生产计划和新建拼版模板命令，如图 5—3—11 所示。

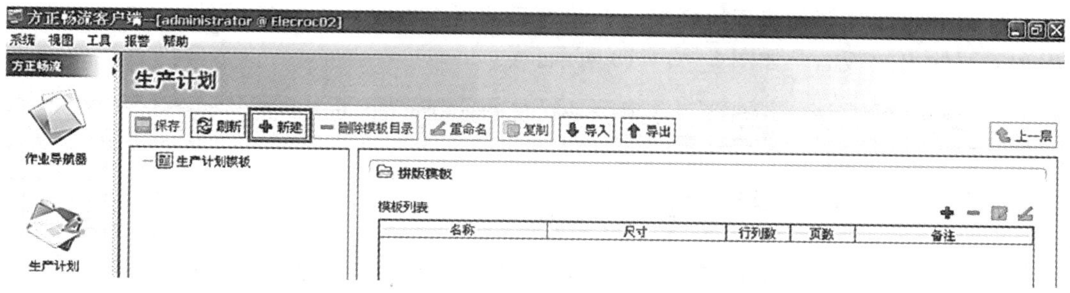

图 5—3—10　生产计划界面

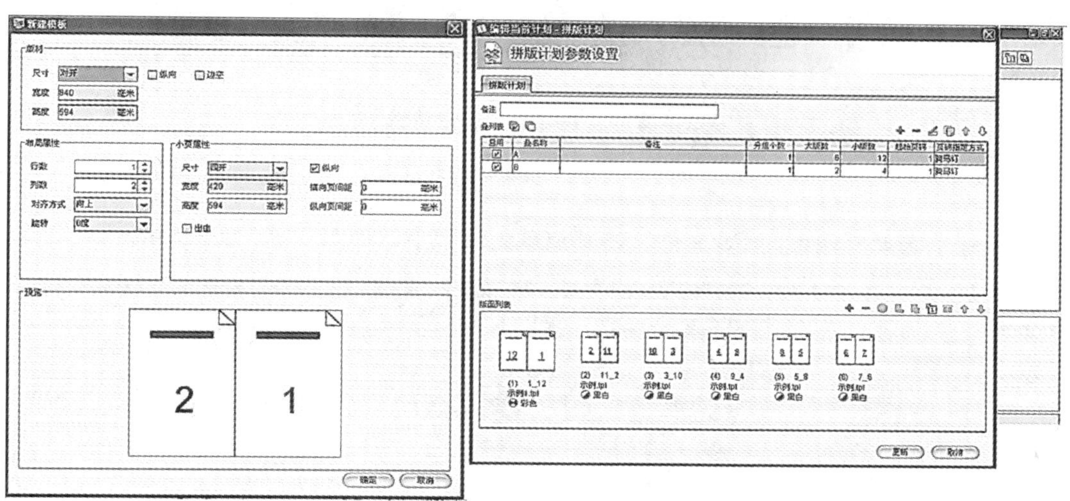

图 5—3—11　新建生产计划和拼版模板

拖动功能模块和流程指示箭头，进行作业流程的设定，如图 5—3—12 所示。

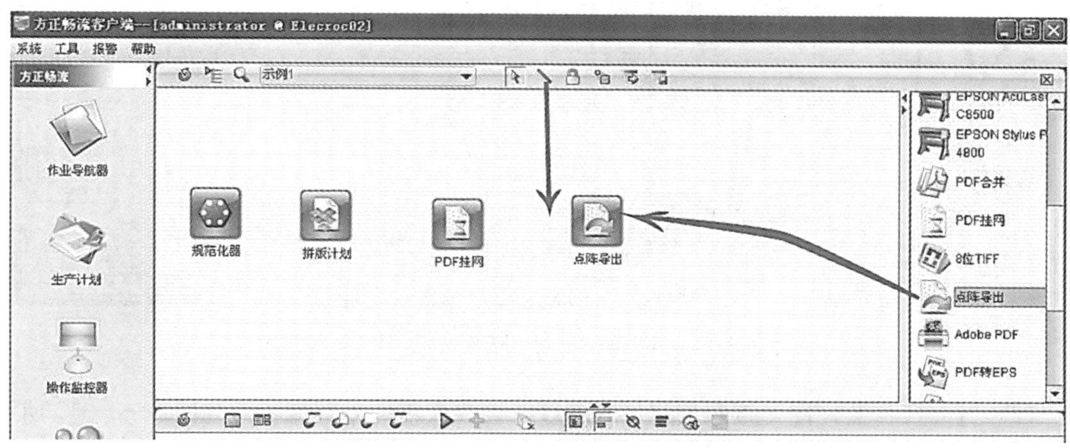

图 5—3—12　设定作业流程

3. 报纸版面的输出

（1）报业生产计划和流程模板一般在建立后就很少更改。只需在方正畅流中选择合适的流程和需要输出的版面，如图 5—3—13 所示。

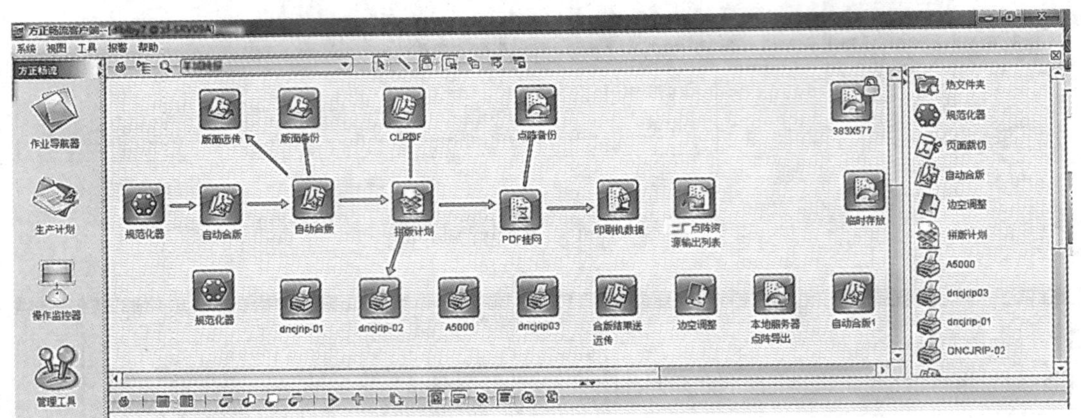

图 5—3—13　选择流程和版面

在流程中选择要输出的 PS 文件，将其加载到流程中，如图 5—3—14 所示。

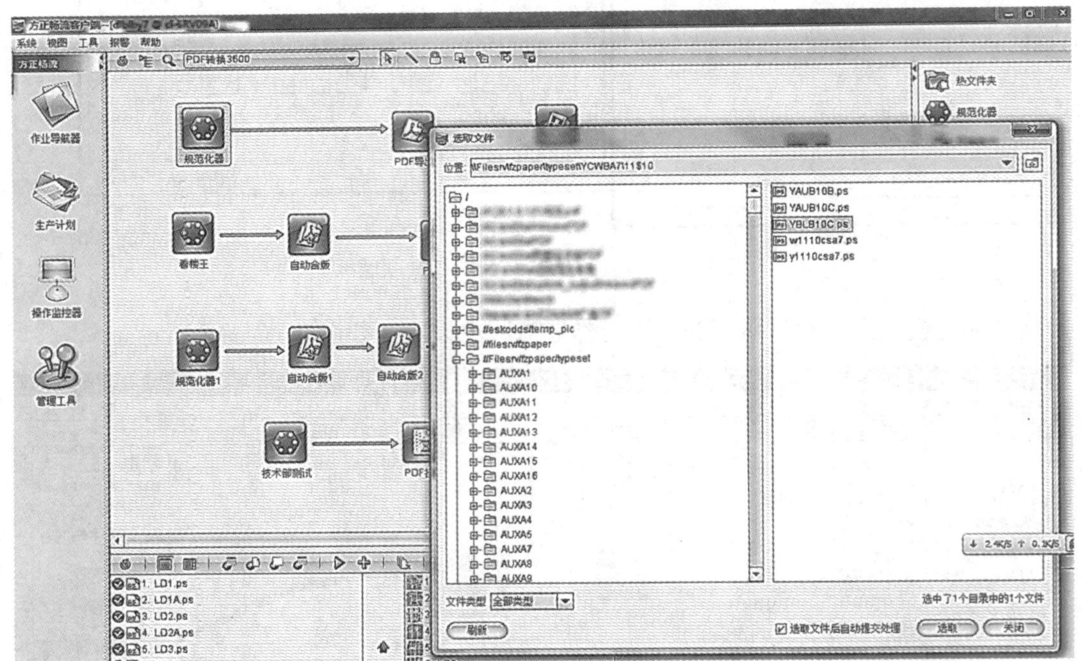

图 5—3—14　选择文件

（2）打开操作监控图，按照流程处理顺序，监控文件的处理流程，如图 5—3—15 所示。

（3）版式处理完成后，可以在流程中进行输出预览，如图 5—3—16 所示。

（4）由于报纸输出的版心相对固定，样式也不像商业印刷那么复杂多样，设定好流程

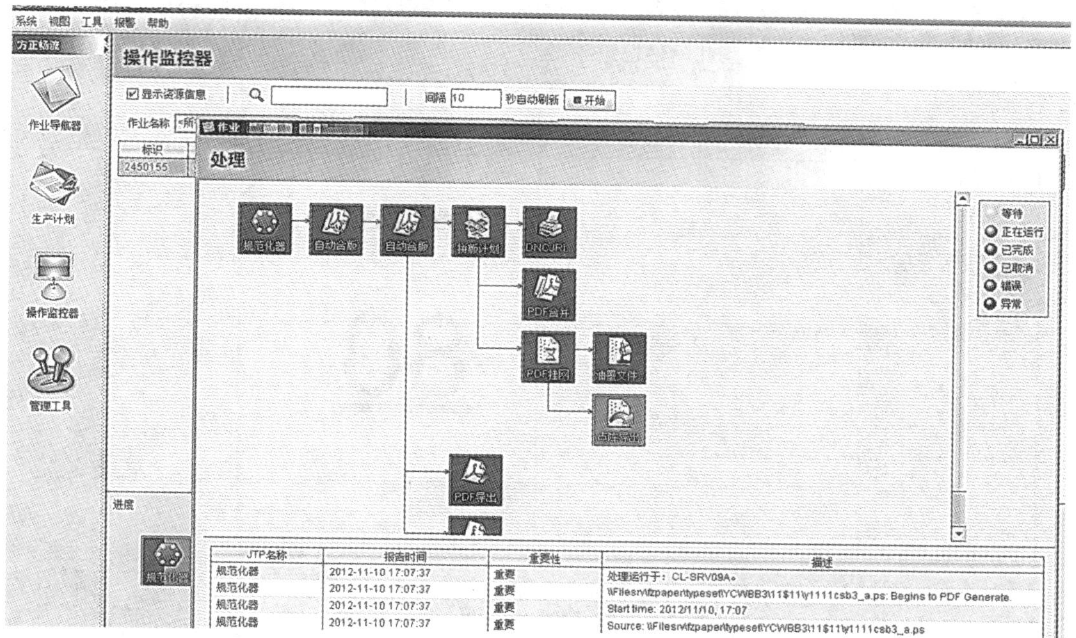

图 5—3—15　操作监控

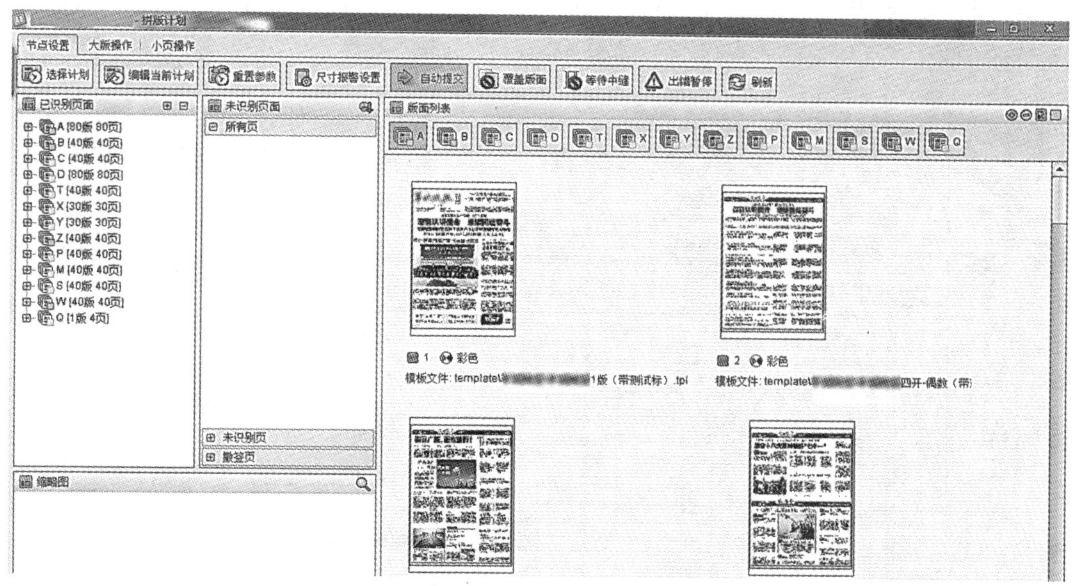

图 5—3—16　输出预览

后，基本不需做太多调整。对于流程输出模板，主要是做版心和挂网参数的设定，变化也比较少，版心的调整如图 5—3—17 所示，加网参数设定如图 5—3—18 所示。

报纸的正文和广告有时需要分别制作，最后再合为一版，这种功能在畅流中称为自动合版，自动合版设置示意图如图 5—3—19 所示。

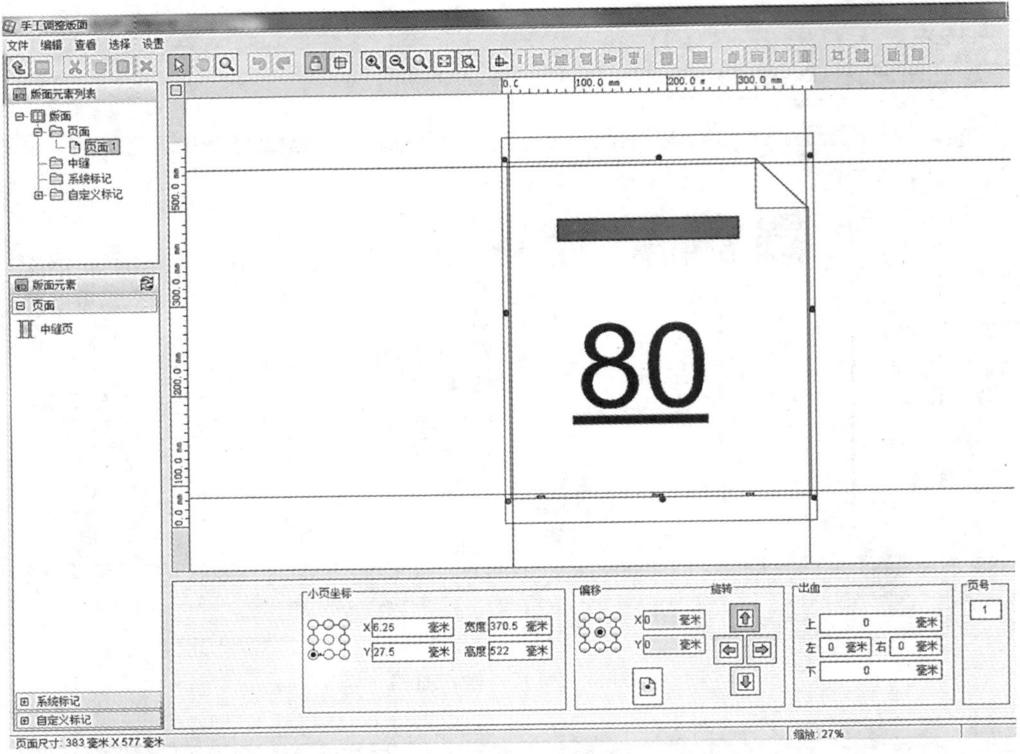

图 5—3—17 版心的调整

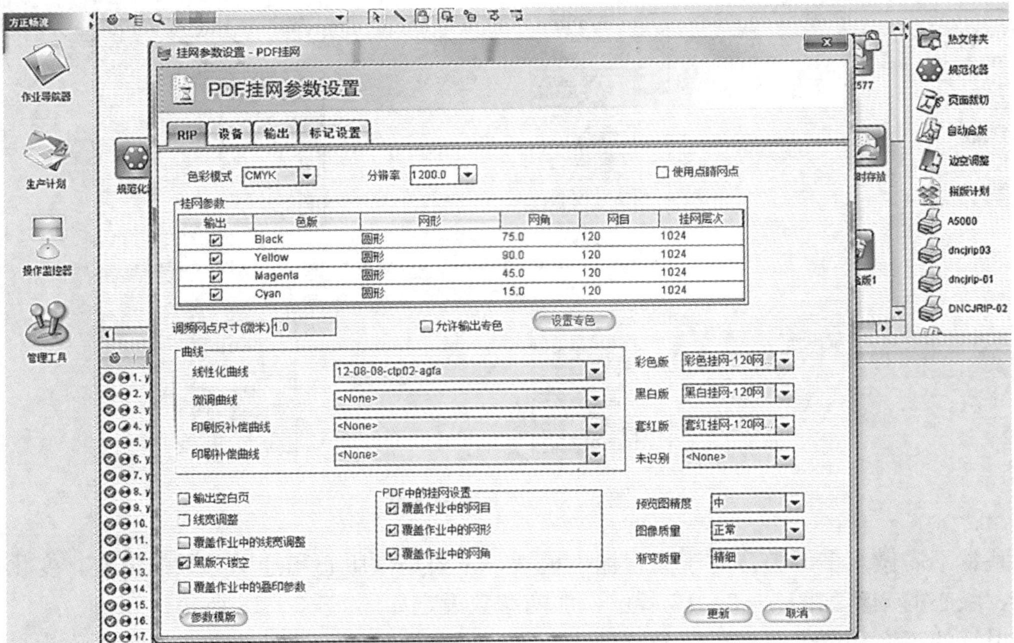

图 5—3—18 加网参数设定

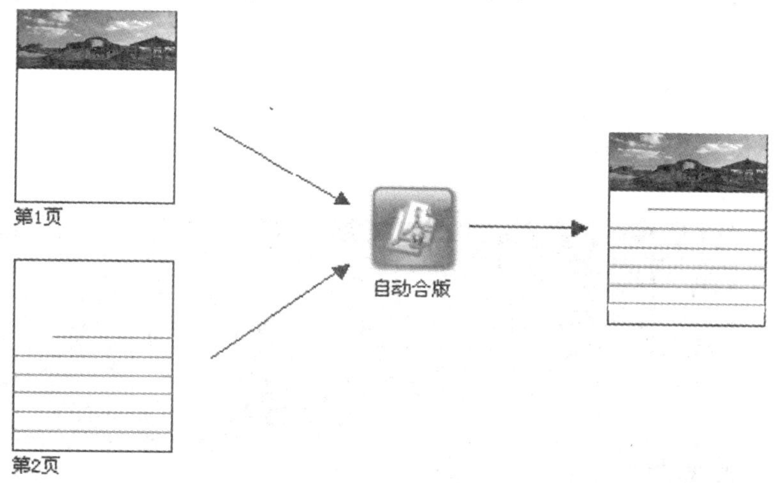

图 5—3—19 自动合版设置示意图

思考练习题

1. 方正畅流数字化工作流程在报业系统中输出的优势是什么?
2. 报业拼版操作与商业印刷拼版操作有哪些不同?
3. 练习使用方正畅流数字化工作流程输出文件。

课题四 AGFA ApogeeX Prepress 流程输出实例

学习目标

1. 掌握 AGFA ApogeeX Prepress 流程的基本操作
2. 在 AGFA ApogeeX Prepress 中设置工作流程，完成简单的输出

Apogee Prepress 是 AGFA 公司集成的全数字化工作流程解决方案，它将大量易于使用的功能整合在一个应用程序中，是比较稳定和成熟的数字化工作流程，其操作界面如图 5—4—1 所示。

Apogee Prepress 整个流程示意图如图 5—4—2 所示。

本课题学习 Apogee Prepress 的生产工艺流程，并完成页面的新建及输出等任务。

一、Apogee Prepress 系统概貌

Apogee Prepress 系统具有清晰的结构、完备的功能和明确的工艺思路，其系统概貌如图 5—4—3、图 5—4—4 所示。

单击系统概貌，可以了解流程系统所配置的资源，查看安装配置好的可用印版尺寸等，如图 5—4—5 所示。

APOGEE PREPRESS
Client v 1.38.0.207
AGFA
Copyright © 1998-2008 Agfa Graphics NV

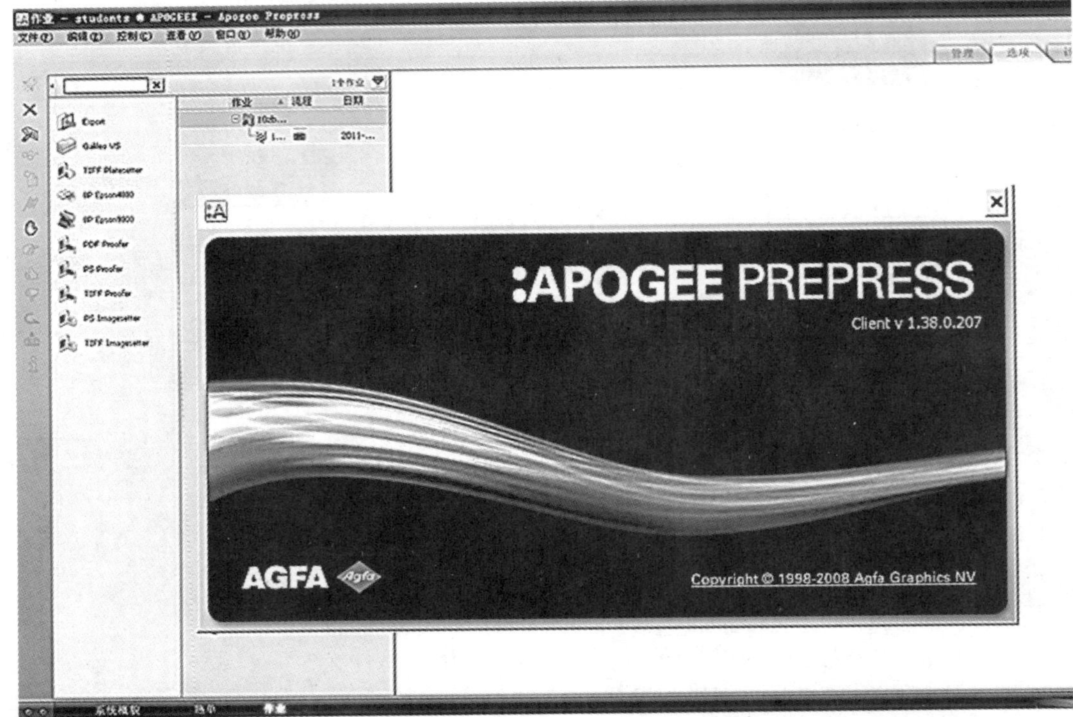

图 5—4—1　Apogee Prepress 操作界面

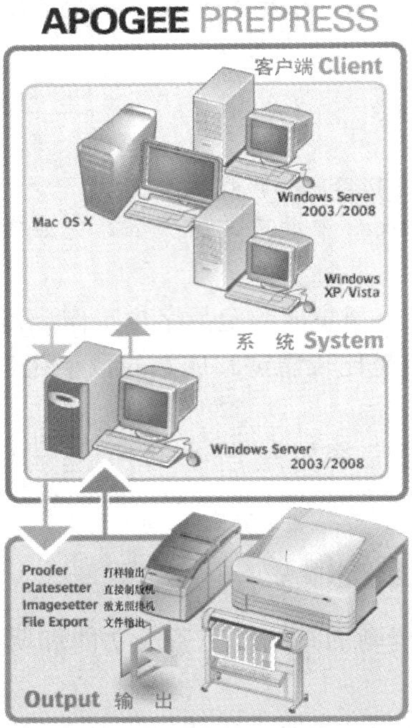

APOGEE PREPRESS
客户端 Client
Mac OS X
Windows Server 2003/2008
Windows XP/Vista
系　统 System
Windows Server 2003/2008
Proofer 打样输出
Platesetter 直接制版机
Imagesetter 激光照排机
File Export 文件输出
Output 输　出

图 5—4—2　Apogee Prepress 流程示意图

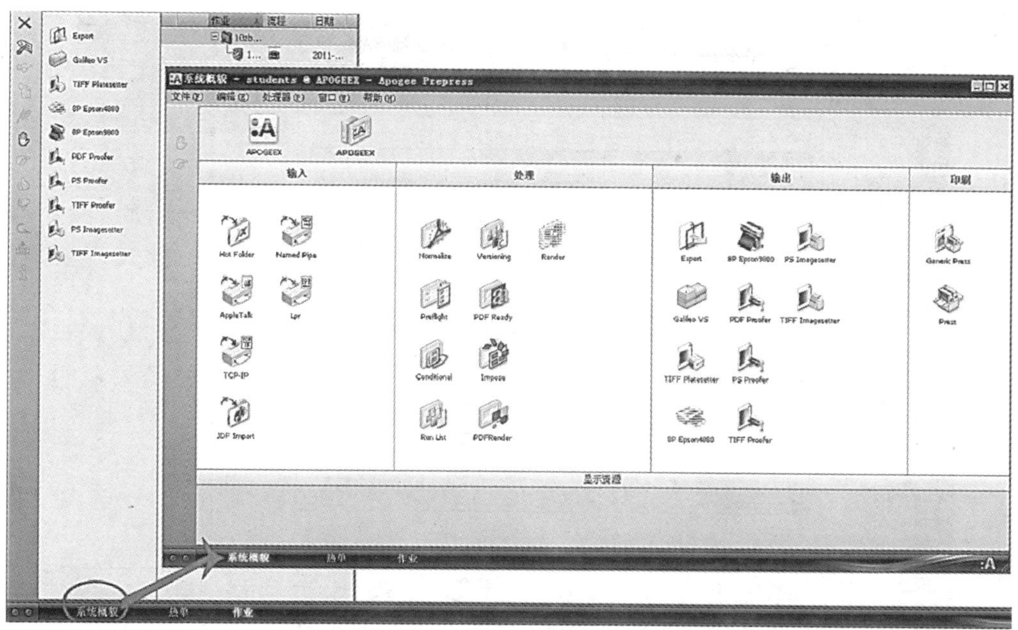

图 5—4—3　Apogee Prepress 系统概貌（一）

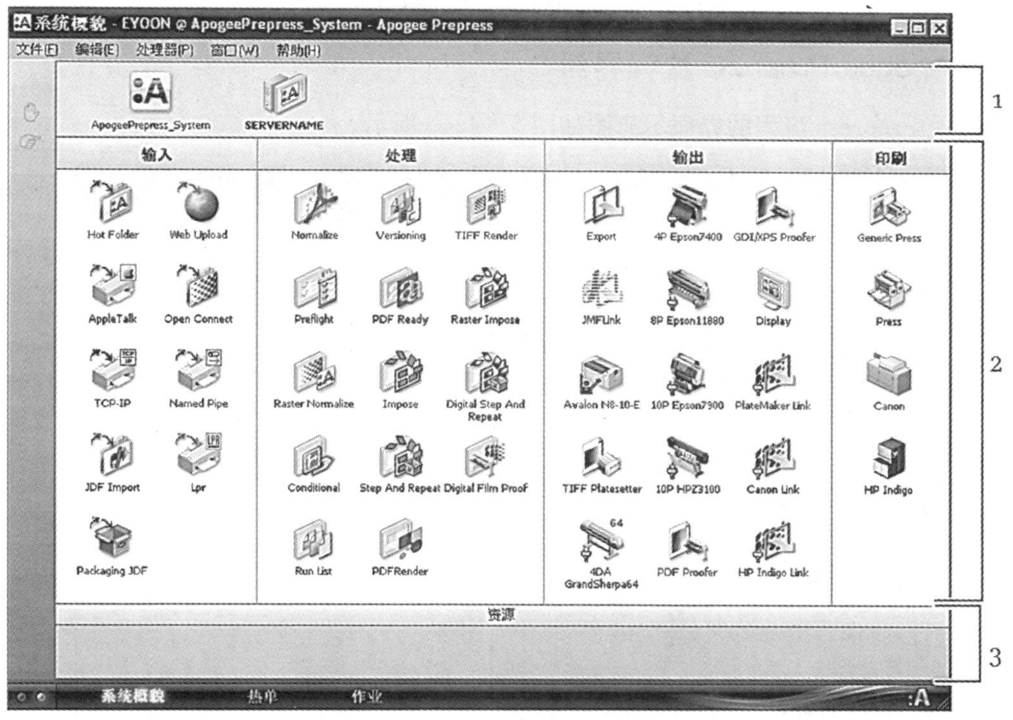

图 5—4—4　Apogee Prepress 系统概貌（二）

1—“硬件”窗格　2—“任务处理器”窗格　3—“资源”窗格

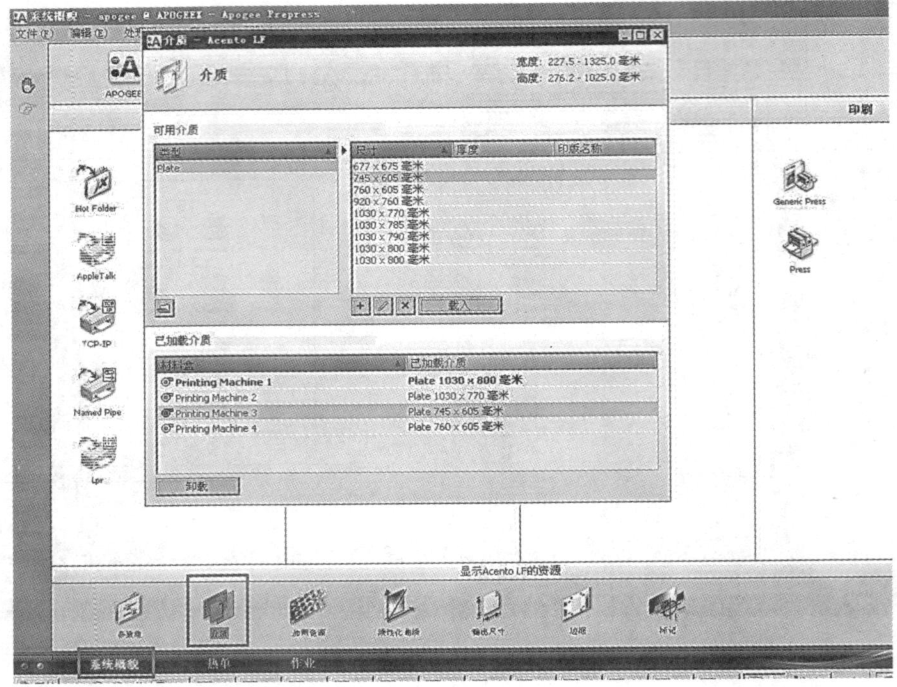

图 5—4—5　查看配置好的设备资源

二、Apogee Prepress 流程界面

Apogee Prepress 流程的界面示意图如图 5—4—6 所示。

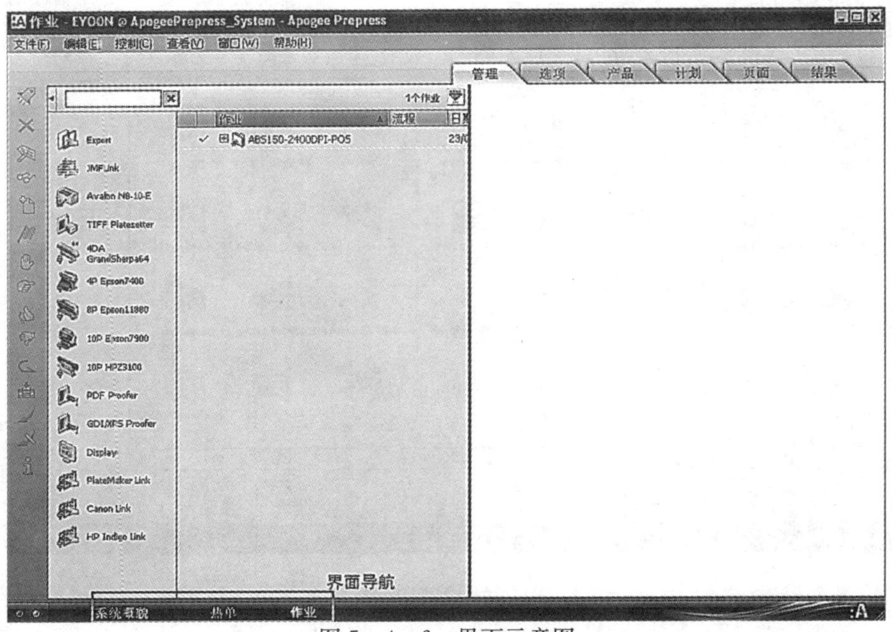

图 5—4—6　界面示意图

在软件主界面的导航条中，除了上述的系统概貌外，还可以单击“热单/工作导航”选项，查看已经设置好的热单或者工作单。

通过查看“热单和工作单”选项，可以实现流程设置、工作计划组织、页面提交组版、处理结果预览等功能。新创建作业后会出现如图 5—4—7 所示的窗口。

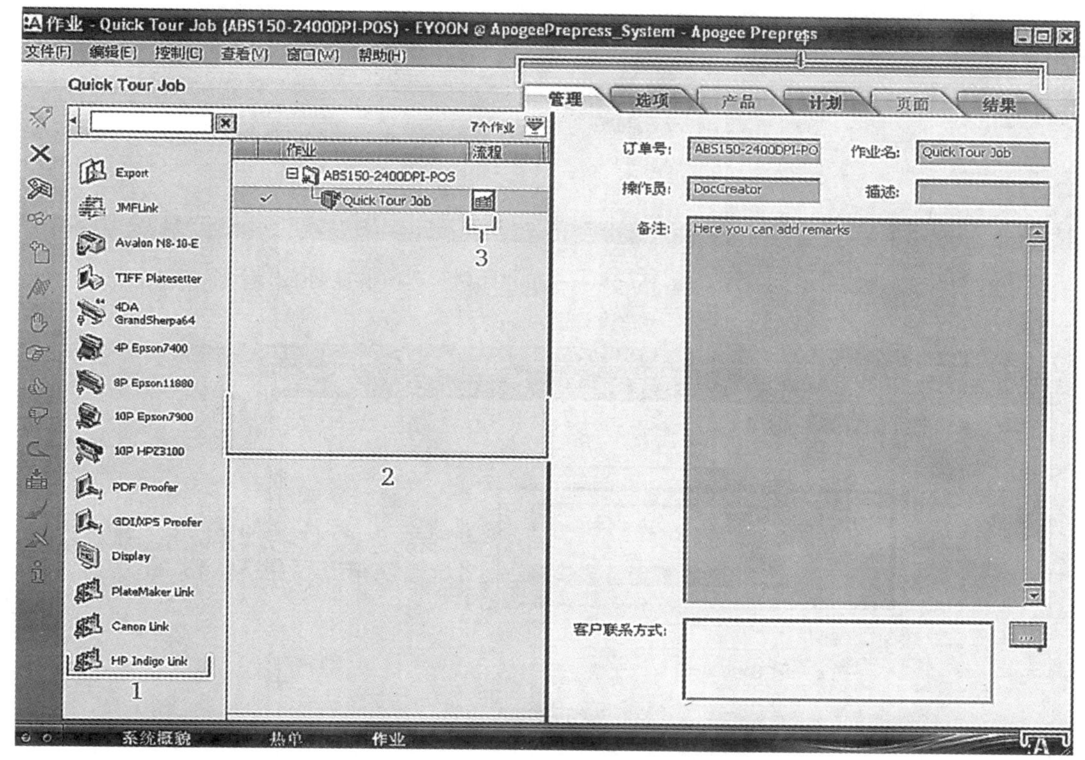

图 5—4—7 新建作业的界面

1—“输出设备”窗口 2—“作业列表”窗口 3—流程标记 4—“所选作业细节”窗口

在所选作业细节窗口查看工作计划如图 5—4—8 所示。

“热单”和“作业”类似，但没有“工作”所支持的“计划”选项多。

通常“作业”窗口是在启动 Apogee Prepress 客户端时显示的窗口，是作业管理器，在此窗口中，可以监视、查看和管理已提交给 Apogee Prepress 系统的作业。

“热单”窗口与“作业”窗口非常相似，在“热单”窗口可以监视、查看和管理创建的热单，不同之处在于“热单”窗口不包含“页面”或“结果”标签。

三、Apogee Prepress 用户权限

Apogee Prepress 软件操作相对容易，但要注意操作者的权限，一般操作员的权限级别无法进行修改资源配置等操作。选择“编辑/预置/登陆标签”（在 Macintosh 客户端上，选择“Apogee Prepress/预置”），如图 5—4—9 所示，可以检查并设置用户的权限。

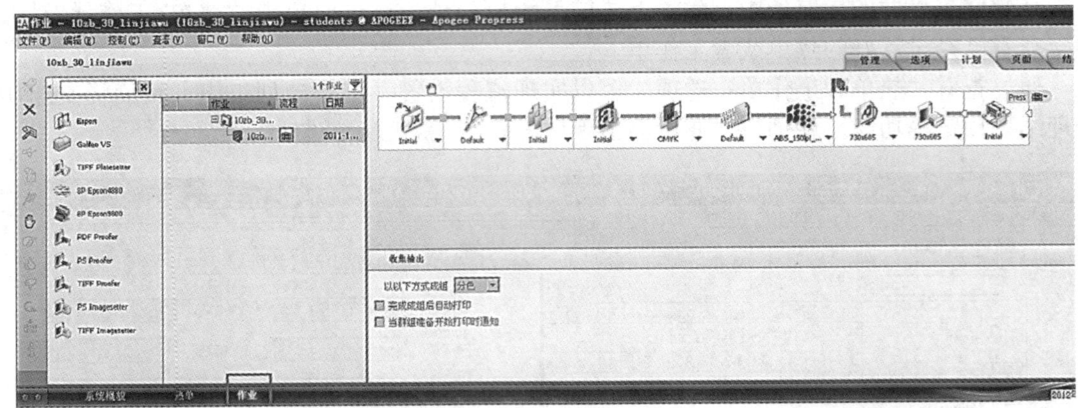

图 5—4—8　Apogee Prepress—在“计划”选项卡查询工作计划

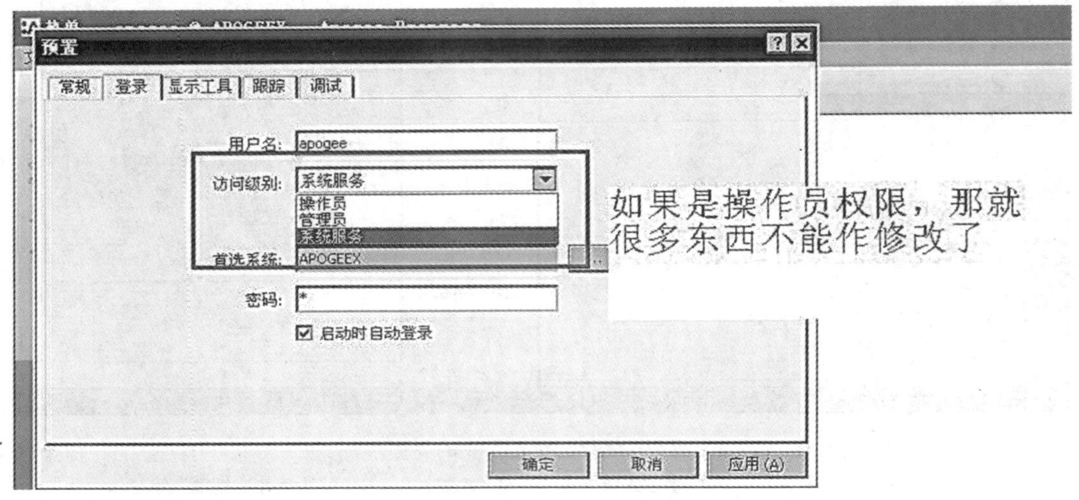

图 5—4—9　检查并设置用户权限

四、Apogee Prepress 组织管理

在 Apogee Prepress 软件的任务处理器中，按照工作流程的逻辑顺序：“输入—处理—输出—印刷”来进行组织管理。

1. 热文件夹（Hot Folder）

输入最常用的方式是热文件夹（Hot Folder）方式，如图 5—4—10 所示。

热文件夹发挥输入通道的作用，待处理的文件就存放在这里。与所有其他输入通道一样，热文件夹总是包含一项保留结果动作。这样会确保原始输入的文件总是存储在系统中，可以随时重新使用这些文件。参数组是负责确定任务处理器处理方式的一组设置，流程中的其他处理模块的参数组也有类似的作用。

2. PDF 转换器（Normalize）

由于 Apogee Prepress 是一个基于 PDF 数据流的数字化印前工作流程，所以对于工作文档的处理，一般先将其他文件转换为 PDF 文件，这个步骤可以将经由热文件夹输入的文件转换为 PDF 文件，进行下一步骤的处理。PDF 转换器计划组件除了可以将 PostScript 或 EPS 文件转换为适合高端印前生产的标准或规范的 PDF 文档，还可以为 PostScript、EPS 和 PDF 文档创建 PDF 缩略图。

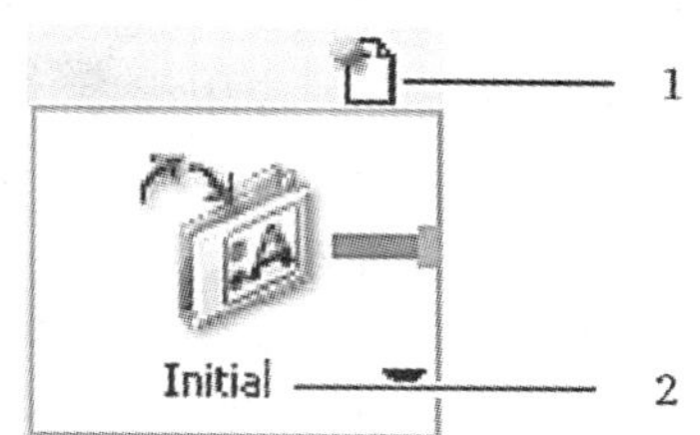

图 5—4—10 热文件夹方式
1—保留结果动作 2—参数组名称

PDF 转换器在流程中的状态显示如图 5—4—11 所示。

3. 预检（Preflight）

在数字化工作流程中，一般都要对转换完成的 PDF 进行检查，一般称为预飞或预检，在 Apogee Prepress 流程中当 PDF 转换器处理文档时，可以使用“预检动作列表”“预检项目”来确保正确输出 PDF，完成预检功能。

预检图标在流程中的状态显示如图 5—4—12 所示

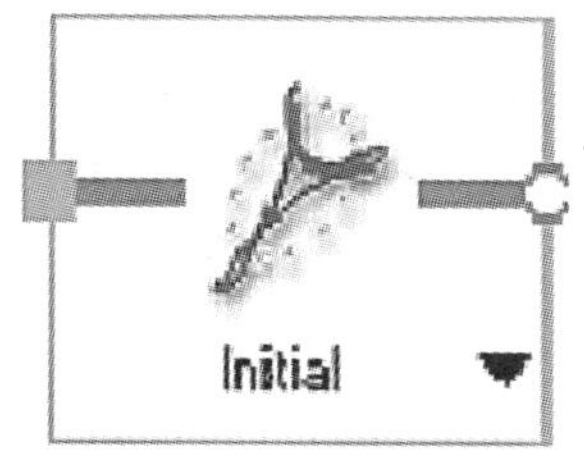

图 5—4—11 PDF 转换器（Normalize）

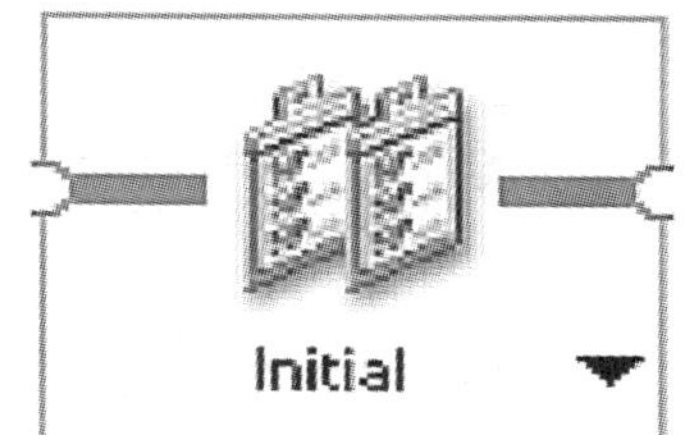

图 5—4—12 预检（Preflight）

4. 页面清单（Runlist）

在 Apogee Prepress 流程中设置工作计划时，首先明确要处理的页面数量等必要的相关信息，这些信息设定在页面清单组件中，此页面总数也就是可用于作业的页面留位的数量。页面留位是为从页面库中获取的个别页面或图片保留的位置。

页面清单组件在流程中的状态显示如图 5—4—13 所示。

5. 拼大版

Apogee Prepress 的拼大版就是在印张上安排页面，以便于正确折叠页面和连续阅读，在印张上排放页面取决于印张和页面的尺寸以及作业的折叠和装订方式。拼大版在流程中的状态显示如图 5—4—14 所示。PJTF 文件（便携式作业单格式）中可以收集所有拼大版信

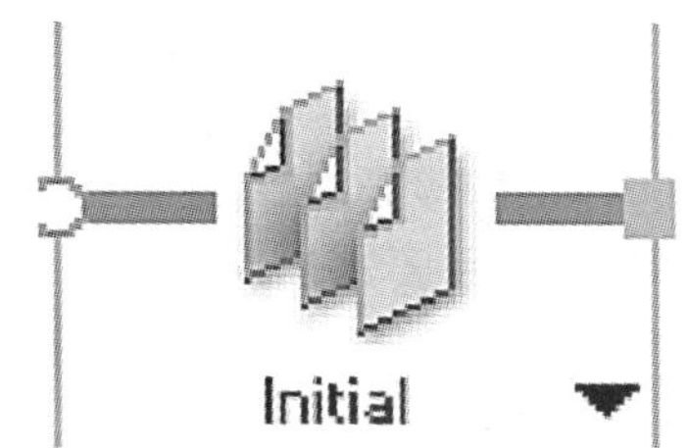

图 5—4—13 页面清单（Runlist）

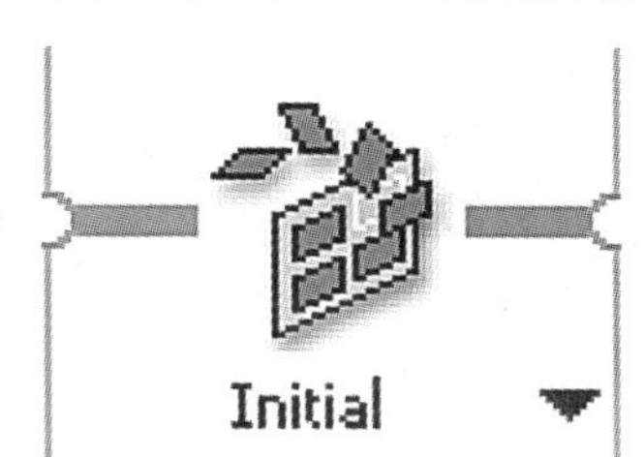

图 5—4—14 拼大版

息，在 Apogee Prepress 流程中支持 PJTF 文件为流程作业定义的拼大版信息，这些 PJTF 文件可以通过各种应用程序（例如 Preps、Dynastrip、Signastation、Facilis、Impostrip 等）制作得到。

6. PDF 处理器

PDF 处理器是一组以加网分色为核心功能的处理组件。陷印功能是对作业进行陷印处理；分色功能能够控制作业的专色规则并定义如何对作业分色；处理功能能够控制颜色管理、压印和字体；加网功能能够选择输出作业时使用的网点形状、加网线数和加网类型。

PDF 处理器在流程中的状态显示如图 5—4—15 所示。

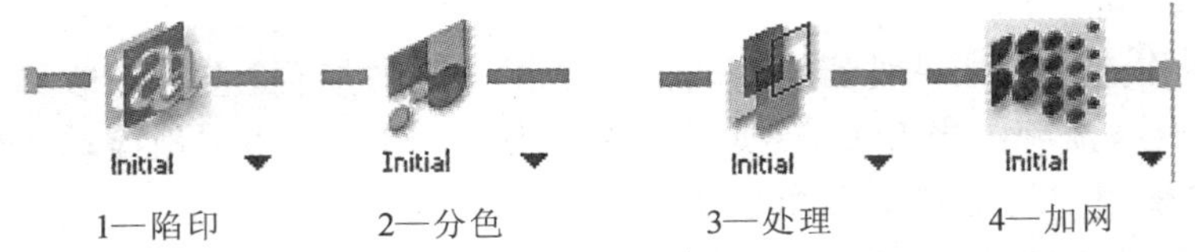

图 5—4—15　PDF 处理器在流程中的状态显示

经过 PDF 处理器之后的文档，和传统制版过程中经过 RIP 处理后的文档类似，也就是输出设备所能够输出的 1 bit TIFF 图，在完成处理后交给输出设备即可进行印版或胶片的输出。

五、Apogee Prepress 输出组件和印刷机

在整个 Apogee Prepress 的数字化工作流程中，印刷机作为最终的工艺步骤，和印前的数字化处理要进行数据信息的交换。Apogee Prepress 数字化工作流程将印刷机信息作为流程结尾，无论在“热单”还是在“工作单”中，都需要设置印刷机信息作为流程的结束。

如图 5—4—16 所示，是典型的输出案例流程示意图。

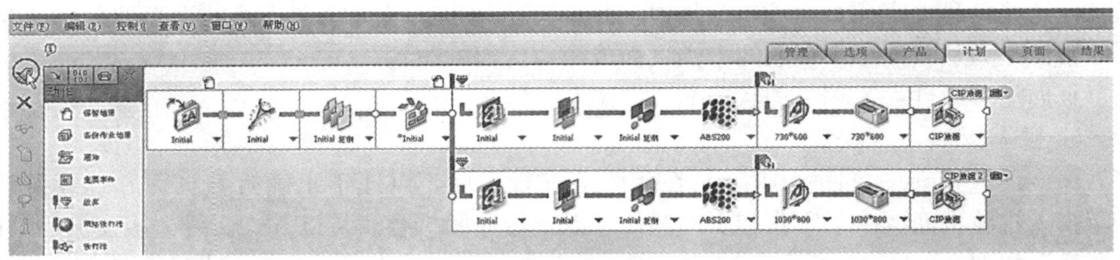

图 5—4—16　典型的输出案例流程示意图

观察上述工作流程，Apogee Prepress 支持流程过程设置动作（这些动作可以控制流程暂停或者仅完成需要部分的功能等），流程也支持分支选择，即设定合理的条件进行选择，如上述流程分支的条件是：判断选取何种输出幅面的印版，如果要输出 730 mm×600 mm 的印版，就执行上面一条流程；如果要输出 1030 mm×800 mm 的印版，则执行下面的分支流程。

六、Apogee Preforess 操作实例

1. 操作要求

准备由 Indesign 或者 Illustrator 软件制作的 64 页 210 mm×285 mm 的 PDF 文件，正确完成拼版。

2. 操作环境

（1）安装有服务器端和 AGFA ApogeeX Prepress 客户端软件。

（2）配置输出所需的功能模块资源。

3. 操作步骤

（1）新建并保存拼版模板文件

1）新建并设置拼版模板（“胶订”），如图 5—4—17 所示。

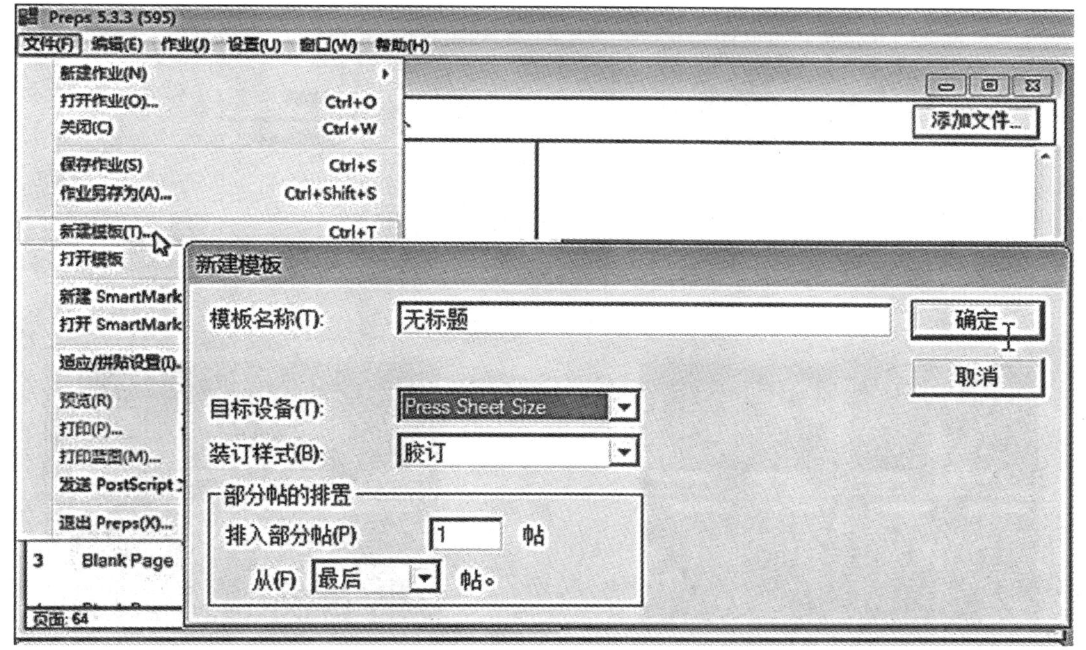

图 5—4—17 新建并设置拼版模板

2）按照套版印刷的方式、866 mm×596 mm 的幅面进行拼版设定，参数设置如图 5—4—18 所示。

3）创建拼版如图 5—4—19 所示，具体参数为：成品尺寸设置为 210 mm×285 mm；左下角页面方向设置为上，放置其他页面设置为头对头方式；底部页边空白设置为 10 mm。

4）页间距宽度设置如图 5—4—20 所示。

5）页码顺序可以参照图 5—4—21 设定，加入后端要求的标记（如颜色标记、裁切标记等）后，保存拼版模板至流程所要求的文件夹内，完成拼版模板的设定。

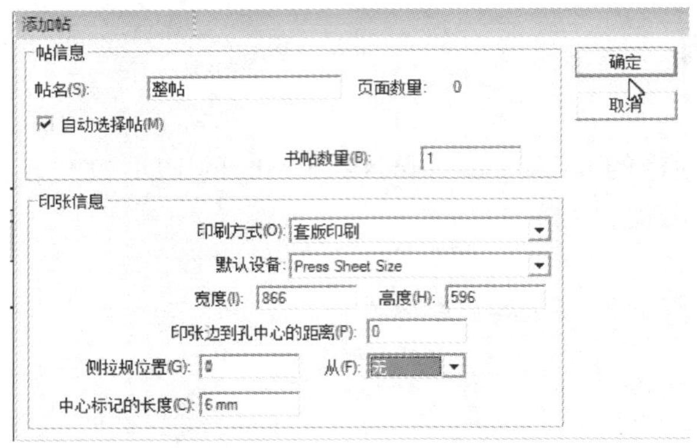

图 5—4—18　设置参数

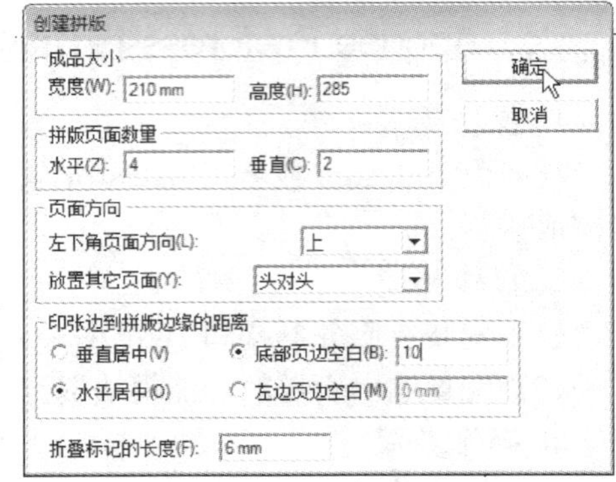

图 5—4—19　创建拼版

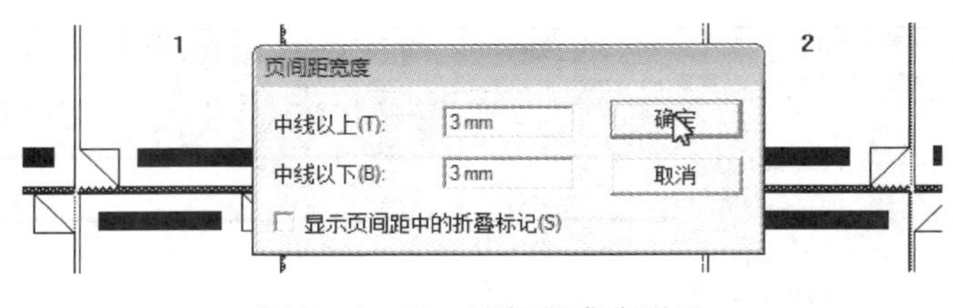

图 5—4—20　面间距宽度设置

整贴

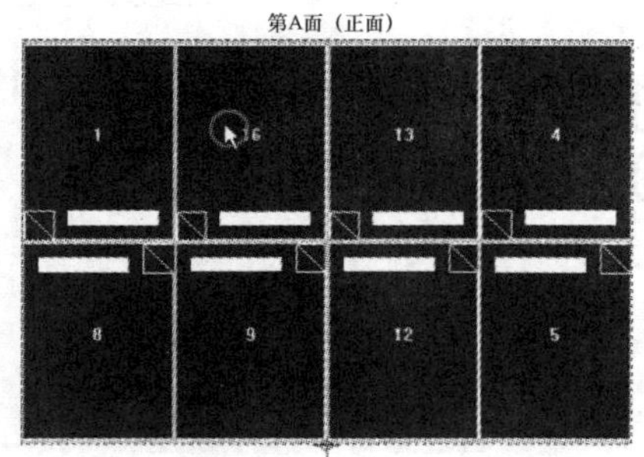

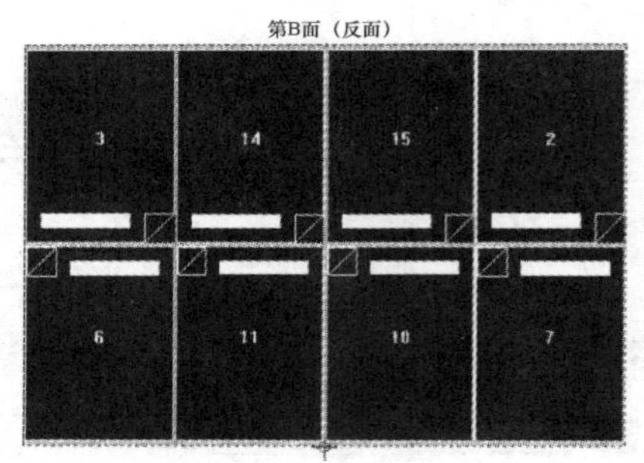

图 5—4—21　设定页码顺序

6）保存模板至流程要求的拼版模板文件夹内，如图 5—4—22 所示。

（2）建立输出流程

一般地，有拼版需要的流程建立工作单，没有拼版以及页面要求的建立热单，本例建立空白工作单。

1）从模板新建作业流程，如图 5—4—23 所示。

2）填写订单信息、订单号、作业名。在“选项”中设置优先级，在“产品”中设置页面数量，本例设置为 64，如图 5—4—24、图 5—4—25 所示。

3）从“计划组件”窗格分别选择输入标签、处理标签、输出标签、动作标签，如图 5—4—26 所示。

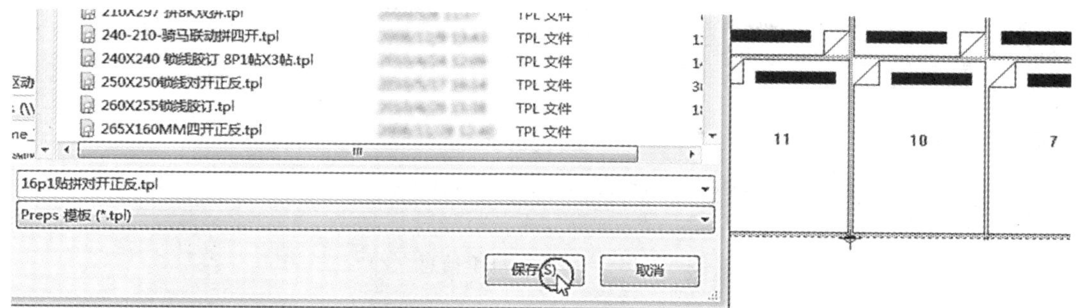

图 5—4—22　保存模板

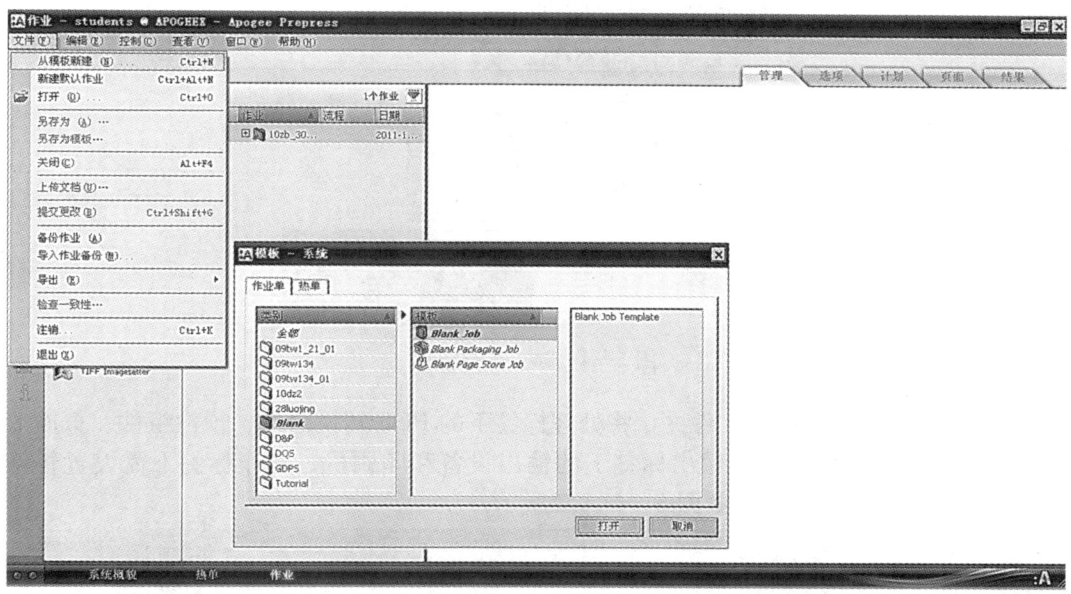

图 5—4—23　新建作业流程

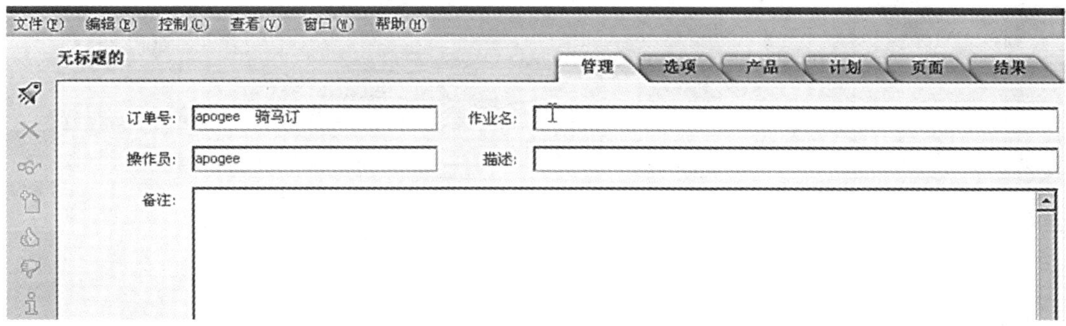

图 5—4—24　填写订单信息（1）

图 5—4—25 填写订单信息（2）

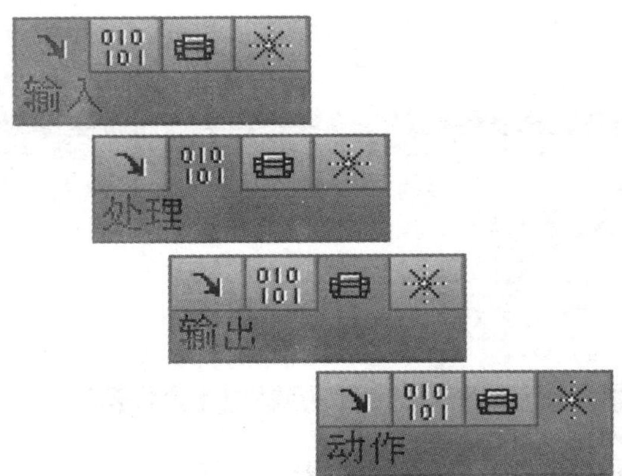

图 5—4—26 计划组件

4）选择输入标签下的热文件夹，将处理标签下的 PDF 转换组件、预检组件、页面清单组件、拼版组件、PDF 处理，输出标签下的输出设备和印刷机、动作标签下需设置暂停动作组件等组件拖入计划窗格，如图 5—4—27 所示。

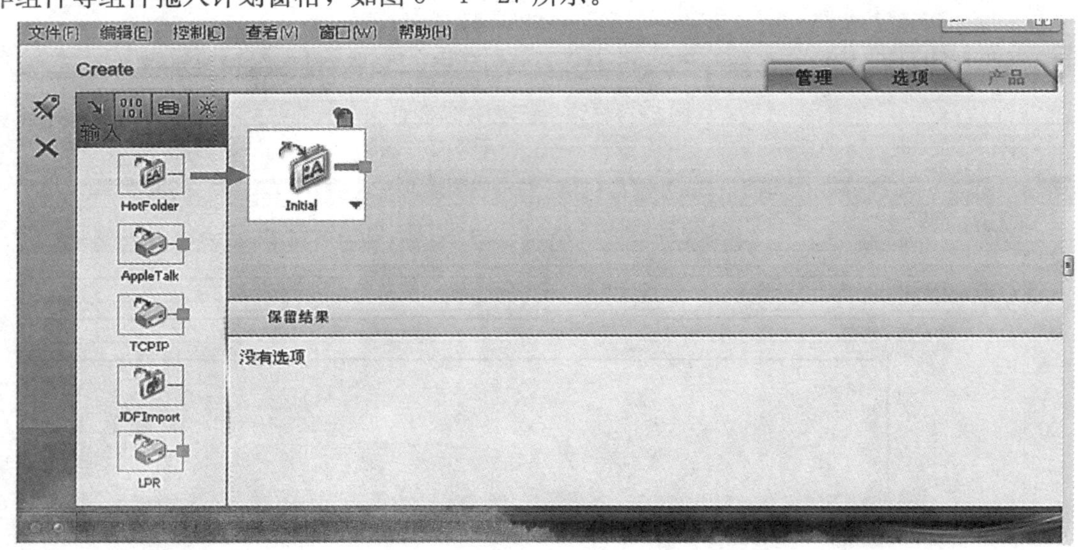

图 5—4—27 组件拖入计划窗格

5）拖动建立完流程后，在拼版组件设置窗格中，找到之前保存好的拼版模板，加载进来，如图 5—4—28 所示。

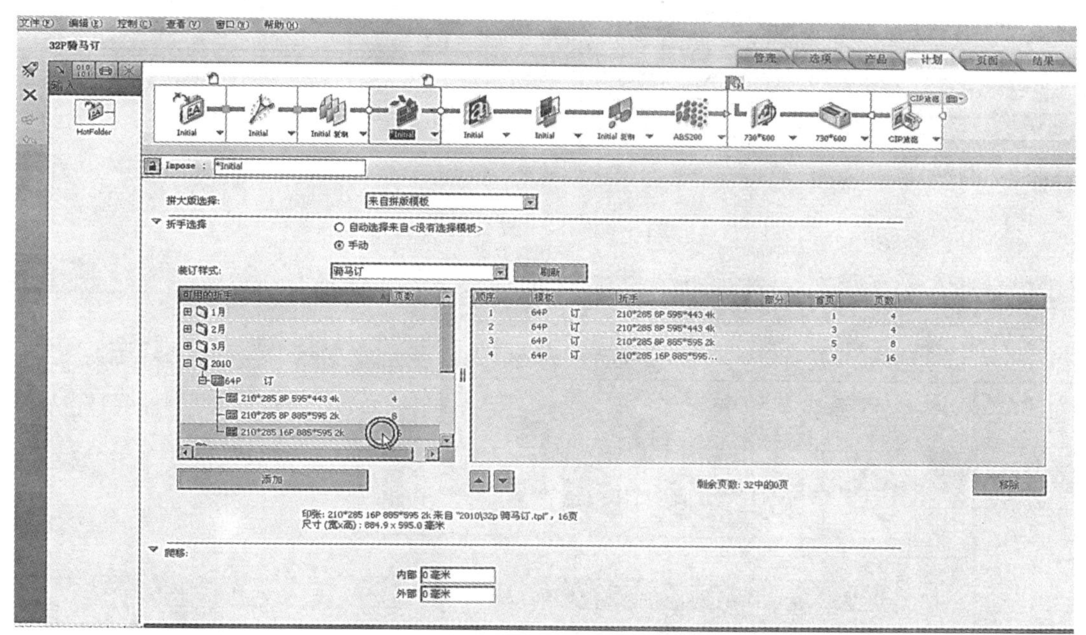

图 5—4—28 加载模板

单击提交按钮，提交给流程服务器处理，如图 5—4—29 所示。

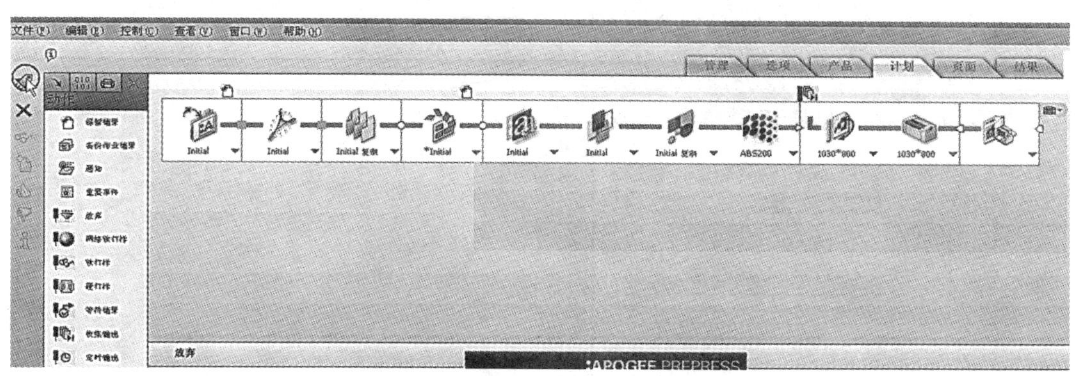

图 5—4—29 提交

6）在提交好的工作单中，找到自己建立的流程，在页面选项卡中，提交准备好的 64 页 PDF 素材；在页面库中，单击右键选择提交页面，将准备好的 64 页文件加载到页面库中，并拖至右边页面清单下的各个页面上，如图 5—4—30 所示，提交流程，完成输出工作。

7）可以查看结果选项卡，进行结果预览，如图 5—4—31 所示。

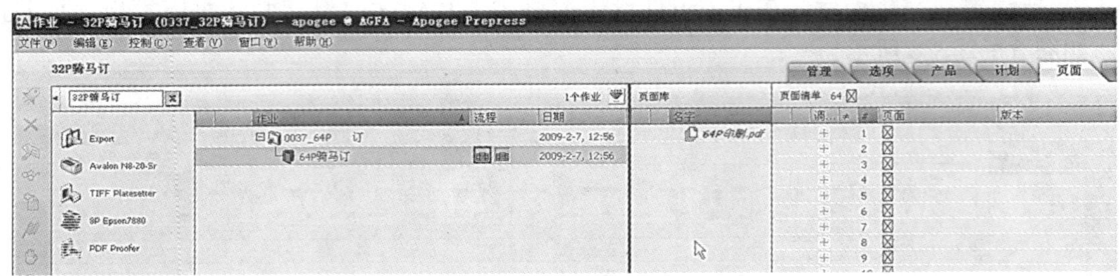

图 5—4—30　提交流程

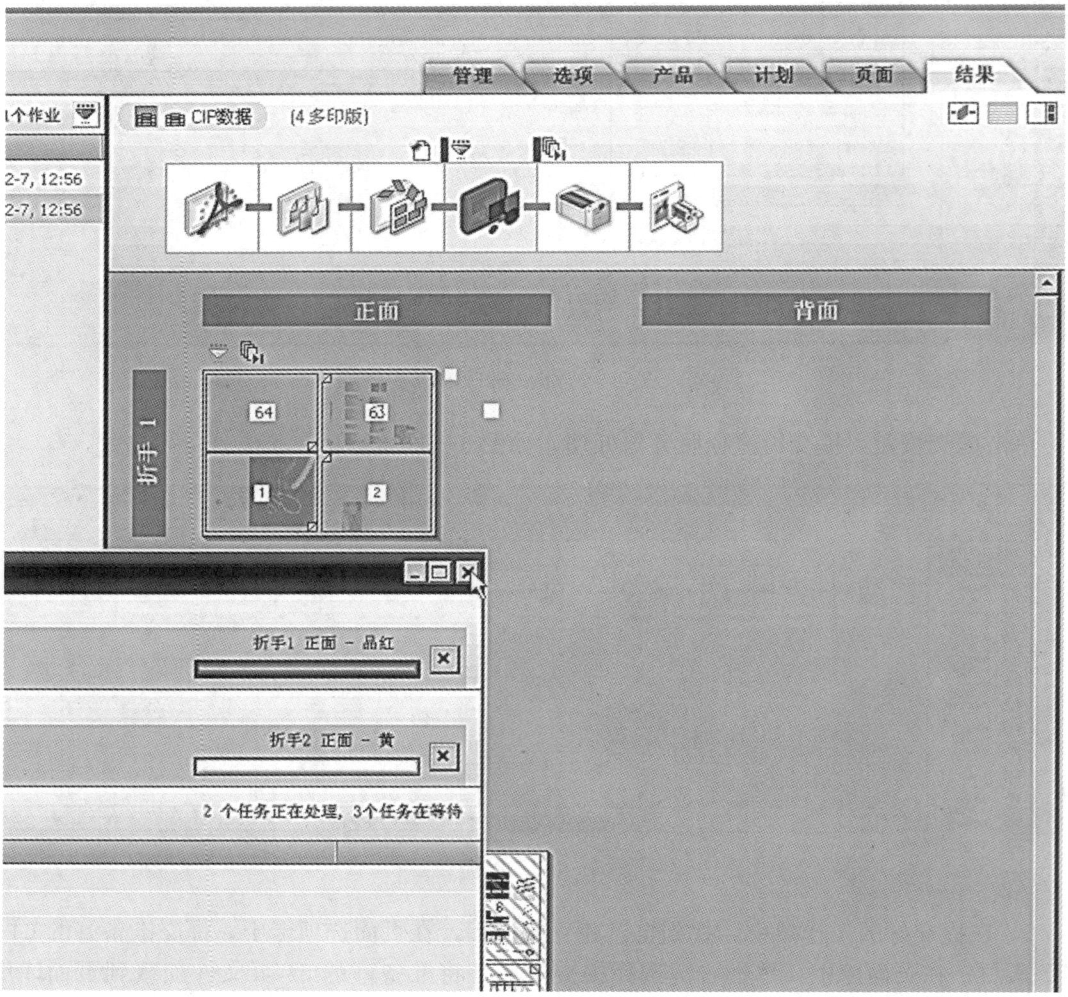

图 5—4—31　结果选项卡

思考练习题

1. 印能捷与 Apogee Prepress 工艺流程操作的异同是什么?
2. 练习使用 Apogee Prepress 印前工作流程输出文件。